北京高等教育精品教材

高职高等数学系列教材

概 率 统 计

(第二版)

主　编　刘书田
编著者　高旅端　林洁梅

北京大学出版社
PEKING UNIVERSITY PRESS

图书在版编目(CIP)数据

概率统计/高旅端,林洁梅编著. —2版. —北京:北京大学出版社,2004.6
(北京高等教育精品教材)
(高职高等数学系列教材)
ISBN 978-7-301-07437-4

Ⅰ.概… Ⅱ.①高… ②林… Ⅲ.①概率论-高等学校:技术学校-教材　②数理统计-高等学校:技术学校-教材　Ⅳ.O21

中国版本图书馆 CIP 数据核字(2004)第 041359 号

书　　　名:	概率统计(第二版)
著作责任者:	高旅端　林洁梅　编著
责 任 编 辑:	刘　勇
标 准 书 号:	ISBN 978-7-301-07437-4/O · 0594
出 版 发 行:	北京大学出版社
地　　　址:	北京市海淀区成府路 205 号　100871
网　　　址:	http://www.pup.cn
电　　　话:	邮购部 62752015　发行部 62750672　理科编辑部 62752021　出版部 62754962
电 子 邮 箱:	zpup@pup.pku.edu.cn
印 刷 者:	北京大学印刷厂
经 销 者:	新华书店
	787mm×960mm　16 开本　11 印张　230 千字
	2001 年 1 月第 1 版　2004 年 6 月第 2 版
	2013 年 8 月第 9 次印刷(总第 12 次印刷)
印　　　数:	51501—54500 册
定　　　价:	16.00 元

未经许可,不得以任何方式复制或抄袭本书之部分或全部内容。
版权所有,侵权必究
举报电话:010-62752024　电子邮箱:fd@pup.pku.edu.cn

本书 2004 年被评为北京高等教育精品教材

内 容 简 介

  本书被评为"**北京高等教育精品教材**",是高等职业、高等专科教育经济类、管理类及工科类"概率统计"基础课教材.该书依照教育部制定的高等职业教育"数学课程教学基本要求",并结合作者多年来为高职班学生讲授"概率统计"课所积累的教学经验编写而成.全书共分九章,内容包括:随机事件及其概率、随机变量、随机向量、随机变量的数字特征、大数定律和中心极限定理、抽样分布、参数估计、假设检验、回归分析与方差分析等.本书针对高职、高专学生的接受能力、理解程度讲述"概率统计"课的基本内容,叙述通俗易懂、简明扼要、富有启发性,便于自学.本书注重对学生基础知识的训练和综合能力的培养.每节配置了适量的习题,书末附有参考答案或解答,便于教师和学生使用.为便于学生学习,本教材有同步配套的《概率统计学习辅导》书.

  本书第一版于 2001 年 1 月出版,现为第二版.此次修订删去了超纲和较难的内容,如"全概率公式与贝叶斯公式"、"协方差与相关系数"、"多元线性回归"等;增加了"矩"、"矩估计法"、"单因素试验的方差分布"等实用性内容和实例;调整了部分内容,对重点内容进行了改写,更换了例题,使之更加通俗易懂.

  本书可作为高等职业、高等专科学生以及民办大学相应各专业的学生学习概率统计的教材或教学参考书,对数学爱好者本书也是一本较好的"概率统计"自学教材.

高职教育高等数学系列教材
出版委员会

主　任：刘　林
副主任：关淑娟
委　员（以姓氏笔画为序）：
　　　　　冯翠莲　　田培源　　刘　林　　刘书田
　　　　　刘雪梅　　关淑娟　　林洁梅　　胡显佑
　　　　　赵佳因　　侯明华　　高旅端　　唐声安

高职高等数学系列教材书目

高等数学（第二版）	刘书田等编著	定价 29.00 元
微积分（第二版）（经济类、管理类适用）	冯翠莲　编著	定价 19.00 元
线性代数（第二版）	胡显佑等编著	定价 16.00 元
概率统计（第二版）	高旅端等编著	定价 16.00 元
高等数学学习辅导（第二版）	刘书田等编著	定价 24.00 元
微积分学习辅导（第二版）（经济类、管理类适用）	冯翠莲　编著	定价 18.00 元
线性代数学习辅导（第二版）	胡显佑等编著	定价 17.00 元
概率统计学习辅导（第二版）	高旅端等编著	定价 15.00 元

高职高专高等数学系列教材（少学时）书目

新编经济数学基础（经济类、管理类适用）	冯翠莲　主编	估价 22.00 元
新编工科数学基础（工科类适用）（即将出版）	冯翠莲　主编	估价 25.00 元

第二版序言

  为满足迅速发展的高职教育的需要，我们于 2001 年 1 月编写了《高职高等数学系列教材》。这套教材包括《高等数学》、《微积分》、《线性代数》和《概率统计》，供高职教育工科类、经济类和管理类不同专业的学生使用。本套教材的出版受到广大教师和学生的好评，受到同行专家、教授的赞许。2003 年，本套教材被北京市教委列入"**北京市高等教育精品教材立项项目**"，2004 年被评为"**北京高等教育精品教材**"。为了不断提高教材质量，适应当前高职教育的发展趋势，我们根据三年多来使用本套教材的教学实践和读者的反馈意见，对第一版教材进行了认真的修订。

  修订教材的宗旨是：以高职教育的总目标——培养高素质应用型人材——为出发点，遵循"加强基础、培养能力、突出应用"的原则，力求实现基础性、实用性和前瞻性的和谐与统一。具体体现在：

  （1）适当调整了教材体系。在注意数学系统性、逻辑性的同时，对数学概念和基本定理，着重阐明它们的几何意义、物理背景、经济解释以及实际应用价值。有些内容重新改写，使重点突出、难点分散；调整了部分例题、练习题，使之更适合高职教育的总目标。

  （2）在教材内容的取舍上，删减了理论性较强的内容，减少了理论推导，增加了在工程、物理、经济方面具有实际应用的内容，立足实践与应用，使在培养学生应用数学知识解决实际问题能力方面得到进一步加强。

  （3）兼顾教材的前瞻性。本次修订汲取了国内高职数学教材的优点，注意到数学公共课与相关学科的联系，为各专业后续课打好坚实的基础。

  本套教材在修订过程中，得到北京市教委，同行专家、教授的大力支持，在此一并表示诚挚的感谢。参加本书编写和修订工作的还有唐声安、赵连盛、李月清、梁丽芝、徐军京、高旅端、胡显佑等同志。

  我们期望第二版教材能适合高职数学教学的需要，不足之处，恳请读者批评指正。

编 者
2004 年 5 月于北京

前　言

　　为了适应我国高等职业教育、高等专科教育的迅速发展,满足当前高职教育高等数学课程教学上的需要,我们依照教育部制定的高职、高专数学课程教学基本要求,为高职、高专工科类及经济类、管理类学生编写了本套高等数学系列教材.本套书分为教材四个分册:《高等数学》(上、下册)、《微积分》、《线性代数》、《概率统计》;配套辅导教材四个分册:《高等数学学习辅导》(上、下册)、《微积分学习辅导》、《线性代数学习辅导》、《概率统计学习辅导》,总共 8 分册.**书中加"＊"号的内容**,对非工科类学生可不讲授.

　　编写本套系列教材的宗旨是:以提高高等职业教育教学质量为指导思想,以培养高素质应用型人材为总目标,力求教材内容"涵盖大纲、易学、实用".本套系列教材具有以下特点:

　　1. 教材的编写紧扣高职、高专数学课程教学基本要求,慎重选择教材内容.既考虑到高等数学本学科的科学性,又能针对高职班学生的接受能力和理解程度,适当选取教材内容的深度和广度;既注重从实际问题引入基本概念,揭示概念的实质,又注重基本概念的几何解释、物理意义和经济背景,以使教学内容形象、直观,便于学生理解和掌握,并达到"学以致用"的目的.

　　2. 为使学生更好地掌握教材的内容,我们编写了配套的辅导教材,教材与辅导教材的章节内容同步,但侧重点不同.辅导教材每章按照教学要求、内容提要与解题指导、自测题与参考解答三部分内容编写.教学要求指明学生应掌握、理解或了解的知识点;内容提要把重要的定义、定理、性质以及容易混淆的概念给出提示,解题指导是通过典型例题的解法给出点评、分析与说明,并给出解题方法的归纳与总结.教材与辅导教材相辅相成,同步使用.

　　3. 本套教材叙述通俗易懂、简明扼要、富有启发性,便于自学;注意用语确切,行文严谨.教材每节后配有适量习题,书后附有习题答案和解法提示.辅导教材按章配有自测题并给出较详细的参考解答,便于教师和学生使用.

　　本套系列教材的编写和出版,得到了北京大学出版社的大力支持和帮助,同行专家和教授提出了许多宝贵的建议,在此一并致谢!

　　限于编者水平,书中难免有不妥之处,恳请读者指正.

编　者

2001 年 1 月于北京

目 录

第一章 随机事件及其概率 ……………………………………………… (1)

　§1.1 随机事件及其运算 …………………………………………… (1)

　　一、随机试验与样本空间 ………………………………………… (1)

　　二、随机事件 ……………………………………………………… (3)

　　三、事件间的关系与运算 ………………………………………… (3)

　　习题1.1 …………………………………………………………… (6)

　§1.2 概率及其运算 ………………………………………………… (7)

　　一、频率 …………………………………………………………… (7)

　　二、概率 …………………………………………………………… (8)

　　三、概率的性质 …………………………………………………… (9)

　　四、古典概型 ……………………………………………………… (9)

　　五、概率的计算 …………………………………………………… (11)

　　习题1.2 …………………………………………………………… (12)

　§1.3 条件概率与独立性 …………………………………………… (13)

　　一、条件概率 ……………………………………………………… (13)

　　二、乘法公式 ……………………………………………………… (14)

　　三、独立性 ………………………………………………………… (15)

　　习题1.3 …………………………………………………………… (17)

　§1.4 伯努利概型 …………………………………………………… (18)

　　习题1.4 …………………………………………………………… (19)

第二章 随机变量 ………………………………………………………… (20)

　§2.1 随机变量的概念 ……………………………………………… (20)

　§2.2 离散型随机变量 ……………………………………………… (21)

　　一、定义 …………………………………………………………… (21)

　　二、常见的离散型随机变量的概率分布 ………………………… (23)

　　习题2.2 …………………………………………………………… (25)

　§2.3 连续型随机变量 ……………………………………………… (26)

　　一、定义 …………………………………………………………… (26)

　　二、常见的连续型随机变量的概率密度 ………………………… (27)

　　习题2.3 …………………………………………………………… (32)

§2.4 随机变量的分布函数 …………………………………… (33)
　　一、分布函数 …………………………………………… (33)
　　二、离散型随机变量的分布函数 ……………………… (34)
　　三、连续型随机变量的分布函数 ……………………… (35)
　　习题 2.4 ………………………………………………… (36)
*§2.5 随机变量的函数及其分布 …………………………… (37)
　　一、X,Y 是离散型随机变量 …………………………… (37)
　　二、X,Y 是连续型随机变量 …………………………… (38)
　　习题 2.5 ………………………………………………… (40)

第三章　随机向量 ……………………………………………… (41)

§3.1 二维随机向量 …………………………………………… (41)
　　一、二维随机向量的概念 ……………………………… (41)
　　二、二维随机向量的分布函数 ………………………… (41)
　　三、二维离散型随机向量 ……………………………… (42)
　　四、二维连续型随机向量 ……………………………… (44)
　　习题 3.1 ………………………………………………… (46)
§3.2 边缘概率分布与边缘概率密度 ………………………… (47)
　　一、边缘分布函数 ……………………………………… (47)
　　二、二维离散型随机向量的边缘概率分布 …………… (48)
　　三、二维连续型随机向量的边缘概率密度 …………… (49)
　　习题 3.2 ………………………………………………… (51)
§3.3 随机变量的独立性 ……………………………………… (52)
　　习题 3.3 ………………………………………………… (53)
*§3.4 两个随机变量的函数的分布 ………………………… (54)
　　一、$Z=X+Y$ 的分布 …………………………………… (54)
　　二、$Z=\max\{X,Y\}$ 和 $Z=\min\{X,Y\}$ 的分布 ………… (55)
　　习题 3.4 ………………………………………………… (57)
*§3.5 n 维随机向量 ………………………………………… (57)
　　一、n 维随机向量及分布函数 ………………………… (57)
　　二、n 维连续型随机向量 ……………………………… (58)
　　三、n 个随机变量的函数 ……………………………… (58)
　　习题 3.5 ………………………………………………… (59)

第四章　随机变量的数字特征 ………………………………… (60)

§4.1 期望 ……………………………………………………… (60)
　　一、离散型随机变量的期望 …………………………… (60)

二、连续型随机变量的期望 (63)
　　三、随机变量函数的期望 (64)
　　四、期望的性质 (65)
　　习题 4.1 (65)
§ 4.2　方差 (66)
　　一、定义 (66)
　　二、几种常用随机变量的方差 (67)
　　三、方差的性质 (69)
　　四、矩 (70)
　　习题 4.2 (70)

*第五章　大数定律和中心极限定理 (72)
§ 5.1　大数定律 (72)
　　一、切比雪夫(Chebyshev)不等式 (72)
　　二、大数定律 (73)
　　习题 5.1 (74)
§ 5.2　中心极限定理 (74)
　　习题 5.2 (77)

第六章　抽样分布 (78)
§ 6.1　总体与样本 (78)
　　一、随机抽样法 (78)
　　二、总体与样本 (79)
§ 6.2　抽样分布 (80)
　　一、统计量 (80)
　　二、抽样分布 (81)
　　三、统计学三大分布 (81)
　　四、关于正态总体的抽样分布 (84)
　　习题 6.2 (86)

第七章　参数估计 (87)
§ 7.1　点估计 (87)
　　一、矩估计法 (87)
　　二、极大似然估计法 (88)
　　习题 7.1 (92)
§ 7.2　估计量的评选标准 (92)
　　一、无偏性 (92)
　　二、有效性 (94)

习题 7.2 ·· (95)

§7.3 区间估计 ·· (95)

 一、置信区间和置信度 ··· (96)

 二、正态总体期望的区间估计 ······································· (96)

 三、正态总体方差的区间估计 ······································ (101)

 *四、单侧置信区间 ·· (103)

 习题 7.3 ··· (104)

第八章 假设检验 ··· (105)

§8.1 假设检验及其方法 ·· (105)

 一、假设检验的例子 ··· (105)

 二、假设检验的基本方法 ··· (106)

 三、基本概念 ··· (108)

 四、两类错误 ··· (108)

 五、关于参数的假设检验问题的处理步骤 ···························· (109)

§8.2 正态总体期望和方差的假设检验 ··································· (109)

 一、正态总体期望的假设检验 ······································· (109)

 二、正态总体方差的假设检验 ······································· (112)

 *三、单边检验和双边检验 ·· (114)

 *四、区间估计和假设检验间的关系 ·································· (114)

 习题 8.2 ··· (115)

§8.3 总体分布的假设检验 ·· (116)

 一、χ^2 检验法 ··· (117)

 二、X 是连续型随机变量总体分布的假设检验 ······················ (118)

 三、X 是离散型随机变量总体分布的假设检验 ······················ (120)

 习题 8.3 ··· (121)

*第九章 回归分析与方差分析 ·· (122)

§9.1 一元线性回归 ·· (122)

 一、一元线性回归模型 ··· (122)

 二、参数 a, b, σ^2 的估计 ································· (124)

 三、显著性检验 ··· (127)

 四、预测 ··· (129)

 五、可以化为一元线性回归的问题 ··································· (131)

 习题 9.1 ··· (134)

§9.2 单因素试验的方差分析 ·· (135)

 一、基本概念 ··· (135)

  二、数学模型 ……………………………………………………………… (136)
  三、平方和的分解 …………………………………………………… (137)
  四、检验统计量和拒绝域 …………………………………………… (138)
  五、方差分析表和 S_A, S_E 的计算公式 …………………………… (139)
  习题 9.2 ……………………………………………………………… (139)
习题答案与解法提示 …………………………………………………… (141)
附表 ………………………………………………………………………… (155)
  附表 1 函数 $\dfrac{\lambda^k}{k!}e^{-\lambda}$ 数值表 …………………………………… (155)
  附表 2 函数 $\Phi(x)=\dfrac{1}{\sqrt{2\pi}}\displaystyle\int_{-\infty}^{x}e^{-\frac{t^2}{2}}dt$ 数值表 ……………… (156)
  附表 3 t 分布表 $P\{t(n)>t_\alpha(n)\}=\alpha$ ………………………… (157)
  附表 4 χ^2 分布表 $P\{\chi^2(n)>\chi^2_\alpha(n)\}=\alpha$ …………………… (158)
  附表 5 F 分布表 $P\{F(n_1,n_2)>F_\alpha(n_1,n_2)\}=\alpha$ …………… (159)

第一章 随机事件及其概率

客观世界中,人们所观察到的现象大体上可以分为两种类型.一类现象是事前可以预知结果的,即在一定条件下,某一确定的现象必然会发生,或者根据它过去的状态,完全可以预知它将来的发展状态.我们称这一类型的现象为确定性现象.例如,水在标准大气压下于 100℃沸腾;自由落体下落的距离是下落时间的二次函数:$s=\frac{1}{2}gt^2$. 还有另一类现象,它是事前不能预知结果的,即使在相同的条件下重复进行试验时,每次所得到的结果未必相同,或者即使知道它过去的状态,也不能肯定它将来的发展状态.我们称这一类型的现象为随机现象.例如,抛掷一枚质地均匀的硬币,硬币落地后可能是带国徽的一面朝上,也可能是另一面朝上,在每次抛币之前,不能预知抛币后的结果肯定是什么;某城市明年7月份的降雨量也是事先无法准确预报的.

在随机现象中,虽然无法由给定的条件准确预报结果,但是,经过人们长期的观察和研究,发现并非无规律可循,而是呈现出某种规律性.也就是说,结果的不能预知,只是对一次或者少数几次试验而言的.当在相同条件下进行大量重复试验时,试验的结果就会呈现出某种规律性.例如,多次抛掷均匀硬币时,带国徽的一面朝上的次数约占抛掷总次数的一半.这种在大量重复性试验时,试验结果呈现出的规律性,我们称之为**统计规律性**.概率论与数理统计就是研究随机现象统计规律性的一门数学学科,它在自然科学、工程技术和社会科学的众多领域中有着广泛而重要的应用.特别在近二十年来,随着计算机的普及,概率统计在经济、管理、金融、保险、生物、医学等方面的应用更是得到长足发展.

§1.1 随机事件及其运算

一、随机试验与样本空间

在实际中有各种各样的试验,这里把试验的含义推广,包括各种各样的科学实验,甚至对某一事物的某种特征的观察也认为是一种试验.

在各种试验中,相同条件下可以重复进行,而不能确定其结果,但知其所有可能结果的试验称为**随机试验**.例如,前面提到的抛掷一枚均匀的硬币,观察出现正面(带国徽的面朝上)或反面就是一个随机试验.

例1 掷一枚均匀的骰子,观察出现的点数.试验的所有可能结果有6个:出现点1,出现点2,出现点3,出现点4,出现点5,出现点6.分别用1,2,3,4,5,6表示.

例 2 将一枚均匀的硬币抛掷两次,观察两次中出现正面、反面的情况.这时一次试验是抛掷两次硬币,试验的所有可能结果有 4 个:两次都出现正面,两次都出现反面,第一次出现正面而第二次出现反面,第一次出现反面而第二次出现正面.分别用"正正"、"反反"、"正反"、"反正"表示.

例 3 观察某城市一个月内交通事故发生的次数.这时,试验的所有可能结果是无限多个:发生 0 次、发生 1 次、发生 2 次……(当然,一个月内交通事故发生的次数不会是无限次,但是发生次数的上限不易确定,这时,把上限定为无限,在数学上便于处理)由于这无限多个可能结果可一一排列出来,因此,称这种无限多个为可列无限多个或者简称为可列个.

例 4 对一只灯泡做实验,观察其使用寿命.用 t 表示灯泡的使用寿命,则 t 可取所有的非负实数:$t \geq 0$,对应了试验的所有可能结果.这时,试验的所有可能结果也是无限多个,但是这无限多个可能结果不能一一排列出来,因此,称这种无限多个为不可列无限多个或者简称为不可列个.

例 1 至例 4 也是随机试验.这些试验具有以下 3 个共同特点:

(1) 每次试验可以在相同的条件下重复进行.

(2) 每次试验的可能结果不止一个,试验的所有可能结果在试验前是已知的.

(3) 每次试验中可以出现不同的可能结果,但究竟出现哪个可能结果,在试验之前不能确定.

这就是所有随机试验所具有的 3 个特点.以后把随机试验简称为试验,用 E 表示,并通过研究随机试验来研究随机现象.

试验 E 中的每一个可能结果称为**基本事件**,所有基本事件组成的集合称为 E 的**样本空间**,记为 Ω.

例如,在抛掷一枚硬币的试验中,有两个可能结果:出现正面、出现反面,分别用"正"、"反"表示,因此有两个基本事件,这个试验的样本空间是由这两个基本事件组成的集合:$\Omega = \{\text{正},\text{反}\}$.

在例 1 的试验中,有 6 个基本事件,样本空间 $\Omega = \{1,2,3,4,5,6\}$.

在例 2 的试验中,有 4 个基本事件,样本空间 $\Omega = \{\text{正正},\text{反反},\text{正反},\text{反正}\}$.

在例 3 的试验中,有可列个基本事件,样本空间 $\Omega = \{\text{发生 0 次},\text{发生 1 次},\text{发生 2 次},\cdots\}$.

在例 4 的试验中,基本事件的个数是不可列个,样本空间 $\Omega = \{t \mid t \geq 0\}$.

应当注意,样本空间中的元素即基本事件由试验的目的所确定,不同的试验目的,其样本空间也不一样.例如,同样是将一枚均匀的硬币抛掷两次,但试验的目的是观察出现正面的次数,这时,基本事件有 3 个:出现 0 次、出现 1 次、出现 2 次.因此,这个试验的样本空间中只有 3 个元素.

对一个随机试验,弄清它的样本空间即所有的基本事件是很重要的.

二、随机事件

在进行试验时,常常关心满足某些条件的基本事件所组成的集合.例如,在例1中,如果讨论"出现奇数点"的情况,则这是由3个基本事件1,3,5所组成的集合.在例2中,如果讨论"两次出现的面相同"的情况,则是由两个基本事件"正正"和"反反"所组成的集合.

把由试验E的样本空间Ω中的部分基本事件组成的集合称为试验E的**随机事件**.例如,上面所说的"出现奇数点"是掷一枚均匀的骰子这个试验的随机事件,"两次出现的面相同"是把一枚均匀的硬币抛掷两次这个试验的随机事件.显然,任何试验的每一个基本事件都是随机事件,它们是最简单的随机事件;而一般的随机事件是由若干个基本事件组成的.

在一次试验中,一个随机事件可能发生也可能不发生.在每次试验中,当且仅当组成随机事件的若干个基本事件中的一个基本事件出现时,称该随机事件发生.例如,在例2中,随机事件"两次出现的面相同"在一次试验中可能发生也可能不发生,当且仅当组成它的两个基本事件"正正"和"反反"中的一个基本事件出现时,则"两次出现的面相同"这个随机事件在一次试验中发生了.

有两种特殊的情况:一种是由样本空间Ω中的所有元素即全体基本事件组成的集合,我们称之为**必然事件**,在每次试验中它总是发生.例如,在例1中,"出现的点数不大于6"就是必然事件.另一种是不含任何基本事件的空集合,我们称之为**不可能事件**,在每次试验中它都不会发生.例如,在例1中,"出现的点数大于6"就是不可能事件.本质上,必然事件和不可能事件没有不确定性,即它们不是随机事件.但为了今后讨论方便起见,把它们当作特殊的随机事件.

随机事件简称为**事件**,常用符号$A,B,C,\cdots$表示事件,用Ω表示必然事件,用Φ表示不可能事件.

三、事件间的关系与运算

在研究试验E的时候,常常遇到各种事件.这些事件中,有的比较简单,有的则比较复杂,但与比较简单的事件有一定的关系.因此,分析事件之间的关系,可以在研究比较复杂的事件时,把它转化为对比较简单事件的研究.

设试验E的样本空间为Ω,$A,B,A_1,A_2,\cdots,A_n$是E的事件.

1. 事件的包含与相等

如果事件A发生必然导致事件B发生,则称事件B**包含**事件A,记为$A\subset B$.

如果事件A包含事件B,同时事件B也包含事件A,即$B\subset A$并且$A\subset B$,则称事件A与事件B**相等**,记为$A=B$.

事件B包含事件A,就是凡是属于事件A的基本事件必然属于事件B.例如,在例1中,设$A=$"出现点1"$=\{1\}$,$B=$"出现奇数点"$=\{1,3,5\}$,则有$A\subset B$.

2. 和事件

设 A,B 是两个事件,事件"A,B 两事件至少有一个发生"称为 A 与 B 的**和事件**,记为 $A \cup B$ 或 $A+B$.

A,B 两事件至少有一个发生意味着或者 A 发生,或者 B 发生. A 与 B 的和事件是由 A 中的基本事件和 B 中的基本事件一起构成的事件. 例如,在例 1 中,设 $A=$"出现的点数不大于 3"$=\{1,2,3\}$, $B=$"出现奇数点"$=\{1,3,5\}$,则 $A \cup B=\{1,2,3,5\}$.

和事件的概念可以推广到 n 个事件的情况. 事件 $A_1,A_2,\cdots,A_n$ 的和事件记为 $\bigcup_{i=1}^{n} A_i = A_1 \cup A_2 \cup \cdots \cup A_n$ 或 $A_1+A_2+\cdots+A_n$,表示 $A_1,A_2,\cdots,A_n$ 这 n 个事件中至少有一个发生这一事件.

进一步,和事件的概念还可以推广到可列个事件的情况. 可列个事件 $A_1,A_2,\cdots,A_n,\cdots$ 的和事件记为 $\bigcup_{i=1}^{\infty} A_i = A_1 \cup A_2 \cup \cdots \cup A_n \cup \cdots$ 或 $A_1+A_2+\cdots+A_n+\cdots$,表示 $A_1,A_2,\cdots,A_n,\cdots$ 中至少有一个发生这一事件.

3. 积事件

设 A,B 是两个事件,事件"A,B 两事件同时发生"称为 A 与 B 的**积事件**,记为 $A \cap B$ 或 AB.

A 与 B 的积事件是由既属于 A 同时又属于 B 的基本事件构成的事件. 例如,在例 1 中,设 $A=\{1,2,3\}$, $B=\{1,3,5\}$,则 $AB=\{1,3\}$.

积事件的概念也可以推广到 n 个事件的情况. 事件 $A_1,A_2,\cdots,A_n$ 的积事件记为 $\bigcap_{i=1}^{n} A_i = A_1 \cap A_2 \cap \cdots \cap A_n$ 或 $A_1 A_2 \cdots A_n$,表示 $A_1,A_2,\cdots,A_n$ 同时发生这一事件.

4. 差事件

设 A,B 是两个事件,事件"A 发生而 B 不发生"称为 A 与 B 的**差事件**,记为 $A-B$.

A 与 B 的差事件是由属于 A 但不属于 B 的基本事件构成的事件. 例如,在例 1 中,仍设 $A=\{1,2,3\}$, $B=\{1,3,5\}$,则 $A-B=\{2\}$.

5. 互不相容

若事件 A 与事件 B 不能同时发生,则称 A,B **互不相容**或**互斥**.

若 A,B 互不相容,则有 $AB=\Phi$,反之亦然. 例如,在例 1 中,若设 $A=\{1,2,3\}$, $B=\{4,5,6\}$,则 A,B 互不相容.

对 n 个事件 $A_1,A_2,\cdots,A_n$,它们两两互不相容是指对 $i \neq j$, $A_i A_j = \Phi (i,j=1,2,\cdots,n)$.

对可列个事件 $A_1,A_2,\cdots,A_n,\cdots$,它们两两互不相容是指对 $i \neq j$, $A_i A_j = \Phi (i,j=1,2,\cdots)$.

显然,基本事件是两两互不相容的.

6. 对立事件

对事件 A,事件"A 不发生"称为 A 的**对立事件**,记为 $\overline{A}$.

上述定义意味着在一次试验中，A 发生则 $\overline{A}$ 必不发生，而 A 不发生则 $\overline{A}$ 必发生，因此 A 与 $\overline{A}$ 应满足关系

$$A \cup \overline{A} = \Omega, \quad A\overline{A} = \Phi. \tag{1.1}$$

显然，A 与 $\overline{A}$ 互为对立事件.

上述事件间的 6 种关系与运算可用图 1.1 直观地加以表示. 例如在积事件 AB 的图中，方框内表示样本空间 Ω，圆 A 和圆 B 分别表示事件 A 和事件 B，阴影部分表示积事件 AB.

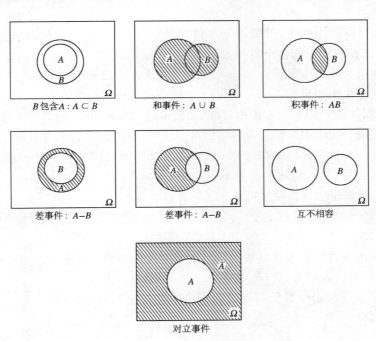

图 1.1 事件间的关系与运算

事件间的运算服从以下规律（其中 A,B,C 均为试验 E 的事件）：

1. 交换律

$$A \cup B = B \cup A, \quad AB = BA. \tag{1.2}$$

2. 结合律

$$A \cup (B \cup C) = (A \cup B) \cup C = A \cup B \cup C, \tag{1.3}$$

$$A(BC) = (AB)C = ABC. \tag{1.4}$$

3. 分配律

$$A(B \cup C) = AB \cup AC, \tag{1.5}$$

$$A \cup BC = (A \cup B)(A \cup C). \tag{1.6}$$

4. 对偶公式

$$\overline{A \cup B} = \overline{A}\,\overline{B}, \tag{1.7}$$

$$\overline{AB} = \overline{A} \cup \overline{B}. \tag{1.8}$$

对偶公式还可以推广到多个事件的情况,例如对 3 个事件 A,B,C 有

$$\overline{A \cup B \cup C} = \overline{A}\,\overline{B}\,\overline{C}, \tag{1.9}$$

$$\overline{ABC} = \overline{A} \cup \overline{B} \cup \overline{C}. \tag{1.10}$$

对偶公式的意义很明显,(1.7)式和(1.9)式表明,"至少有一个事件发生"的对立事件是"所有的事件都不发生";(1.8)式和(1.10)式表明,"所有事件都发生"的对立事件是"至少有一个事件不发生".

例 5 向目标射击两次,用 A 表示事件"第一次击中目标",用 B 表示事件"第二次击中目标",试用 A,B 表示下列各个事件:

(1) 只有第一次击中目标;　　　(2) 仅有一次击中目标;
(3) 两次都未击中目标;　　　　(4) 至少一次击中目标.

解 显然,$\overline{A}$ 表示第一次未击中目标,$\overline{B}$ 表示第二次未击中目标.

(1) 只有第一次击中目标隐含着第二次未击中目标,因此表示为 $A\overline{B}$.

(2) 仅有一次击中目标意味着第一次击中目标而第二次未击中目标或者第一次未击中目标而第二次击中目标,因此表示为 $A\overline{B} \cup \overline{A}B$.

(3) 两次都未击中目标显然可以表示为 $\overline{A}\,\overline{B}$.

(4) 至少一次击中目标包括只一次击中目标或两次都击中目标,因此可以表示为 $A\overline{B} \cup \overline{A}B \cup AB$.

至少一次击中目标也可以理解为第一次击中目标和第二次击中目标这两个事件至少有一个发生,因此可以表示为 $A \cup B$,从而有 $A \cup B = A\overline{B} \cup \overline{A}B \cup AB$.

又由于至少一次击中目标与两次都未击中目标互为对立事件,因此 $\overline{A \cup B} = \overline{A}\,\overline{B}$,正是对偶公式(1.7).

习　题　1.1

一、单项选择题

1. 设 A,B,C 为 3 个事件,则 A,B,C 中至少有一个发生是(　　).
(A) ABC;　　(B) $A \cup B \cup C$;　　(C) $\overline{A \cup B \cup C}$;　　(D) $A(B \cup C)$.

2. 从装有 3 只红球和 2 只白球的袋中任取两只球,设 $A=$"取到两只白球",则 $\overline{A}=$(　　).
(A) 取到两只红球;　　　　　　(B) 至少取到一只白球;
(C) 没有取到白球;　　　　　　(D) 至少取到一只红球.

二、其他类型题

1. 写出下列随机试验的样本空间:
(1) 将一枚均匀的硬币抛掷 3 次,观察出现正反面的情况;
(2) 将一枚均匀的硬币抛掷 3 次,观察出现正面的次数;
(3) 生产某种产品直至得到 10 件正品为止,记录生产产品的总件数;
(4) 在一批灯泡中任意抽取一只,测试它的使用寿命,设寿命不会超过 T 小时.

2. 设 A,B,C 是某一试验的 3 个事件,用 A,B,C 的运算关系表示下列事件:
(1) A,B,C 都发生;
(2) A,B,C 都不发生;
(3) A 与 B 发生,而 C 不发生;
(4) A 发生,而 B 与 C 不发生;
(5) A,B,C 中至少有一个发生;
(6) A,B,C 中不多于一个发生;
(7) A 与 B 都不发生;
(8) A 与 B 中至少有一个发生.

3. 设 A,B 为两个事件,指出下列等式中哪些成立,哪些不成立:
(1) $A\cup B = A\bar{B}\cup B$;
(2) $A-B = A\bar{B}$;
(3) $(AB)(A\bar{B}) = \Phi$;
(4) $\overline{AB} = \bar{A}\,\bar{B}$;
(5) $A\cup B = \overline{AB}$.

4. 在计算机系的学生中任意选一名学生,设事件 $A=$"被选学生是女生",事件 $B=$"被选学生是一年级学生",事件 $C=$"被选学生是运动员".
(1) 叙述事件 $AB\bar{C}$ 的意义;
(2) 什么时候 $ABC=C$?
(3) 什么时候 $C\subset B$?
(4) 什么时候 $\bar{A}=B$?

§1.2 概率及其运算

除了必然事件和不可能事件以外,一般的随机事件在一次试验中可能发生,也可能不发生. 我们虽然不能预先知道它们是否发生,但它们发生的可能性有大小之分. 因此,需要定量地描述这种可能性的大小. 对一个事件,用一个适当的数表示该事件发生的可能性的大小,这个数就是事件的概率,它是概率论中最基本的概念之一. 为此,先引入频率的概念.

一、频率

定义 1.1 设在相同的条件下,进行了 n 次试验,在 n 次试验中,事件 A 发生了 n_A 次,则称 n_A 为事件 A 在 n 次试验中发生的**频数**,称比值 $\dfrac{n_A}{n}$ 为事件 A 在 n 次试验中发生的**频率**,记为 $f_n(A)$:

$$f_n(A) = \frac{n_A}{n}. \tag{1.11}$$

由定义,容易看出频率具有以下 3 条基本性质:

性质 1 $0 \leqslant f_n(A) \leqslant 1$; (1.12)

性质 2 $f_n(\Omega) = 1$; (1.13)

性质 3 若 $A_1, A_2, \cdots, A_k$ 是两两互不相容的事件,则

$$f_n(A_1 \cup A_2 \cup \cdots \cup A_k) = f_n(A_1) + f_n(A_2) + \cdots + f_n(A_k). \tag{1.14}$$

事件 A 发生的频率描述了事件发生的频繁程度. 频率越大,事件 A 发生越频繁,即 A 发生的可能性越大. 因此,自然想到用 A 发生的频率表示 A 发生的可能性的大小. 但是,有个问题,频率不是固定的数:一方面,这一遍的 n 次重复试验中 A 发生的频率与另一遍的 n 次重复试验中 A 发生的频率一般不相同;另一方面,当重复试验的次数 n 发生变化时,A 发

生的频率也会有所变化.下面先看一个著名的例子.

例 1 考虑抛掷一枚均匀的硬币,观察出现正面的情况.如果取 $n=500$,即将这枚硬币在相同的条件下重复抛掷 500 次,用 A 表示出现正面这一事件,n_A 为 500 次中出现正面的次数.历史上曾经有人做了 10 遍这个试验,所得结果见表 1.1.

表 1.1 抛掷硬币 500 次试验数据表

遍 数	1	2	3	4	5	6	7	8	9	10
n_A	251	249	256	253	251	246	244	258	262	247
$f_n(A)$	0.502	0.498	0.512	0.506	0.502	0.492	0.488	0.516	0.524	0.494

改变试验中的 n,所得结果见表 1.2.

表 1.2 抛掷硬币试验数据表

试 验 者	n	n_A	$f_n(A)$
蒲 丰	4040	2048	0.5069
皮 尔 逊	12000	6019	0.5016
皮 尔 逊	24000	12012	0.5005

结果表明,虽然 $f_n(A)$ 不是固定的数,并且当 n 较小时,差异较大.但是,随着 n 的增大,$f_n(A)$ 的波动会越来越小,呈现出一种稳定性,向 0.5 靠拢.这与我们的直观感觉"出现正面的可能性是 0.5"相一致.因此,可以用"频率的稳定值"0.5 表示事件 A 发生可能性的大小.

二、概率

由例 1 以及其他很多例子,都可以得到这样的认识:随着试验次数 n 逐渐增大,事件 A 发生的频率总是在一个常数附近上下摆动,并逐渐稳定于该常数.这个性质反映了一种统计规律性,说明一个事件发生的可能性的大小可以用一个客观存在的常数表示,此常数就是频率的稳定值.

定义 1.2 在相同的条件下进行 n 次试验,n_A 为 n 次试验中事件 A 发生的次数,$f_n(A) = \dfrac{n_A}{n}$ 为事件 A 发生的频率.如果当 n 很大时,$f_n(A)$ 稳定地在某一常数值 p 的附近摆动,并且通常随着 n 的增大,摆动的幅度越变越小,则称 p 为**事件 A 的概率**,记为 $P(A)$:$P(A)=p$.

定义 1.2 称为概率的**统计定义**.根据定义 1.2,在例 1 中,$P($"出现正面"$)=0.5$.

概率的统计定义虽然直观,但不便于实际使用,因为我们不可能对每一个事件都做大量的重复试验,从中得到频率的稳定值.另外,从数学上看,有些说法也不严密,不便于在理论研究上使用.

注意到频率 $f_n(A)$ 所具有的 3 条基本性质以及 $f_n(A)$ 与 $P(A)$ 很接近,因此可以想像 $P(A)$ 也具有这 3 条基本性质.由此得到启发,可以提出概率的另外一种定义,称之为概率的

公理化定义. 这种定义能够克服统计定义的缺点,便于在理论研究和实际计算上使用. 由于概率的公理化定义比较抽象,这里就不给出了.

三、概率的性质

概率具有以下基本性质.

性质 1 $0 \leqslant P(A) \leqslant 1.$ (1.15)

性质 2 $P(\Omega) = 1.$ (1.16)

性质 3 $P(\Phi) = 0.$ (1.17)

性质 4 若事件 A 与事件 B 互不相容,则

$$P(A \cup B) = P(A) + P(B). \tag{1.18}$$

这一性质可以推广:设 $A_1, A_2, \cdots, A_n$ 为两两互不相容的 n 个事件,则

$$P(A_1 \cup A_2 \cup \cdots \cup A_n) = P(A_1) + P(A_2) + \cdots + P(A_n). \tag{1.19}$$

称上述性质为概率的**有限可加性**. 同样,设 $A_1, A_2, \cdots, A_n, \cdots$ 为两两互不相容的可列个事件,则

$$P(A_1 \cup A_2 \cup \cdots \cup A_n \cup \cdots) = P(A_1) + P(A_2) + \cdots + P(A_n) + \cdots. \tag{1.20}$$

称上述性质为概率的**可列可加性**.

性质 5 对事件 A 及其对立事件 $\overline{A}$,有

$$P(A) = 1 - P(\overline{A}). \tag{1.21}$$

性质 6 设 A, B 为两个事件,则

$$P(A \cup B) = P(A) + P(B) - P(AB). \tag{1.22}$$

称上述性质为概率的**加法公式**. 这一性质可以推广到有限个事件的情况,例如对 3 个事件 A, B, C,有

$$\begin{aligned}P(A \cup B \cup C) = &P(A) + P(B) + P(C) - P(AB) \\ &- P(AC) - P(BC) + P(ABC).\end{aligned} \tag{1.23}$$

性质 7 设 A, B 为两个事件,若 $A \subset B$,则

$$P(B - A) = P(B) - P(A), \quad P(A) \leqslant P(B). \tag{1.24}$$

四、古典概型

这里讨论一类简单的试验,§1.1 中的例 1 和例 2 以及本节中的例 1 都属于这类试验,它们都具有下面两个共同的特点:

(1) 试验的样本空间中的元素只有有限个,即基本事件的数目有限;

(2) 试验中的每个基本事件发生的可能性相同.

例如,在 §1.1 的例 1 中,样本空间由 6 个基本事件组成,由于骰子均匀,因此,每个基本事件发生的可能性都是 1/6. 在例 2 中,样本空间由 4 个基本事件组成,由于硬币均匀,因此,每个基本事件发生的可能性都是 1/4. 在本节的例 1 中,样本空间由两个基本事件组成,

每个基本事件发生的可能性都是 1/2.

具有以上两个特点的试验是很多的,这一类试验称之为**古典概率模型**,简称为**古典概型**,是概率论发展初期的主要研究对象,有着广泛的应用. 如果试验有着像抛掷硬币的均匀性或几何上的对称性,或者没有理由认为某些基本事件发生的可能性偏大及偏小时,可以认为是古典概型.

下面我们讨论古典概型中事件概率的计算问题.

对古典概型,设基本事件为 $\omega_1, \omega_2, \cdots, \omega_n$,于是 $\Omega = \{\omega_1, \omega_2, \cdots, \omega_n\}$,且 $P(\omega_i) = 1/n$ ($i = 1, 2, \cdots, n$),这是因为

$$P(\omega_1) = P(\omega_2) = \cdots = P(\omega_n), \quad \Omega = \omega_1 \bigcup \omega_2 \bigcup \cdots \bigcup \omega_n,$$

$$P(\Omega) = P(\omega_1 \bigcup \omega_2 \bigcup \cdots \bigcup \omega_n) = P(\omega_1) + P(\omega_2) + \cdots + P(\omega_n) = nP(\omega_i) = 1.$$

设事件 A 包含 m 个基本事件 $\omega_{i_1}, \omega_{i_2}, \cdots, \omega_{i_m}$ ($1 \leqslant i_1 < i_2 < \cdots < i_m \leqslant n$). 由于 $\omega_{i_1}, \omega_{i_2}, \cdots, \omega_{i_m}$ 这 m 个基本事件中有一个发生,事件 A 即发生,从而 $A = \omega_{i_1} \bigcup \omega_{i_2} \bigcup \cdots \bigcup \omega_{i_m}$. 从而

$$P(A) = P(\omega_{i_1} \bigcup \omega_{i_2} \bigcup \cdots \bigcup \omega_{i_m}) = P(\omega_{i_1}) + P(\omega_{i_2}) + \cdots + P(\omega_{i_m}) = m/n,$$

于是

$$P(A) = \frac{m}{n} = \frac{A \text{ 包含的基本事件数}}{\Omega \text{ 中基本事件的总数}}. \tag{1.25}$$

这就是古典概型中计算事件 A 的概率公式.

使用(1.25)式时,关键是求出 Ω 中基本事件的总数 n 和 A 包含的基本事件数 m. 对有的试验 n 与 m 能够容易求出,对有的试验 n 与 m 则不容易求出,这时常使用排列与组合的计算公式,特别是组合计算公式.

例 2 盒中装有 3 个红色球和 2 个白色球,现从盒中任意取出两个球,问取出的两个球都是红色球的概率是多少?

解 先将盒中的 5 个球编号:红色球编为 1, 2, 3 号,白色球编为 4, 5 号. 从盒中任意取出两个球共有以下 10 种可能结果(10 个基本事件):

取出 1, 2 号球　取出 1, 3 号球　取出 1, 4 号球　取出 1, 5 号球　取出 2, 3 号球

取出 2, 4 号球　取出 2, 5 号球　取出 3, 4 号球　取出 3, 5 号球　取出 4, 5 号球

由于是任意取出,因此上述每种结果发生的可能性相同,该问题属于古典概型,并且 $n = 10$. 记 $A = $ "取出的两个球都是红色球",则 A 包含 3 个基本事件:取出 1, 2 号球,取出 1, 3 号球,取出 2, 3 号球,因此 $m = 3$,$P(A) = 3/10$.

可以使用组合计算公式. 由于 n 是从 5 个球中任意取出两个球的所有不同取法的种数,因此

$$n = \binom{5}{2} = \frac{5!}{2!(5-2)!} = \frac{5 \times 4}{2} = 10,$$

而 m 是取出的两个球都是红色球的所有不同取法的种数,取出的这两个红色球只能来源于 1, 2, 3 号球,因此 m 是从 3 个球中任意取出两个球的所有不同取法的种数,即

$$m = \binom{3}{2} = \frac{3!}{2!(3-2)!} = 3, \quad \text{于是} \quad P(A) = \frac{\binom{3}{2}}{\binom{5}{2}} = \frac{3}{10}.$$

例 3 设有一批产品共 100 件,其中有 3 件次品,现从这批产品中任取 5 件,求 5 件中无次品的概率和有两件次品的概率.

解 如将所有基本事件一一罗列出来非常麻烦,因此只有使用组合计算公式. 从 100 件产品中任取 5 件共有 $\binom{100}{5}$ 种不同的取法,$n=\binom{100}{5}$. 设 $A=$"5 件中无次品",$B=$"5 件中有两件次品".

对事件 A,5 件产品全由正品中取出,有 97 件正品,从 97 件正品中任取 5 件共有 $\binom{97}{5}$ 种不同的取法,$m=\binom{97}{5}$,于是

$$P(A) = \frac{\binom{97}{5}}{\binom{100}{5}} = \frac{97!}{5!92!} \bigg/ \frac{100!}{5!95!} = \frac{97! \times 95!}{92! \times 100!}$$

$$= \frac{95 \times 94 \times 93}{100 \times 99 \times 98} = \frac{27683}{32340} = 0.8560.$$

对事件 B,5 件产品中有两件次品和 3 件正品,这两件次品从原有的 3 件次品中取出,有 $\binom{3}{2}$ 种不同取法,而 3 件正品从原有的 97 件正品中取出,有 $\binom{97}{3}$ 种不同的取法. 于是

$$m = \binom{3}{2} \times \binom{97}{3},$$

$$P(B) = \frac{\binom{3}{2} \times \binom{97}{3}}{\binom{100}{5}} = \frac{3!}{2!1!} \times \frac{97!}{3!94!} \bigg/ \frac{100!}{5!95!}$$

$$= \frac{97! \times 5! \times 95!}{2 \times 94! \times 100!} = \frac{120 \times 95}{2 \times 100 \times 99 \times 98} = \frac{19}{3234} = 0.0059.$$

从本质上,例 2 和例 3 是相同的,它们都属于古典概型中的抽球问题,抽球问题是一类常见的问题.

五、概率的计算

使用概率的性质可以简化概率的计算.

例 4 在例 3 中,求任取的 5 件产品中至少有一件次品的概率.

解 设 $A=$"5 件产品中至少有一件次品",$A_i=$"5 件产品中有 i 件次品"$(i=1,2,3)$,于

是 $A = A_1 \cup A_2 \cup A_3$，并且 A_1, A_2, A_3 两两互不相容，从而由(1.19)式有

$$P(A) = P(A_1 \cup A_2 \cup A_3) = P(A_1) + P(A_2) + P(A_3).$$

由例 3 知 $P(A_2) = \dfrac{19}{3234} = 0.0059$，同样可以算出

$$P(A_1) = \dfrac{\binom{3}{1} \times \binom{97}{4}}{\binom{100}{5}} = \dfrac{893}{6468} = 0.1380, \quad P(A_3) = \dfrac{\binom{3}{3} \times \binom{97}{2}}{\binom{100}{5}} = \dfrac{1}{16170} = 0.0001,$$

于是

$$P(A) = \dfrac{893}{6468} + \dfrac{19}{3234} + \dfrac{1}{16170} = \dfrac{4657}{32340} = 0.1440.$$

例 4 还可以从另外一个角度考虑，注意到 A 的对立事件 $\overline{A} =$"5 件产品中没有次品"，由例 3 得到

$$P(\overline{A}) = \dfrac{\binom{97}{5}}{\binom{100}{5}} = \dfrac{27683}{32340} = 0.8560,$$

使用(1.21)式有

$$P(A) = 1 - P(\overline{A}) = 1 - \dfrac{27683}{32340} = \dfrac{4657}{32340} = 0.1440.$$

例 5 在 1～200 的整数中随机取一个数，问取到的整数既不能被 6 整除，又不能被 8 整除的概率是多少？

解 设 $A =$"取到的数能被 6 整除"，$B =$"取到的数能被 8 整除"，则所求的概率为 $P(\overline{A}\,\overline{B})$. 由对偶公式得

$$P(\overline{A}\,\overline{B}) = P(\overline{A \cup B}) = 1 - P(A \cup B) = 1 - P(A) - P(B) + P(AB),$$

为此，只要求出 $P(A), P(B)$ 和 $P(AB)$ 即可.

由于 $33 < \dfrac{200}{6} < 34$，因此 $P(A) = \dfrac{33}{200}$；又 $\dfrac{200}{8} = 25$，因此 $P(B) = \dfrac{25}{200}$；而 $AB =$"取到的数同时能被 6 和 8 整除"="取到的数能被 24 整除"，$8 < \dfrac{200}{24} < 9$，因此 $P(AB) = \dfrac{8}{200}$. 最后得到

$$P(\overline{A}\,\overline{B}) = 1 - \dfrac{33}{200} - \dfrac{25}{200} + \dfrac{8}{200} = \dfrac{3}{4}.$$

习 题 1.2

一、单项选择题

1. 对于任意两个事件 A, B，均有 $P(A-B) = ($ $)$.

(A) $P(A) - P(B)$；

(B) $P(A) - P(B) + P(AB)$；

(C) $P(A) - P(AB)$；

(D) $P(A) + P(B) - P(AB)$.

2. 设事件 A,B 互不相容, $P(A)=p, P(B)=q$,则 $P(\overline{AB})=$ （　　）.
(A) $(1-p)q$;　　　(B) pq;　　　(C) q;　　　(D) p.

二、填空题

1. 设事件 A,B 互不相容, $P(A)=0.3, P(B)=0.4$,则 $P(A\cup B)=$ _____, $P(AB)=$ _____.
2. 设事件 A,B 互为对立事件,则 $P(A\cup B)=$ _____, $P(AB)=$ _____.
3. 设 $P(A)=0.4, P(B)=0.6, P(A\cup B)=0.7$,则 $P(\overline{A}B)=$ _____.

三、其他类型题

1. 证明公式(1.23).
2. 设 A,B,C 是 3 个事件,且 $P(A)=P(B)=P(C)=1/4, P(AB)=P(BC)=0, P(AC)=1/8$,求 A,B,C 至少有一个发生的概率.
3. 设有一批产品 10 件,其中有 8 件合格品,2 件次品.现从这批产品中任取 3 件,求取出的 3 件产品中至多有一件次品的概率.
4. 10 个号码:1 号,2 号,…,10 号,装于一袋中,从袋中任取出 3 个号码,按从小到大的顺序排列,求中间的号码恰为 5 号的概率.

§1.3　条件概率与独立性

一、条件概率

在试验 E 中,设 A,B 是 E 的事件.前面考虑的是事件 A 和事件 B 的概率,此外,有时还要考虑在事件 A 已经发生的附加条件下,事件 B 发生的概率,这种概率称为条件概率.

例 1　盒中装有 16 个球,其中 10 个玻璃球,6 个金属球.在玻璃球中有 3 个是黄色的,7 个是红色的;在金属球中有 2 个是黄色的,4 个是红色的.现从盒中任取一个球,已知取到的是红色球,问此球是金属球的概率是多少?

解　设 $A=$"取到红色球", $B=$"取到金属球".由古典概型的计算公式(1.25),容易求得 $P(A)=\dfrac{11}{16}, P(B)=\dfrac{6}{16}$.样本空间 Ω 由 16 个基本事件组成.

现求在取到红色球的条件下,此球是金属球的概率,这个概率记为 $P(B|A)$,也可以使用(1.25)式计算.由于附加了取到红色球的条件,因此这时只能考虑从红色球中去取.共有 11 个红色球,其中 4 个金属球,于是 $P(B|A)=\dfrac{4}{11}$.对于 5 个黄色球,尽管其中有两个是金属球,也不在考虑之列.此时的样本空间 Ω_1 仅由 11 个基本事件组成,即在事件 A 发生的条件下,原来的样本空间 Ω 被缩小了.显然, $P(B|A)\neq P(B)$.

还可以使用另一种方法求 $P(B|A)$.考虑 $P(AB)$,它是在原来的样本空间 Ω 中取到红色金属球的概率,由(1.25)式可得 $P(AB)=\dfrac{4}{16}$.于是

$$\frac{P(AB)}{P(A)}=\frac{\dfrac{4}{16}}{\dfrac{11}{16}}=\frac{4}{11}=P(B|A).$$

对于一般的古典概型问题,上述关系式也成立. 事实上,设试验的基本事件总数为 n,事件 A 所包含的基本事件数为 $m(m>0)$,事件 AB 所包含的基本事件数为 k,则

$$P(B|A) = \frac{k}{m} = \frac{\frac{k}{n}}{\frac{m}{n}} = \frac{P(AB)}{P(A)}.$$

这样,就可以使用此关系式给出一般情况下条件概率的定义.

定义 1.3 设 A,B 是两个事件,且 $P(A)>0$,称

$$P(B|A) = \frac{P(AB)}{P(A)} \tag{1.26}$$

为在事件 A 发生的条件下事件 B 发生的**条件概率**.

类似地可以定义在事件 B 发生的条件下事件 A 发生的条件概率

$$P(A|B) = \frac{P(AB)}{P(B)} \quad (P(B)>0). \tag{1.27}$$

例 2 某地居民活到 60 岁的概率为 0.8,活到 70 岁的概率为 0.4,问该地居民现年 60 岁的活到 70 岁的概率是多少?

解 设 $A=$"活到 60 岁", $B=$"活到 70 岁",所求的概率为 $P(B|A)$. 注意到一居民活到 70 岁,当然已经活到 60 岁,B 发生 A 必发生,即 $B \subset A$,从而 $AB=B$. 由(1.26)式

$$P(B|A) = \frac{P(AB)}{P(A)} = \frac{P(B)}{P(A)} = \frac{0.4}{0.8} = 0.5.$$

二、乘法公式

由(1.26)式和(1.27)式可得

$$P(AB) = P(A)P(B|A) \quad (P(A)>0), \tag{1.28}$$

$$P(AB) = P(B)P(A|B) \quad (P(B)>0). \tag{1.29}$$

上述两式称为**乘法公式**.

例 3 在 10 件产品中有 7 件正品和 3 件次品,现从中取两次,每次任取一件产品,取后不放回,求下列事件的概率:

(1) 两件都是正品;   (2) 两件都是次品;   (3) 一件正品,一件次品.

解 设 $A_1=$"第一次取到正品", $A_2=$"第二次取到正品",这样, $\overline{A_1}=$"第一次取到次品", $\overline{A_2}=$"第二次取到次品".

(1) 两件都是正品为 $A_1 A_2$,由(1.28)式,

$$P(A_1 A_2) = P(A_1)P(A_2|A_1),$$

显然, $P(A_1) = \frac{7}{10}$,而 $P(A_2|A_1)$ 是在第一次取到一件正品后,第二次也取到一件正品的概率,即在 9 件产品(其中 6 件正品,3 件次品)中取到一件正品的概率,等于 6/9. 于是

$$P(A_1 A_2) = \frac{7}{10} \times \frac{6}{9} = \frac{7}{15}.$$

(2) 两件都是次品为 $\overline{A}_1 \overline{A}_2$,
$$P(\overline{A}_1 \overline{A}_2) = P(\overline{A}_1)P(\overline{A}_2|\overline{A}_1) = \frac{3}{10} \times \frac{2}{9} = \frac{1}{15}.$$

(3) 一件正品和一件次品是 $A_1\overline{A}_2 \cup \overline{A}_1 A_2$, 并且 $A_1\overline{A}_2, \overline{A}_1 A_2$ 互不相容, 由(1.18)式,
$$P(A_1\overline{A}_2 \cup \overline{A}_1 A_2) = P(A_1\overline{A}_2) + P(\overline{A}_1 A_2),$$

而
$$P(A_1\overline{A}_2) = P(A_1)P(\overline{A}_2|A_1) = \frac{7}{10} \times \frac{3}{9} = \frac{7}{30},$$
$$P(\overline{A}_1 A_2) = P(\overline{A}_1)P(A_2|\overline{A}_1) = \frac{3}{10} \times \frac{7}{9} = \frac{7}{30},$$

所以 $P(A_1\overline{A}_2 \cup \overline{A}_1 A_2) = 7/15$.

乘法公式还可以推广到有限多个事件的情况, 例如对 3 个事件 A_1, A_2, A_3, 有
$$P(A_1 A_2 A_3) = P(A_1 A_2)P(A_3|A_1 A_2)$$
$$= P(A_1)P(A_2|A_1)P(A_3|A_1 A_2) \quad (P(A_1 A_2) > 0). \tag{1.30}$$

注意到由 $P(A_1 A_2) > 0$ 和 $P(A_1) \geqslant P(A_1 A_2)$ 可以推出 $P(A_1) > 0$, 因此在(1.30)式中不必再加条件 $P(A_1) > 0$.

例 4 某人射击 3 次, 设第一次射击时击中目标的概率为 2/3; 若第一次未击中目标, 第二次射击时击中目标的概率为 3/5; 若前两次均未击中目标, 第三次射击时击中目标的概率为 3/10. 求此人 3 次均未击中目标的概率.

解 设 A_i = "第 i 次射击击中目标" $(i=1,2,3)$, B = "3 次均未击中目标", 则
$$B = \overline{A}_1 \overline{A}_2 \overline{A}_3,$$
$$P(B) = P(\overline{A}_1 \overline{A}_2 \overline{A}_3) = P(\overline{A}_1)P(\overline{A}_2|\overline{A}_1)P(\overline{A}_3|\overline{A}_1 \overline{A}_2),$$
$$P(\overline{A}_1) = \frac{1}{3}, \quad P(\overline{A}_2|\overline{A}_1) = \frac{2}{5}, \quad P(\overline{A}_3|\overline{A}_1 \overline{A}_2) = \frac{7}{10}.$$

从而
$$P(B) = \frac{1}{3} \times \frac{2}{5} \times \frac{7}{10} = \frac{7}{75}.$$

三、独立性

设 A, B 是两个事件, 若 $P(A) > 0$, 可以定义 $P(B|A)$. 若 A 的发生对 B 发生的概率有影响, 则 $P(B|A) \neq P(B)$. 若 A 的发生对 B 发生的概率没有影响, 则 $P(B|A) = P(B)$. 下面看一个例子.

例 5 抛掷两枚均匀的硬币, 观察正反面出现的情况. 用 A 表示事件"第一枚硬币出现正面", B 表示事件"第二枚硬币出现正面". 该试验的样本空间
$$\Omega = \{正正, 反反, 正反, 反正\},$$

容易得到
$$P(A) = \frac{2}{4} = \frac{1}{2}, \quad P(B) = \frac{2}{4} = \frac{1}{2}, \quad P(B|A) = \frac{1}{2},$$

这时 $P(B|A)=P(B)$. 由题意可以看出,第二枚硬币是否出现正面的概率与第一枚硬币是否出现正面没有关系,所以事件 A,B 之间互不影响,称 A 与 B 相互独立.

当 $P(B|A)=P(B)$ 时,由(1.28)式得到
$$P(AB) = P(A)P(B|A) = P(A)P(B).$$
可以使用上述关系式定义两个事件的相互独立.

定义 1.4 设 A,B 是两个事件,如果满足
$$P(AB) = P(A)P(B), \tag{1.31}$$
则称事件 A 与事件 B **相互独立**.

用(1.31)式定义两个事件相互独立,在数学上至少有两个好处:一是不需要条件概率的概念;二是该式具有对称性,体现了"相互独立"的实质. 需要指出,在实际应用中,判断事件的相互独立,往往不是根据上述定义,而是从实际意义来加以判断.

对于相互独立的两个事件 A,B,有以下重要性质:

定理 1.1 若事件 A 与事件 B 相互独立,则事件 A 与事件 $\overline{B}$ 相互独立,事件 $\overline{A}$ 与事件 B 相互独立,事件 $\overline{A}$ 与事件 $\overline{B}$ 相互独立.

证 这里仅证明事件 A 与事件 $\overline{B}$ 相互独立,其他情况可以类似地加以证明. 由于 $A = AB \cup A\overline{B}$,并且 $AB, A\overline{B}$ 互不相容,由(1.18)式有 $P(A) = P(AB) + P(A\overline{B})$. 因为 A 与 B 相互独立,$P(AB) = P(A)P(B)$,于是
$$P(A) = P(A)P(B) + P(A\overline{B}),$$
$$P(A\overline{B}) = P(A) - P(A)P(B) = P(A)[1 - P(B)] = P(A)P(\overline{B}).$$
从而 A 与 $\overline{B}$ 相互独立.

例 6 甲、乙二人同向某一目标射击,已知甲、乙击中目标的概率分别为 $0.7, 0.6$,求目标被击中的概率和目标被击中一次的概率.

解 设 $A=$"甲击中目标",$B=$"乙击中目标",$C=$"目标被击中",$D=$"目标被击中一次",则有 $P(A)=0.7, P(B)=0.6, C=A\cup B, D=A\overline{B}\cup \overline{A}B$. 由(1.22)式和(1.18)式,
$$P(C) = P(A\cup B) = P(A) + P(B) - P(AB),$$
$$P(D) = P(A\overline{B} \cup \overline{A}B) = P(A\overline{B}) + P(\overline{A}B).$$
根据问题的实际意义,可知甲击中目标与乙击中目标互不影响,即可以认为事件 A 与事件 B 相互独立,因此 $P(AB)=P(A)P(B), P(A\overline{B})=P(A)P(\overline{B}), P(\overline{A}B)=P(\overline{A})P(B)$,
$$P(C) = 0.7 + 0.6 - 0.7 \times 0.6 = 0.88,$$
$$P(D) = 0.7 \times (1-0.6) + (1-0.7) \times 0.6 = 0.46.$$

事件相互独立的概念可以推广到有限多个事件上,对 3 个事件 A_1, A_2, A_3,有下面的定义:

定义 1.5 设 A_1, A_2, A_3 是 3 个事件,如果满足
$$P(A_1A_2) = P(A_1)P(A_2), \quad P(A_1A_3) = P(A_1)P(A_3),$$
$$P(A_2A_3) = P(A_2)P(A_3), \quad P(A_1A_2A_3) = P(A_1)P(A_2)P(A_3), \tag{1.32}$$

则称事件 A_1, A_2, A_3 **相互独立**.

(1.32)式中的 4 个等式，前 3 个等式表明 A_1, A_2, A_3 **两两相互独立**. 需要注意的是，相互独立的 3 个事件肯定是两两相互独立的，但两两相互独立的 3 个事件不一定相互独立.

对 3 个相互独立的事件 A_1, A_2, A_3 有类似定理 1.1 的结论，即将 A_1, A_2, A_3 中的任意事件换为其对立事件后得到的 3 个事件也是相互独立的.

类似地可以给出 n 个事件 $A_1, A_2, \cdots, A_n$ 相互独立的定义.

当事件 $A_1, A_2, \cdots, A_n$ 相互独立时，有

$$P(A_1 A_2 \cdots A_n) = P(A_1) P(A_2) \cdots P(A_n). \quad (1.33)$$

习 题 1.3

一、单项选择题

1. 设 $P(A) = P(B) > 0$，则（　）.
   (A) $A = B$；　　　　　　　　　(B) $P(A|B) = 1$；
   (C) $P(A|B) = P(B|A)$；　　　　(D) $P(A|B) + P(B|A) = 1$.

2. 对事件 A, B，在下列各种条件中，能使 $P(A|B) = 1$ 的是（　）.
   (A) $B \subset A$；　　　　　　　　(B) $B = \overline{A}$；
   (C) $P(A) = P(B)$；　　　　　　(D) $P(AB) = 0$.

3. 设事件 A, B 互不相容，则（　）.
   (A) A 与 B 相互独立；　　　　(B) $P(A \cup B) = 1$；
   (C) $P(AB) = P(A)P(B)$；　　　(D) $P(AB) = 0$.

4. 设事件 A 与事件 B 相互独立，则（　）.
   (A) $P(A|B) = P(B)$；　　　　　(B) $P(A|B) = P(B|A)$；
   (C) $P(\overline{A}\,\overline{B}) = P(\overline{A})P(\overline{B})$；　　　(D) $P(AB) = 0$.

5. 加工某零件需两道工序，两道工序的加工相互独立，次品率分别为 0.10, 0.05，则加工出来的零件次品率是（　）.
   (A) 0.15；　　(B) 0.145；　　(C) 0.155；　　(D) 0.14.

二、填空题

1. 设事件 A 与事件 B 相互独立，$P(A) = 0.3, P(B) = 0.4$，则 $P(A \cup B) = \underline{\quad\quad}$，$P(AB) = \underline{\quad\quad}$.

2. 甲、乙二人各投篮一次，两人投中的概率分别为 0.7, 0.8，则二人至少有一人投中的概率 $= \underline{\quad\quad}$.

三、其他类型题

1. 盒中装有 5 个球，其中红色球 3 个，黄色球 2 个. 现从中无放回地取两次，每次任取一个球. 求第一次取到红色球的概率和在第一次取到红色球的条件下第二次取到红色球的概率.

2. 有 50 名学生，其中 48 名数学考试及格，45 名外语考试及格，44 名数学、外语考试都及格. 现从中任挑一名学生，已知其外语考试及格，问他数学考试及格的可能性有多大？

3. 已知 $P(A) = 1/4, P(B|A) = 1/3, P(A|B) = 1/2$，求事件 $A \cup B$ 的概率 $P(A \cup B)$.

4. 设事件 A 与事件 B 相互独立,并且 $P(A)=0.4, P(A\cup B)=0.7$,计算 $P(AB)$.

5. 3 人独立地破译一密码,已知每人能破译的概率分别为 $\frac{1}{5}, \frac{1}{3}, \frac{1}{4}$,求 3 人中至少有一人能将密码破译的概率.

§1.4 伯努利概型

在 §1.2 中曾介绍了古典概型,这里介绍另一种常见的概率模型——伯努利(Bernoulli)概型. 在这个模型中,基本事件的概率可以直接计算出来,但这些基本事件发生的概率不一定相等.

例 1 将一枚均匀的硬币,重复抛掷 5 次,求其中恰有两次出现正面的概率.

解 这是一个古典概型问题,基本事件共有 $n=2^5=32$ 个,而"恰有两次出现正面"包含了 $m=\binom{5}{2}=10$ 个基本事件,因此恰有两次出现正面的概率

$$P=\frac{m}{n}=\frac{\binom{5}{2}}{2^5}=\frac{10}{32},$$

这时,每个基本事件发生的概率相等. 为了进一步推广,现将 P 改写成

$$P=\binom{5}{2}\left(\frac{1}{2}\right)^5=\binom{5}{2}\left(\frac{1}{2}\right)^2\left(\frac{1}{2}\right)^3. \tag{1.34}$$

其意义是:$\binom{5}{2}$ 是事件"恰有两次出现正面"包含的基本事件数,等于 10. 对这 10 个基本事件中的每一个基本事件,所抛掷的 5 次硬币中,有两次出现正面,3 次出现反面. 由于硬币均匀,又是独立抛掷硬币,所以每个基本事件发生的概率为 $\left(\frac{1}{2}\right)^2\left(\frac{1}{2}\right)^3$;由于这 10 个基本事件互不相容,于是 $P=\binom{5}{2}\left(\frac{1}{2}\right)^2\left(\frac{1}{2}\right)^3$.

考虑抛掷不均匀的硬币,设每次抛掷硬币时,出现正面的概率为 $1/3$,出现反面的概率为 $2/3$. 将这枚硬币重复地抛掷 5 次,求"恰有两次出现正面"的概率.

这时,基本事件的总数仍是 $2^5=32$ 个,但 32 个基本事件发生的概率不再相等,因此已不属于古典概型,这时可以按照对 (1.34) 式的解释来计算"恰有两次出现正面"的概率.

"恰有两次出现正面"包含了其中 $\binom{5}{2}=10$ 个基本事件,这 10 个基本事件发生的概率相等,都等于 $\left(\frac{1}{3}\right)^2\left(\frac{2}{3}\right)^3$,因此,"恰有两次出现正面"的概率为

$$\binom{5}{2}\left(\frac{1}{3}\right)^2\left(\frac{2}{3}\right)^3=\binom{5}{2}\left(\frac{1}{3}\right)^2\left(1-\frac{1}{3}\right)^{5-2}.$$

在例 1 中,如果把抛掷一次硬币看做一次试验,则抛掷 5 次硬币看作 5 次试验. 每次试

验只有两种可能结果：出现正面和出现反面.一般地,如果将试验重复进行 n 次,每次试验的结果都不影响其他各次试验结果出现的概率,则称这 n 次试验为 **n 次重复独立试验**.如果在 n 次重复独立试验中,每次试验的可能结果只有两个,则称这 n 次重复独立试验为**伯努利概型**.上述抛掷 5 次硬币观察出现正反面的试验属于伯努利概型.

在伯努利概型中,将每次试验的两种可能结果分别记为 A 和 $\overline{A}$,且设 $P(A)=p$,$P(\overline{A})=1-p=q$,要讨论的问题是在 n 次重复独立试验中,事件 A 恰好发生 k 次的概率.例如,在上面抛掷硬币的例子中,$n=5$,$A=$"出现正面",$\overline{A}=$"出现反面",$P(A)=p=1/2$ 或 $1/3$,$P(\overline{A})=q=1/2$ 或 $2/3$,"恰有两次出现正面"为 $k=2$.

定理 1.2 设每次试验中,事件 A 发生的概率为 $p(0<p<1)$,则在 n 次重复独立试验中,

$$P(\text{"}A \text{ 发生 } k \text{ 次"}) = \binom{n}{k} p^k q^{n-k} \quad (q=1-p;\ k=0,1,2,\cdots,n). \tag{1.35}$$

证 在 n 次重复独立试验中,记 $B_1,B_2,\cdots,B_m$ 为构成事件"A 发生 k 次"的试验结果,于是 $m=\binom{n}{k}$,并且 $B_1,B_2,\cdots,B_m$ 两两互不相容,$B_1 \cup B_2 \cup \cdots \cup B_m=$"$A$ 发生 k 次".于是

$$P(\text{"}A \text{ 发生 } k \text{ 次"}) = P(B_1 \cup B_2 \cup \cdots \cup B_m) = P(B_1) + P(B_2) + \cdots + P(B_m),$$

注意到 $P(B_1)=P(B_2)=\cdots=P(B_m)=p^k q^{n-k}$,于是

$$P(\text{"}A \text{ 发生 } k \text{ 次"}) = m p^k q^{n-k} = \binom{n}{k} p^k q^{n-k} \quad (k=0,1,2,\cdots,n).$$

伯努利概型是概率论发展初期时所研究的概率模型之一,它有着广泛的应用.

例 2 某人进行射击,设每次射击命中的概率为 0.3,现重复射击 10 次,求恰好命中 3 次的概率.

解 这是伯努利概型,$n=10$,$A=$"命中",$p=0.3$,$k=3$.由(1.35)式可得

$$P(\text{"命中 3 次"}) = \binom{10}{3} \times 0.3^3 \times 0.7^7 = 0.2668.$$

习 题 1.4

一、填空题

1. 某人投篮,每次投中的概率为 0.7,现投篮 5 次,则恰好投中 4 次的概率为＿＿＿＿.

2. 某类灯泡使用 500 小时以上的概率为 0.5.现从中任取 3 个灯泡使用,则在使用 500 小时以后还有一个灯泡是好的概率为＿＿＿＿.

二、其他类型题

1. 某类灯泡使用 1000 小时以上的概率为 0.2,求 3 个灯泡在使用 1000 小时以后,

   (1) 都没有坏的概率；　　(2) 坏了一个的概率；　　(3) 最多只有一个坏了的概率.

2. 对某种药物的疗效进行研究.设这种药物对某种疾病的有效率 $p=0.8$,现有 10 名患此种疾病的病人同时服用此药,求其中至少有 6 名病人服药有效的概率.

第二章 随机变量

为了对随机试验进行全面和深入的研究,从中揭示出客观存在的统计规律性,我们常把随机试验的结果与实数对应起来,即把随机试验的结果数量化,引入随机变量的概念.随机变量是概率论与数理统计的最基本的概念之一,本章将介绍随机变量及其分布和各种常用的随机变量.

§2.1 随机变量的概念

对一随机试验,其结果可以是数量性的,也可以是非数量性的.对这两种情况,都可以把试验结果数量化.

例1 设有 10 件产品,其中正品 5 件,次品 5 件.现从中任取 3 件产品,问这 3 件产品中的次品件数是多少?

显然,次品件数可以是 0,1,2,3,即试验结果是数量性的.用 X 表示取到的 3 件产品中的次品件数,则可以分别用 $X=0,1,2,3$ 表示这 3 件产品中没有次品、有 1 件次品、有 2 件次品和有 3 件次品.这里,X 是一个变量,它究竟取什么值与试验的结果有关,即与试验的样本空间中的基本事件有关.仍用 Ω 表示试验的样本空间,用 ω 表示样本空间中的元素即基本事件,并记成 $\Omega=\{\omega\}$.例 1 中试验的样本空间为 $\Omega=\{\omega\}=\{$没有次品,有 1 件次品,有 2 件次品,有 3 件次品$\}$.因此,可把变量 X 看作定义在样本空间 Ω 上的函数:

$$X = \begin{cases} 0, & \omega = \text{"没有次品"}, \\ 1, & \omega = \text{"有 1 件次品"}, \\ 2, & \omega = \text{"有 2 件次品"}, \\ 3, & \omega = \text{"有 3 件次品"}. \end{cases}$$

从而可以记为 $X=X(\omega)$.由于基本事件的出现是随机的,因此 $X(\omega)$ 的取值也随机,称 $X(\omega)$ 为随机变量.

例2 抛掷一枚硬币,观察出现正反面的情况.

该试验有两个可能结果:出现正面和出现反面,即

$$\Omega = \{\omega\} = \{\text{出现正面},\text{出现反面}\},$$

试验结果是非数量性的.为了便于研究,可以用一个数代表一个试验结果,例如用 1 代表出现正面,用 0 代表出现反面.设

$$X = X(\omega) = \begin{cases} 1, & \omega = \text{"出现正面"}, \\ 0, & \omega = \text{"出现反面"}. \end{cases}$$

X 是定义在样本空间 Ω 上的函数,也是随机变量.

定义 2.1 设试验 E 的样本空间 $\Omega=\{\omega\}$,如果对每一个 $\omega\in\Omega$,有一个实数 $X(\omega)$ 与之对应,得到一个定义在 Ω 上的单值实值函数 $X(\omega)$,称 $X(\omega)$ 为**随机变量**,并简记为 X.

随机变量随着试验结果而取不同的值,它是根据试验结果取值的变量.现实中的随机变量很多,例如,掷一枚骰子出现的点数;射手向某一个目标射击,直到击中该目标时的射击次数;炮弹落地点与目标之间的距离等,这些例子对应的随机变量所取的可能值分别是有限个、可列个和连续值.

需要指出,随机变量与普通函数有差别:普通函数是定义在实数轴上的,而随机变量是定义在样本空间上的,样本空间中的元素不一定是实数.另外,随机变量的取值随试验结果而定,由于试验的各个结果的发生有一定的概率,因而随机变量取各个值也有一定的概率,这也是随机变量与普通函数的区别.

引入随机变量以后,随机事件可以用随机变量来表示.例如,在例 1 中,3 件产品中的次品件数多于 1 这个事件可以表示为 $X>1$.这样,可以把对事件的研究转化为对随机变量的研究.由于有了数量化的随机变量,从而有可能使用微积分和线性代数等数学工具研究随机试验.

通常可以把随机变量分为两类进行讨论,一类称为离散型随机变量,一类称为连续型随机变量,下面分别介绍它们.

§2.2 离散型随机变量

一、定义

定义 2.2 对于随机变量 X,如果它只可能取有限个或可列个值,则称 X 为**离散型随机变量**.

§2.1 的例 1 中的随机变量 X 所有可能取的值是 4 个,例 2 中的随机变量 X 所有可能取的值是 2 个,是属于有限个值的情况,它们都是离散型随机变量.又例如,射手向某一个目标射击,直到击中该目标时的射击次数是个随机变量,它所有可能取的值是 $1,2,3,\cdots$,是属于可列个值的情况,它也是离散型随机变量.

设离散型随机变量 X 所有可能取的值是 $x_1,x_2,\cdots,x_k,\cdots$,为了完全地描述 X,除了知道 X 可能取的值以外,还要知道 X 取各个值的概率.设

$$P\{X=x_k\} = p_k \quad (k=1,2,\cdots), \tag{2.1}$$

称 (2.1) 式为离散型随机变量的**概率分布**或**分布律**.把 X 可能取的值及相应的概率列成表,如表 2.1 所示.称表 2.1 为 X 的**概率分布表**.

表 2.1　X 的概率分布表

X	x_1	x_2	$\cdots$	x_k	$\cdots$
P	p_1	p_2	$\cdots$	p_k	$\cdots$

下面本书用英文大写字母表示随机变量,用英文小写字母表示普通变量.

关于 $p_k(k=1,2,\cdots)$,具有以下两个性质:

性质 1　$p_k \geqslant 0\ (k=1,2,\cdots)$;　　　　　　　　　　　　　　　　(2.2)

性质 2　$\sum_k p_k = 1$.　　　　　　　　　　　　　　　　　　　　　　(2.3)

性质 1 是显然的,因为 p_k 是概率,而概率应该是非负的.性质 2 表明 X 取各个可能值的概率之和等于 1,其证明由(1.20)式或(1.19)式不难得到.

例 1　讨论 §2.1 的例 1 中的随机变量 X 的概率分布.

解　设 X 是取出的 3 件产品中的次品件数,它所有可能取的值是 0,1,2,3.下面分别计算 $P\{X=0\},P\{X=1\},P\{X=2\}$ 和 $P\{X=3\}$.

这是古典概型中的抽球问题,容易算出

$$P\{X=0\}=\frac{\binom{5}{3}}{\binom{10}{3}}=\frac{1}{12},\quad P\{X=1\}=\frac{\binom{5}{1}\binom{5}{2}}{\binom{10}{3}}=\frac{5}{12},$$

$$P\{X=2\}=\frac{\binom{5}{2}\binom{5}{1}}{\binom{10}{3}}=\frac{5}{12},\quad P\{X=3\}=\frac{\binom{5}{3}}{\binom{10}{3}}=\frac{1}{12}.$$

它们满足(2.2)式和(2.3)式.

X 的概率分布表见表 2.2.

表 2.2　例 1 中 X 的概率分布表

X	0	1	2	3
P	$\frac{1}{12}$	$\frac{5}{12}$	$\frac{5}{12}$	$\frac{1}{12}$

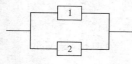

图 2.1　线路中两个并联继电器

例 2　如图 2.1 所示,电子线路中装有两个并联的继电器.设这两个继电器是否接通具有随机性,且彼此独立.已知每个继电器接通的概率为 0.8,记 X 为线路中接通的继电器的个数.求

(1) X 的概率分布;

(2) 线路接通的概率.

解　(1) 随机变量 X 仅可能取 0,1,2 三个值.设 $A_i=$ "第 i 个继电器接通"$(i=1,2)$,则 A_1,A_2 相互独立,且 $P(A_1)=P(A_2)=0.8$.于是

$$P\{X=0\} = P(\overline{A}_1\,\overline{A}_2) = P(\overline{A}_1)P(\overline{A}_2) = 0.2 \times 0.2 = 0.04,$$
$$P\{X=1\} = P(A_1\overline{A}_2 \cup \overline{A}_1 A_2) = P(A_1\overline{A}_2) + P(\overline{A}_1 A_2)$$
$$= P(A_1)P(\overline{A}_2) + P(\overline{A}_1)P(A_2)$$
$$= 0.8 \times 0.2 + 0.2 \times 0.8 = 0.32,$$
$$P\{X=2\} = P(A_1 A_2) = P(A_1)P(A_2) = 0.8 \times 0.8 = 0.64.$$

(2) 因为此电路是并联电路,所以,只要有一个继电器接通,整个线路就接通.于是,线路接通的概率为
$$P\{X \geqslant 1\} = P\{\text{``}X=1\text{''} \cup \text{``}X=2\text{''}\} = P\{X=1\} + P\{X=2\}$$
$$= 0.32 + 0.64 = 0.96.$$

二、常见的离散型随机变量的概率分布

下面介绍 3 种常见离散型随机变量的概率分布及相应的分布.

1. 两点分布

如果随机变量 X 只可能取 1 和 0 两个值,且它的概率分布为
$$P\{X=1\} = p, \quad P\{X=0\} = 1-p \quad (0 < p < 1), \tag{2.4}$$
则称 X 服从参数为 p 的**两点分布**.

两点分布也称为(0-1)分布,是一种最简单然而却有着非常重要用途的离散型随机变量的分布. 对一个随机试验,如果只有两个可能的结果,即样本空间 Ω 只包含两个元素,则总能在 Ω 上定义一个服从两点分布的随机变量,用它描述该随机试验. 这对于试验结果是非数量性的情况特别适用,例如 §2.1 的例 2,还有某人一次射击是否中靶,检查产品的质量是否合格,明天是否下雨等.

2. 二项分布

如果随机变量 X 的概率分布为
$$P\{X=k\} = \binom{n}{k} p^k q^{n-k} \quad (k=0,1,2,\cdots,n), \tag{2.5}$$
式中 $0 < p < 1, q = 1-p$,则称 X 服从参数为 n,p 的**二项分布**,记作 $X \sim B(n,p)$.

由二项式定理
$$(a+b)^n = \sum_{k=0}^{n} \binom{n}{k} a^k b^{n-k} \tag{2.6}$$
可得
$$\sum_{k=0}^{n} p_k = \sum_{k=0}^{n} P\{X=k\} = \sum_{k=0}^{n} \binom{n}{k} p^k q^{n-k} = (p+q)^n = 1,$$
即满足(2.3)式. 由于 $P\{X=k\} = \binom{n}{k} p^k q^{n-k}$ 正好是二项式 $(p+q)^n$ 的展开式中出现 p^k 的项,因此称此分布为二项分布.

在 §1.4 中介绍的伯努利概型,其中事件 A 发生的次数是个随机变量,由(1.35)式可

知,这个随机变量服从参数为 n,p 的二项分布,这是二项分布的实际背景.

服从参数为 n,p 的二项分布的随机变量 X 所有可能取的值有 $n+1$ 个,即 $0,1,2,\cdots,n$. 特别当 $n=1$ 时,二项分布成为两点分布,因此也可用 $B(1,p)$ 表示两点分布.

例 3 楼中装有 5 个同类型的供水设备,调查表明在任一时刻每个设备被使用的概率为 0.1,问在同一时刻恰有 2 个设备被使用的概率和至少有 3 个设备被使用的概率分别是多少?

解 设同一时刻被使用的设备个数为 X,则 $X\sim B(5,0.1)$,所求概率为 $P\{X=2\}$ 和 $P\{X\geqslant 3\}$. 由(2.5)式可得

$$P\{X=2\}=\binom{5}{2}(0.1)^2(0.9)^3=0.07290,$$

$$P\{X\geqslant 3\}=P\{X=3\}+P\{X=4\}+P\{X=5\}$$

$$=\binom{5}{3}(0.1)^3(0.9)^2+\binom{5}{4}(0.1)^4(0.9)+\binom{5}{5}(0.1)^5$$

$$=0.00810+0.00045+0.00001=0.00856.$$

在计算二项分布的概率分布时,如果 n 很大,计算量将十分大. 为了简化计算,下面不加证明地给出一个近似计算公式.

当 $n>10, p<0.1$ 时,

$$\binom{n}{k}p^k q^{n-k}\approx \frac{(np)^k e^{-np}}{k!} \quad (k=0,1,2,\cdots,n). \tag{2.7}$$

例 4 某人射击一个目标,设每次射击的命中率为 0.02,独立射击 500 次,命中的次数记为 X,求至少命中两次的概率.

解 由题设条件知 $X\sim B(n,p), n=500, p=0.02$,所求概率

$$P\{X\geqslant 2\}=1-P\{X<2\}=1-P\{X=0\}-P\{X=1\}.$$

由(2.7)式可得

$$P\{X=0\}=\binom{500}{0}(0.02)^0(0.98)^{500}\approx \frac{10^0 e^{-10}}{0!}=0.00004,$$

$$P\{X=1\}=\binom{500}{1}(0.02)(0.98)^{499}\approx \frac{10 e^{-10}}{1!}=0.00045,$$

因此

$$P\{X\geqslant 2\}\approx 1-0.00004-0.00045=0.99951.$$

例 4 说明,尽管某人每次射击的命中率极低,但只要射击次数充分多,则至少命中两次这个事件几乎肯定发生.

3. 泊松(Poisson)分布

如果随机变量 X 的概率分布为

$$P\{X=k\}=\frac{\lambda^k e^{-\lambda}}{k!} \quad (k=0,1,2,\cdots), \tag{2.8}$$

式中 $\lambda>0$ 是常数,则称 X 服从参数为 λ 的**泊松分布**,记作 $X\sim P(\lambda)$.

服从泊松分布的随机变量 X 所有可能取的值为非负整数,是可列个. 由微积分的知识可得

$$\sum_{k=0}^{\infty}P\{X=k\}=\sum_{k=0}^{\infty}\frac{\lambda^k e^{-\lambda}}{k!}=e^{-\lambda}\sum_{k=0}^{\infty}\frac{\lambda^k}{k!}=e^{-\lambda}\cdot e^{\lambda}=1.$$

在实际问题中,有很多随机变量服从泊松分布. 例如,在一个时间间隔内,某一地区发生的交通事故的次数;某电话总机接到的呼叫次数;放射性物质放射出的 α 粒子的个数;某容器内部的细菌数等,都可以用服从某一参数的泊松分布的随机变量来描述.

有关泊松分布的计算可以查附表 1.

例 5 某电话总机每分钟接到的呼叫次数服从参数为 5 的泊松分布,求
(1) 每分钟恰好接到 7 次呼叫的概率;
(2) 每分钟接到的呼叫次数大于 4 的概率.

解 设每分钟总机接到的呼叫次数为 X,则 $X\sim P(5),\lambda=5$.

(1) $P\{X=7\}=\dfrac{5^7 e^{-5}}{7!}$,由附表 1 可以查到,其值为 0.10444.

(2) $P\{X>4\}=1-P\{X\leqslant 4\}$
$=1-[P\{X=0\}+P\{X=1\}+P\{X=2\}+P\{X=3\}+P\{X=4\}].$

由附表 1 可以查到 $P\{X=0\}=0.00673, P\{X=1\}=0.03369, P\{X=2\}=0.08422, P\{X=3\}=0.14037, P\{X=4\}=0.17547$,从而 $P\{X>4\}=0.55952$.

习 题 2.2

一、单项选择题

1. 设 X 是离散型随机变量,它的概率分布是（　　）.

(A)

X	0	1	2
P	$-\dfrac{1}{2}$	1	$\dfrac{1}{2}$

(B)

X	0	1	2
P	$\dfrac{1}{3}$	$\dfrac{1}{3}$	$\dfrac{1}{4}$

(C)

X	0	1	2
P	$\dfrac{1}{4}$	$-\dfrac{1}{4}$	$\dfrac{3}{2}$

(D)

X	0	1	2
P	$\dfrac{1}{6}$	$\dfrac{1}{3}$	$\dfrac{1}{2}$

2. 某城市每月发生的交通事故的次数 X 服从 $\lambda=4$ 的泊松分布,则每月交通事故的次数大于 10 的概率是（　　）.

(A) $\dfrac{4^{10}}{10!}e^{-4}$;　　(B) $\sum_{k=10}^{\infty}\dfrac{4^k}{k!}e^{-4}$;　　(C) $\sum_{k=11}^{\infty}\dfrac{4^k}{k!}e^{-4}$;　　(D) $\sum_{k=11}^{\infty}\dfrac{4^k}{10!}e^{-4}$.

二、其他类型题

1. 设随机变量 X 的概率分布为 $P\{X=k\}=ak(k=1,2,3,4,5)$,确定常数 a.

2. 设随机变量 X 的概率分布为 $P\{X=k\}=\dfrac{a}{2^k}(k=1,2,\cdots)$,确定常数 a.

3. 盒中有 5 只乒乓球,分别编号为 1,2,3,4,5 号. 从中同时取出 3 只球,用 X 表示取出的 3 只球中的最

大编号,写出 X 的概率分布.

4. 抛掷一枚均匀的硬币,直到出现正面时为止,求抛掷次数的概率分布.

5. 一批零件中有 9 个正品和 3 个次品,现从中任取一个用于安装机器.如果每次取出的是次品,则不再放回,而再取一个,直到取到正品时为止.求在取到正品以前已取出的次品数的概率分布.

6. 10 门炮同时向一敌舰各射击一发炮弹,当有不少于两发炮弹击中时,敌舰将被击沉.设每门炮射击一发炮弹的命中率为 0.6,求敌舰被击沉的概率.

7. 设 X 服从泊松分布,并且已知 $P\{X=1\}=P\{X=2\}$,求 $P\{X=4\}$.

§2.3 连续型随机变量

一、定义

在实际问题中,除了离散型随机变量以外,常用的还有连续型随机变量,如前面提到的炮弹落地点和目标之间的距离.对于连续型随机变量,它可能取某一区间内的所有值,这些可能取的值不能一个一个列举出来,也就不能像离散型随机变量那样用概率分布描述连续型随机变量.下面将会看到,连续型随机变量取任一指定值的概率都等于零.因此,应该考察连续型随机变量 X 取的值落在一个区间 (x_1,x_2) 内的概率 $P\{x_1<X<x_2\}$,这也符合实际情况,例如对灯泡的使用寿命,通常我们感兴趣的不是灯泡的寿命为 1000 小时的概率,而是灯泡的寿命大于 1000 小时的概率.

定义 2.3 对随机变量 X,若存在非负函数 $f(x)$,使得 X 取值于任意区间 (a,b) 的概率为

$$P\{a<X<b\}=\int_a^b f(x)\mathrm{d}x, \tag{2.9}$$

则称 X 为**连续型随机变量**,称 $f(x)$ 为 X 的**概率密度函数**,简称为**概率密度**.

我们将 $f(x)$ 称为概率密度的原因,是概率密度的定义与物理学中线密度的定义极其相似,这里对此不作详细说明.

对 $f(x)$,有 $f(x)\geqslant 0$,并且可以证明

$$\int_{-\infty}^{\infty} f(x)\mathrm{d}x=1. \tag{2.10}$$

由积分的几何意义可知,$\int_a^b f(x)\mathrm{d}x$ 是在区间 (a,b) 上 $f(x)$ 图形之下的曲边梯形的面积,见图 2.2.因此,X 取值于 (a,b) 的概率 $P\{a<X<b\}$ 就是该曲边梯形的面积.

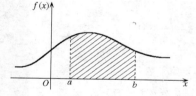

图 2.2 概率 $P\{a<X<b\}$ 的几何意义

例 1 设随机变量 X 的概率密度为

$$f(x)=\begin{cases}A\mathrm{e}^{-2x}, & x>0,\\ 0, & x\leqslant 0,\end{cases}$$

确定常数 A,并求 $P\{X>1\}$.

解 使用(2.10)式,

$$\int_{-\infty}^{\infty} f(x)\mathrm{d}x = \int_{0}^{\infty} A\mathrm{e}^{-2x}\mathrm{d}x = A\int_{0}^{\infty} \mathrm{e}^{-2x}\mathrm{d}x = \frac{A}{2} = 1,$$

从而 $A=2$. 由(2.9)式,

$$P\{X>1\} = \int_{1}^{\infty} f(x)\mathrm{d}x = \int_{1}^{\infty} 2\mathrm{e}^{-2x}\mathrm{d}x = \mathrm{e}^{-2} = 0.1353.$$

特别需要指出, 对于连续型随机变量 X, 它取任一指定实数值 a 的概率均为零, 即 $P\{X=a\}=0$. 事实上, 对任何正整数 n, 都有事件 "$a-\frac{1}{n}<X<a+\frac{1}{n}$" 包含事件 "$X=a$", 即

$$\text{"}X=a\text{"} \subset \text{"}a-\frac{1}{n}<X<a+\frac{1}{n}\text{"},$$

由 §1.2 中的性质 7, 有

$$P\{X=a\} \leqslant P\left\{a-\frac{1}{n}<X<a+\frac{1}{n}\right\} = \int_{a-\frac{1}{n}}^{a+\frac{1}{n}} f(x)\mathrm{d}x,$$

由于上式对任何正整数 n 都成立, 当 $n \to \infty$ 时,

$$P\{X=a\} \leqslant \lim_{n\to\infty} \int_{a-\frac{1}{n}}^{a+\frac{1}{n}} f(x)\mathrm{d}x = 0.$$

从而 $P\{X=a\} \leqslant 0$, 但概率不能小于零, 于是有 $P\{X=a\}=0$.

这样, 在计算连续型随机变量 X 取值于某一区间的概率时, 可以不必区分该区间是开区间或闭区间或半开半闭区间, 因为

$$P\{a<X<b\} = P\{a \leqslant X<b\} = P\{a<X \leqslant b\}$$
$$= P\{a \leqslant X \leqslant b\} = \int_{a}^{b} f(x)\mathrm{d}x. \tag{2.11}$$

二、常见的连续型随机变量的概率密度

下面介绍 3 种常见的连续型随机变量的概率密度及相应的分布.

1. 均匀分布

如果随机变量 X 的概率密度为

$$f(x) = \begin{cases} \dfrac{1}{b-a}, & a<x<b, \\ 0, & \text{其他}, \end{cases} \tag{2.12}$$

则称 X 服从 (a,b) 上的**均匀分布**, 记作 $X \sim U(a,b)$.

容易验证, (2.12)式的 $f(x)$ 满足(2.10)式. $f(x)$ 的图形见图 2.3.

如果 X 服从 (a,b) 上的均匀分布, 则对于满足 $a<c<d<b$ 的 c 和 d, 由(2.9)式可得

$$P\{c<X<d\} = \int_{c}^{d} f(x)\mathrm{d}x = \frac{d-c}{b-a}, \tag{2.13}$$

由于 $\frac{1}{b-a}$ 是确定的常数,因此 X 取值于 (a,b) 内任一小区间的概率与该小区间的长度成正比,而与该小区间的位置无关,见图 2.4. 这就是均匀分布的意义.

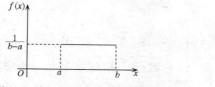

图 2.3 均匀分布概率密度的图形

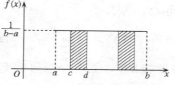

图 2.4 均匀分布的意义

均匀分布无论在理论上,还是在应用上都是非常有用的一种分布. 例如,计算机在进行计算时,对末位数字要进行"四舍五入",如对小数点后第一位数字进行四舍五入时,那么一般认为舍入误差服从区间 $(-0.5,0.5)$ 上的均匀分布. 又如,当我们对取值在某一区间 (a,b) 上的随机变量 X 的分布一无所知时,通常先假设它服从 (a,b) 上的均匀分布.

例 2 设某种灯泡的使用寿命 X 是一随机变量,均匀分布在 1000 到 1200 小时,求 X 的概率密度以及 X 取值于 1060 到 1150 小时的概率.

解 $a=1000, b=1200, X$ 的概率密度为

$$f(x)=\begin{cases}\dfrac{1}{200}, & 1000<x<1200,\\ 0, & \text{其他},\end{cases}$$

$$P\{1060<X<1150\}=\int_{1060}^{1150}\frac{1}{200}\mathrm{d}x=\frac{90}{200}=\frac{9}{20}.$$

2. 正态分布

如果随机变量 X 的概率密度为

$$f(x)=\frac{1}{\sqrt{2\pi}\sigma}e^{-\frac{(x-\mu)^2}{2\sigma^2}}\quad(-\infty<x<\infty),\tag{2.14}$$

式中 $\sigma>0$,则称 X 服从参数为 μ,σ 的**正态分布**,记作 $X\sim N(\mu,\sigma^2)$.

$f(x)$ 的图形呈钟形状,见图 2.5. $f(x)$ 的最大值点在 $x=\mu$ 处,最大值为 $\dfrac{1}{\sqrt{2\pi}\sigma}$;曲线关于直线 $x=\mu$ 对称;在 $x=\mu\pm\sigma$ 处,曲线有拐点;当 $x\to\pm\infty$ 时,曲线以 x 轴为其渐近线. 另外,当 σ 较大时,曲线平缓;当 σ 较小时,曲线陡峭,见图 2.6. 因此可以说,μ 决定 $f(x)$ 的图形的位置,σ 决定其形状.

特别当 $\mu=0, \sigma=1$ 时,称 X 服从**标准正态分布**,记作 $X\sim N(0,1)$,这时 X 的概率密度记为 $\varphi(x)$,

$$\varphi(x)=\frac{1}{\sqrt{2\pi}}e^{-\frac{x^2}{2}}\quad(-\infty<x<\infty).\tag{2.15}$$

$\varphi(x)$ 的图形关于纵轴对称,见图 2.7.

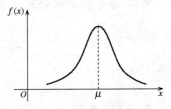
图 2.5 正态分布概率密度的图形

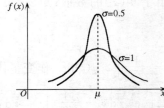
图 2.6 σ 对 $f(x)$ 图形的影响

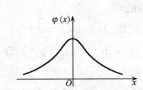
图 2.7 标准正态分布概率密度的图形

利用微积分的知识可以验证

$$\int_{-\infty}^{\infty}\varphi(x)\mathrm{d}x = \int_{-\infty}^{\infty}\frac{1}{\sqrt{2\pi}}\mathrm{e}^{-\frac{x^2}{2}}\mathrm{d}x = 1, \tag{2.16}$$

这样,对于一般正态分布,

$$\int_{-\infty}^{\infty}f(x)\mathrm{d}x = \int_{-\infty}^{\infty}\frac{1}{\sqrt{2\pi}\sigma}\mathrm{e}^{-\frac{(x-\mu)^2}{2\sigma^2}}\mathrm{d}x,$$

作变量代换,令 $t=\dfrac{x-\mu}{\sigma}$,则

$$\int_{-\infty}^{\infty}f(x)\mathrm{d}x = \int_{-\infty}^{\infty}\frac{1}{\sqrt{2\pi}}\mathrm{e}^{-\frac{t^2}{2}}\mathrm{d}t = 1. \tag{2.17}$$

服从正态分布的随机变量也称为**正态随机变量**,它有着广泛的应用.例如,测量某零件长度的误差、一个地区成年男性的身高、某地区居民的年收入、海洋波浪的高度等,都可以看成或近似看成服从正态分布.正态分布在概率统计的理论与应用中占有特别重要的地位.

下面介绍关于正态分布的计算,首先介绍关于标准正态分布的计算.

设 $X \sim N(0,1)$,其概率密度为 $\varphi(x)$,令

$$\Phi(x) = \int_{-\infty}^{x}\varphi(t)\mathrm{d}t = \frac{1}{\sqrt{2\pi}}\int_{-\infty}^{x}\mathrm{e}^{-\frac{t^2}{2}}\mathrm{d}t, \tag{2.18}$$

$\Phi(x)$ 是 x 的普通实值函数,当给定 x 的具体数值时,可计算 $\Phi(x)$ 的值.现已编制了 $\Phi(x)$ 的数值表,可供查用,见附表 2.

由(2.18)式,对 $X \sim N(0,1)$,有

$$P\{a < X < b\} = \int_{a}^{b}\varphi(x)\mathrm{d}x = \int_{-\infty}^{b}\varphi(x)\mathrm{d}x - \int_{-\infty}^{a}\varphi(x)\mathrm{d}x$$
$$= \Phi(b) - \Phi(a), \tag{2.19}$$

特别

$$P\{X > a\} = \int_{a}^{\infty}\varphi(x)\mathrm{d}x = \int_{-\infty}^{\infty}\varphi(x)\mathrm{d}x - \int_{-\infty}^{a}\varphi(x)\mathrm{d}x$$
$$= 1 - \Phi(a), \tag{2.20}$$

$$P\{X < b\} = \int_{-\infty}^{b}\varphi(x)\mathrm{d}x = \Phi(b). \tag{2.21}$$

在附表 2 中,只对 $x \geqslant 0$ 给出了 $\Phi(x)$ 的数值;当 $x<0$ 时,可以使用下面的公式计算 $\Phi(x)$ 的值.

定理 2.1 $\Phi(-x)=1-\Phi(x)$. (2.22)

证 由 $\Phi(x)$ 定义知 $\Phi(-x)=\dfrac{1}{\sqrt{2\pi}}\displaystyle\int_{-\infty}^{-x}\varphi(t)\mathrm{d}t$. 作变量代换,令 $t=-y$,

$$\Phi(-x) = -\frac{1}{\sqrt{2\pi}}\int_{\infty}^{x}\mathrm{e}^{-\frac{y^2}{2}}\mathrm{d}y = \frac{1}{\sqrt{2\pi}}\int_{x}^{\infty}\mathrm{e}^{-\frac{y^2}{2}}\mathrm{d}y = 1-\Phi(x).$$

例 3 设 $X \sim N(0,1)$,计算

(1) $P\{1<X<2\}$; (2) $P\{X \leqslant 1.5\}$; (3) $P\{|X|<2.48\}$.

解 (1) 使用(2.19)式,得到

$$P\{1<X<2\} = \Phi(2)-\Phi(1) = 0.9772-0.8413 = 0.1359.$$

(2) 使用(2.21)式,得到

$$P\{X \leqslant 1.5\} = P\{X<1.5\} = \Phi(1.5) = 0.9332.$$

(3) $P\{|X|<2.48\}=P\{-2.48<X<2.48\}=\Phi(2.48)-\Phi(-2.48)$
$=\Phi(2.48)-[1-\Phi(2.48)]=2\Phi(2.48)-1$
$=2\times 0.9934-1=0.9868.$

关于一般正态分布,设 $X \sim N(\mu,\sigma^2)$,其概率密度 $f(x)$ 如(2.14)式所示,于是

$$P\{a<X<b\} = \int_a^b f(x)\mathrm{d}x = \frac{1}{\sqrt{2\pi}\sigma}\int_a^b \mathrm{e}^{-\frac{(x-\mu)^2}{2\sigma^2}}\mathrm{d}x,$$

作变量代换,令 $t=\dfrac{x-\mu}{\sigma}$,

$$\frac{1}{\sqrt{2\pi}\sigma}\int_a^b \mathrm{e}^{-\frac{(x-\mu)^2}{2\sigma^2}}\mathrm{d}x = \frac{1}{\sqrt{2\pi}}\int_{\frac{a-\mu}{\sigma}}^{\frac{b-\mu}{\sigma}}\mathrm{e}^{-\frac{t^2}{2}}\mathrm{d}t = \int_{\frac{a-\mu}{\sigma}}^{\frac{b-\mu}{\sigma}}\varphi(t)\mathrm{d}t$$

$$=\Phi\left(\frac{b-\mu}{\sigma}\right)-\Phi\left(\frac{a-\mu}{\sigma}\right),$$

得到关于一般正态分布的计算公式

$$P\{a<X<b\} = \Phi\left(\frac{b-\mu}{\sigma}\right)-\Phi\left(\frac{a-\mu}{\sigma}\right). \tag{2.23}$$

特别,

$$P\{X>a\} = 1-\Phi\left(\frac{a-\mu}{\sigma}\right), \tag{2.24}$$

$$P\{X<b\} = \Phi\left(\frac{b-\mu}{\sigma}\right). \tag{2.25}$$

例 4 设 $X \sim N(2,4)$,计算

(1) $P\{-1<X<2\}$; (2) $P\{|X|>1\}$.

解 使用(2.23)式,可得

(1) $P\{-1<X<2\}=\Phi(0)-\Phi(-1.5)=\Phi(0)-[1-\Phi(1.5)]=0.4332.$

(2) $P\{|X|>1\}=1-P\{|X|\leqslant 1\}=1-P\{-1\leqslant X\leqslant 1\}$
$$=1-[\Phi(-0.5)-\Phi(-1.5)]=1-[\Phi(1.5)-\Phi(0.5)]=0.7583.$$

例 5 设某地区成年男性的身高(单位:厘米) $X \sim N(170, 7.69^2)$,在该地区随机地抽取一名成年男性,求其身高超过 175 厘米的概率.

解 所求概率为 $P\{X>175\}$,这时 $\mu=170, \sigma=7.69$,由(2.24)式,得到
$$P\{X>175\}=1-\Phi\left(\frac{175-170}{7.69}\right)=1-\Phi(0.65)=0.2578,$$
即该成年男性身高超过 175 厘米的概率为 0.2578.

例 6 设 $X \sim N(\mu, \sigma^2)$,计算

(1) $P\{\mu-\sigma<X<\mu+\sigma\}$; (2) $P\{\mu-2\sigma<X<\mu+2\sigma\}$; (3) $P\{\mu-3\sigma<X<\mu+3\sigma\}$.

解 由(2.23)式可得

(1) $P\{\mu-\sigma<X<\mu+\sigma\}=\Phi(1)-\Phi(-1)=2\Phi(1)-1=0.6826.$

(2) $P\{\mu-2\sigma<X<\mu+2\sigma\}=\Phi(2)-\Phi(-2)=2\Phi(2)-1=0.9544.$

(3) $P\{\mu-3\sigma<X<\mu+3\sigma\}=\Phi(3)-\Phi(-3)=2\Phi(3)-1=0.9974.$

由例 6 可以看出,服从正态分布的随机变量 X 的值基本上落在区间 $(\mu-2\sigma, \mu+2\sigma)$ 之内,而几乎不在 $(\mu-3\sigma, \mu+3\sigma)$ 之外取值.

为了便于今后应用,对于标准正态分布,引入上侧分位数的概念.

设 $X \sim N(0,1)$,其概率密度为 $\varphi(x)$.对于给定的数 $\alpha: 0<\alpha<1$,称满足条件
$$P\{X>u_\alpha\}=\int_{u_\alpha}^{\infty}\varphi(x)\mathrm{d}x=\alpha \tag{2.26}$$

的数 u_α 为**标准正态分布的上侧分位数**,其几何意义见图 2.8.

对于给定的 α, u_α 的值这样求得:由(2.20)式,
$$P\{X>u_\alpha\}=1-\Phi(u_\alpha)=\alpha,$$

从而
$$\Phi(u_\alpha)=1-\alpha. \tag{2.27}$$

由附表 2 可以查出 u_α 的值.例如,当 $\alpha=0.05$ 时,$\Phi(u_{0.05})=0.95$,由附表 2 可以查出 $\Phi(1.64)=0.9495, \Phi(1.65)=0.9505$,求其算术平均得 $u_{0.05}=1.645$.

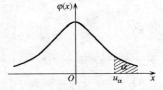

图 2.8 标准正态分布的上侧分位数

3. 指数分布

如果随机变量 X 的概率密度为
$$f(x)=\begin{cases}\lambda \mathrm{e}^{-\lambda x}, & x>0, \\ 0, & x\leqslant 0,\end{cases} \tag{2.28}$$

式中 $\lambda>0$,则称 X 服从参数为 λ 的**指数分布**.

容易验证

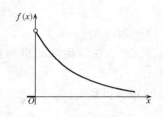

图 2.9 指数分布概率密度的图形

$$\int_{-\infty}^{\infty} f(x)\mathrm{d}x = \int_{0}^{\infty} \lambda \mathrm{e}^{-\lambda x}\mathrm{d}x = 1.$$

$f(x)$ 的图形见图 2.9.

在实际问题中,许多产品的使用寿命服从指数分布.指数分布在可靠性统计研究中有着重要的应用.

例 7 设某种产品的使用寿命 X(单位:小时)服从参数 $\lambda = 0.0002$ 的指数分布,求该产品的使用寿命超过 3000 小时的概率.

解 所求概率为 $P\{X > 3000\}$,由(2.9)式可得

$$P\{X > 3000\} = \int_{3000}^{\infty} f(x)\mathrm{d}x,$$

这里 $f(x)$ 是 $\lambda = 0.0002$ 的指数分布的概率密度:

$$f(x) = \begin{cases} 0.0002\mathrm{e}^{-0.0002x}, & x > 0, \\ 0, & x \leqslant 0, \end{cases}$$

于是

$$P\{X > 3000\} = \int_{3000}^{\infty} 0.0002\mathrm{e}^{-0.0002x}\mathrm{d}x = \mathrm{e}^{-0.6} = 0.5488.$$

习 题 2.3

一、单项选择题

1. 设连续型随机变量 X 的概率密度

$$f(x) = \begin{cases} Ax, & 0 < x < 1, \\ 0, & \text{其他}, \end{cases}$$

则 $A = (\quad)$.

(A) 2;   (B) 1;   (C) $\dfrac{1}{2}$;   (D) 0.

2. 设随机变量 $X \sim N(2,2)$,则 X 的概率密度为( ).

(A) $f(x) = \dfrac{1}{2\pi}\mathrm{e}^{-\frac{(x-2)^2}{2\sqrt{2}}}$ $(-\infty < x < \infty)$;

(B) $f(x) = \dfrac{1}{2\sqrt{2\pi}}\mathrm{e}^{-\frac{(x-2)^2}{4}}$ $(-\infty < x < \infty)$;

(C) $f(x) = \dfrac{1}{2\sqrt{2\pi}}\mathrm{e}^{-\frac{x^2}{4}}$ $(-\infty < x < \infty)$;

(D) $f(x) = \dfrac{1}{2\sqrt{\pi}}\mathrm{e}^{-\frac{(x-2)^2}{4}}$ $(-\infty < x < \infty)$.

3. 设随机变量 $X \sim N(0,1)$,则 $P\{X > 3\} = (\quad)$.

(A) $\Phi(3)$;   (B) $1 - \Phi(3)$;   (C) $1 - \Phi(-3)$;   (D) $\Phi(3) - 1$.

4. 设随机变量 $X \sim N(10, \sigma^2)$,且 $P\{10 < X < 20\} = 0.3$,则 $P\{0 < X < 10\} = (\quad)$.

(A) 0.3;   (B) 0.2;   (C) 0.1;   (D) 0.5.

二、填空题

1. 设 X 是连续型随机变量，则对于任意实数 a，$P\{X=a\}=$ _____.
2. 设随机变量 X 服从 $(0,4)$ 上的均匀分布，则 $P\{2\leqslant X\leqslant 3\}=$ _____.
3. 设随机变量 $X\sim N(\mu,\sigma^2)$，它的概率密度 $f(x)$ 的图形的对称轴是直线 _____，在 $x=$ _____ 处 $f(x)$ 有最大值 _____.
4. 设随机变量 $X\sim N(0,1)$，则 X 的概率密度值 $\varphi(0)=$ _____，函数值 $\Phi(0)=$ _____，概率 $P\{X=0\}=$ _____.

三、其他类型题

1. 设随机变量 X 的概率密度为
$$f(x)=\frac{A}{1+x^2}\quad(-\infty<x<\infty),$$
确定常数 A，并求 $P\{-1<X<1\}$.

2. 设随机变量 X 的概率密度为
$$f(x)=\begin{cases}\dfrac{A}{\sqrt{1-x^2}}, & |x|<\dfrac{\sqrt{2}}{2},\\ 0, & \text{其他},\end{cases}$$
确定常数 A，并求 $P\{-1/2\leqslant X\leqslant 1/2\}$.

3. 一个事件的概率等于零，这个事件一定是不可能事件，这种说法对吗？为什么？

4. 某条线路的公共汽车每隔 15 分钟发一班车，某人来到车站的时间是随机的，问此人在车站至少要等 6 分钟才能上车的概率是多少？

5. 设 $X\sim N(0,1)$，求：(1) $P\{1.4<X<2.4\}$；(2) $P\{X\leqslant -1\}$；(3) $P\{|X|<1.3\}$.

6. 设 $X\sim N(3,4)$，求：(1) $P\{2<X\leqslant 5\}$；(2) $P\{|X|>2\}$；(3) 决定 c，使 $P\{X>c\}=P\{X\leqslant c\}$.

7. 某厂生产的螺栓长度 X（厘米）服从 $N(10.05,0.06^2)$，规定长度在范围 10.05 ± 0.12 内为合格品. 求一螺栓为不合格品的概率.

8. 某地区的年降雨量 X（毫米）服从 $N(1000,100^2)$. 设各年降雨量相互独立，求从今年起的连续 10 年内有 9 年的年降雨量不超过 1250 毫米的概率.

9. 求标准正态分布的上侧分位数 u_α，$\alpha=0.01$.

10. 设打一次电话所用的时间 X（分钟）服从参数 $\lambda=0.1$ 的指数分布. 如果某人刚好在你前面走进电话间，求你等待的时间：
    (1) 超过 10 分钟的概率；
    (2) 在 10 分钟到 20 分钟之间的概率.

§2.4 随机变量的分布函数

在上面两节中，分别用概率分布和概率密度描述了离散型和连续型随机变量的统计规律性. 在这一节里，我们将用统一的方法描述随机变量的统计规律性，即使用分布函数.

一、分布函数

定义 2.4 设 X 是一个随机变量，x 是任意实数，称函数

$$F(x) = P\{X \leqslant x\} \tag{2.29}$$

为 X 的**分布函数**.

由上述定义可知,对于任意实数 $x_1, x_2(x_1 < x_2)$,有

$$P\{x_1 < X \leqslant x_2\} = P\{X \leqslant x_2\} - P\{X \leqslant x_1\} = F(x_2) - F(x_1). \tag{2.30}$$

因此,如果已知随机变量 X 的分布函数 $F(x)$,由(2.30)式就能确定 X 在任一区间 $(x_1, x_2]$ 内取值的概率.在这个意义上,分布函数完整地描述了随机变量的统计规律性.

分布函数是普通实值函数,通过分布函数,能够使用微积分的数学工具来研究随机变量.

分布函数 $F(x)$ 具有以下 3 条基本性质:

性质 1 $F(x)$ 是变量 x 的不减函数.

这个性质容易从(2.30)式得到证明:对 $x_1 < x_2, F(x_2) - F(x_1) = P\{x_1 < X \leqslant x_2\} \geqslant 0$,从而 $F(x_1) \leqslant F(x_2)$.

性质 2 $0 \leqslant F(x) \leqslant 1 \quad (-\infty < x < \infty).$ \hfill (2.31)

因为分布函数值是概率值,而概率值总是非负的并且不超过 1.

性质 3 $F(-\infty) = \lim\limits_{x \to -\infty} F(x) = 0,$ \hfill (2.32)

$F(\infty) = \lim\limits_{x \to \infty} F(x) = 1.$ \hfill (2.33)

对(2.32)式可作如下说明:由 $F(x)$ 的定义,当 $x \to -\infty$ 时 $\{X \leqslant x\}$ 趋近于不可能事件,其概率趋近于零.对(2.33)可类似地加以说明.

除了上述 3 条基本性质以外,离散型随机变量的分布函数与连续型随机变量的分布函数还具有各自的特点,下面分别叙述.

二、离散型随机变量的分布函数

例 1 设离散型随机变量 X 的概率分布为

$$P\{X = 0\} = 0.5, \quad P\{X = 1\} = 0.3, \quad P\{X = 2\} = 0.2,$$

求 X 的分布函数.

解 X 所有可能取的值 $0, 1, 2$ 是 3 个关键点,这 3 个点将实轴分为 4 部分 $(-\infty, 0)$, $[0, 1), [1, 2), [2, \infty)$.下面分别计算 x 取值于各区间时的 $F(x)$ 的值.

当 x 为区间 $(-\infty, 0)$ 内的任一值时,事件 $X \leqslant x$ 为不可能事件,因此 $F(x) = P\{X \leqslant x\} = 0$.

当 x 为区间 $[0, 1)$ 内的任一值时,事件 $X \leqslant x$ 为事件 $X = 0$,因此 $F(x) = P\{X \leqslant x\} = P\{X = 0\} = 0.5$.

当 x 为区间 $[1, 2)$ 内的任一值时,事件 $X \leqslant x$ 为事件 $X = 0$ 与事件 $X = 1$ 之和,因此 $F(x) = P\{X \leqslant x\} = P\{X = 0\} + P\{X = 1\} = 0.5 + 0.3 = 0.8$.

当 x 为区间 $[2, \infty)$ 内的任一值时,事件 $X \leqslant x$ 为事件 $X = 0, X = 1$ 与 $X = 2$ 之和,因此 $F(x) = P\{X \leqslant x\} = P\{X = 0\} + P\{X = 1\} + P\{X = 2\} = 1$.

这样，$F(x)$ 的表达式为

$$F(x) = \begin{cases} 0, & x < 0, \\ 0.5, & 0 \leqslant x < 1, \\ 0.8, & 1 \leqslant x < 2, \\ 1, & x \geqslant 2. \end{cases}$$

$F(x)$ 的图形见图 2.10。

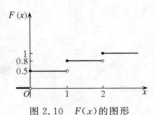

图 2.10　$F(x)$ 的图形

由例 1 可以看出，离散型随机变量 X 的分布函数 $F(x)$ 是阶梯函数，其图形是由若干直线组成的阶梯形的不连续曲线，在 $x=0,1,2$ 处有跳跃，跳跃值分别为 $0.5, 0.3, 0.2$。

一般，设离散型随机变量 X 的概率分布为 $P\{X=x_k\}=p_k (k=1,2,\cdots)$，则 X 的分布函数

$$F(x) = P\{X \leqslant x\} = \sum_{x_k \leqslant x} P\{X = x_k\} = \sum_{x_k \leqslant x} p_k, \tag{2.34}$$

(2.34) 式中是对所有满足 $x_k \leqslant x$ 的 k 求和。$F(x)$ 的图形是阶梯形曲线，在 $x=x_k$ 处有跳跃，跳跃值为 $p_k (k=1,2,\cdots)$。特别当 $x_1 < x_2 < \cdots < x_k < \cdots$ 时，$F(x)$ 的表达式为

$$F(x) = \begin{cases} 0, & x < x_1, \\ p_1, & x_1 \leqslant x < x_2, \\ p_1 + p_2, & x_2 \leqslant x < x_3, \\ \vdots & \vdots \\ p_1 + p_2 + \cdots + p_k, & x_k \leqslant x < x_{k+1}, \\ \vdots & \vdots \end{cases} \tag{2.35}$$

三、连续型随机变量的分布函数

对连续型随机变量 X，由 (2.29) 式和 (2.9) 式可得

$$F(x) = P\{X \leqslant x\} = \int_{-\infty}^{x} f(t) dt. \tag{2.36}$$

上式表明了连续型随机变量 X 的分布函数与概率密度 $f(x)$ 之间的关系。由此可知，$F(x)$ 是连续函数，它的图形是一条不间断的连续曲线。

例 2　求服从 (a,b) 上的均匀分布的随机变量 X 的分布函数 $F(x)$。

解　X 的概率密度为

$$f(x) = \begin{cases} \dfrac{1}{b-a}, & a < x < b, \\ 0, & \text{其他}, \end{cases}$$

由 (2.36) 式，当 $x \leqslant a$ 时，

$$F(x) = \int_{-\infty}^{x} f(t) dt = \int_{-\infty}^{x} 0 dt = 0,$$

当 $a<x<b$ 时,
$$F(x)=\int_{-\infty}^{x}f(t)\mathrm{d}t=\int_{a}^{x}\frac{1}{b-a}\mathrm{d}t=\frac{x-a}{b-a},$$
当 $x\geqslant b$ 时,
$$F(x)=\int_{-\infty}^{x}f(t)\mathrm{d}t=\int_{a}^{b}\frac{1}{b-a}\mathrm{d}t=1,$$
于是
$$F(x)=\begin{cases}0, & x\leqslant a,\\ \dfrac{x-a}{b-a}, & a<x<b, \\ 1, & x\geqslant b.\end{cases} \tag{2.37}$$

其图形见图 2.11.

对于 $X\sim N(0,1)$,由(2.36)式和(2.18)式可知,X 的分布函数 $F(x)=\Phi(x)$.

若 X 服从参数为 λ 的指数分布,则不难求出 X 的分布函数为

$$F(x)=\begin{cases}1-\mathrm{e}^{-\lambda x}, & x>0,\\ 0, & x\leqslant 0.\end{cases} \tag{2.38}$$

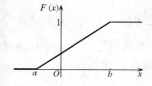

图 2.11 均匀分布 $F(x)$ 的图形

由(2.36)式,根据微积分的知识可得如下结论:若 $f(x)$ 在点 x 处连续,则有
$$F'(x)=f(x). \tag{2.39}$$

习 题 2.4

一、填空题

1. 随机变量 X 的分布函数 $F(x)$ 的定义域是 _____,值域是 _____.
2. 连续型随机变量 X 的分布函数 $F(x)$ 与概率密度 $f(x)$ 之间有关系式 $F(x)=$ _____,对 $f(x)$ 的连续点 x,有 $f(x)=$ _____.

二、其他类型题

1. 求 §2.2 的例 2 中的随机变量 X 的分布函数 $F(x)$,并画出 $F(x)$ 的图形.
2. 设随机变量 X 的概率密度为
$$f(x)=\begin{cases}2(1-x), & 0<x<1,\\ 0, & 其他.\end{cases}$$
(1) 求 X 的分布函数 $F(x)$; (2) 计算 $P\{1/3\leqslant X<2\}$ 和 $P\{X\geqslant 4\}$.
3. 设随机变量 X 的分布函数为
$$F(x)=\begin{cases}1-\mathrm{e}^{-x}, & x>0,\\ 0, & x\leqslant 0.\end{cases}$$
(1) 求 X 的概率密度 $f(x)$; (2) 计算 $P\{X<2\}$ 和 $P\{X>3\}$.

*§2.5 随机变量的函数及其分布

在微积分中,函数 $y=g(x)$ 是一个最基本的概念.类似,在概率论与数理统计中,也常遇到随机变量的函数.例如,在测量圆轴截面面积的试验中,所关心的随机变量——圆轴截面面积 A 不能通过直接测量得到,只能直接测量圆轴截面的直径 D 这个随机变量,再根据关系式 $A=\frac{1}{4}\pi D^2$ 得到 A.这里随机变量 A 是随机变量 D 的函数.

一般,设 $g(x)$ 是定义在随机变量 X 的一切可能值 x 的集合上的函数,如果当 X 取值为 x 时,随机变量 Y 的取值为 $y=g(x)$,则称 Y 是随机变量 X 的函数,记作 $Y=g(X)$.例如,上面提到的 $A=g(D)=\frac{1}{4}\pi D^2$.

Y 是随机变量,并且是 X 的函数,因此 Y 的分布与 X 的分布有关.下面讨论由 X 的分布求 Y 的分布.

一、X,Y 是离散型随机变量

设 X 的概率分布为 $P\{X=x_k\}=p_k(k=1,2,\cdots)$.记 $y_k=g(x_k)(k=1,2,\cdots)$.如果诸 y_k 的值互不相同,则

$$P\{Y=y_k\}=P\{X=x_k\} \quad (k=1,2,\cdots),$$

从而得到 Y 的概率分布 $P\{Y=y_k\}=p_k(k=1,2,\cdots)$.如果诸 y_k 的值不是互不相同,则应把相同的值分别合并,并把相应的概率分别相加,得到 Y 的概率分布.

例1 已知 X 的概率分布如表 2.3 所示,求 $Y=2X+1$ 的概率分布.

表 2.3 X 的概率分布表

X	0	1	2	3	4	5
P	$\frac{1}{12}$	$\frac{1}{6}$	$\frac{1}{12}$	$\frac{1}{9}$	$\frac{2}{9}$	$\frac{1}{3}$

解 Y 取的所有可能值为 1,3,5,7,9,11,互不相同,于是 Y 的概率分布如表 2.4 所示.

表 2.4 Y 的概率分布表

Y	1	3	5	7	9	11
P	$\frac{1}{12}$	$\frac{1}{6}$	$\frac{1}{12}$	$\frac{1}{9}$	$\frac{2}{9}$	$\frac{1}{3}$

例2 已知 X 的概率分布如表 2.5 所示,求 $Y=(X-1)^2$ 的概率分布.

表 2.5 X 的概率分布表

X	-1	0	1	2
P	0.2	0.3	0.4	0.1

解 当 X 取值 0 和 2 时,Y 均取值 1,因此 Y 取的所有可能值为 0,1,4,并且
$$P\{Y=1\} = P\{X=0\} + P\{X=2\} = 0.4.$$
Y 的概率分布如表 2.6 所示.

表 2.6 Y 的概率分布表

Y	0	1	4
P	0.4	0.4	0.2

二、X,Y 是连续型随机变量

已知 X 的概率密度 $f_X(x)$,Y 是 X 的函数:$Y=g(X)$,现求 Y 的概率密度 $f_Y(y)$ 或分布函数 $F_Y(y)$,这里 $f_X(x)$ 和 $f_Y(y)$ 的具体形式不一定相同.

例 3 已知 $X \sim N(\mu,\sigma^2)$,求 $Y=\dfrac{X-\mu}{\sigma}$ 的分布.

解 先求 Y 的分布函数 $F_Y(y)=P\{Y\leqslant y\}$. 由于事件 $Y\leqslant y$ 即事件 $\dfrac{X-\mu}{\sigma}\leqslant y$,也即事件 $X\leqslant \sigma y+\mu$,从而
$$F_Y(y) = P\{Y\leqslant y\} = P\{X\leqslant \sigma y+\mu\} = F_X(\sigma y+\mu), \tag{2.40}$$
其中 $F_X(x)$ 是 X 的分布函数.

由于 $X\sim N(\mu,\sigma^2)$,由(2.36)式,
$$F_X(\sigma y+\mu) = \int_{-\infty}^{\sigma y+\mu} f_X(x)\mathrm{d}x = \int_{-\infty}^{\sigma y+\mu} \frac{1}{\sqrt{2\pi}\sigma}\mathrm{e}^{-\frac{(x-\mu)^2}{2\sigma^2}}\mathrm{d}x,$$
作变量代换,令 $t=\dfrac{x-\mu}{\sigma}$,有
$$F_X(\sigma y+\mu) = \frac{1}{\sqrt{2\pi}}\int_{-\infty}^{y} \mathrm{e}^{-\frac{t^2}{2}}\mathrm{d}t,$$
(2.40)式成为
$$F_Y(y) = \frac{1}{\sqrt{2\pi}}\int_{-\infty}^{y} \mathrm{e}^{-\frac{t^2}{2}}\mathrm{d}t = \int_{-\infty}^{y}\varphi(t)\mathrm{d}t.$$
即 Y 的概率密度 $f_Y(y)=\varphi(y)$,表明 $Y\sim N(0,1)$.

例 3 表明,如果 $X\sim N(\mu,\sigma^2)$,则 X 的函数 $Y=\dfrac{X-\mu}{\sigma}\sim N(0,1)$,称为正态随机变量 X 的**标准化**.

在例 3 的推导过程中,(2.40)式是个关键的式子,它建立了 X,Y 的分布函数之间的关系,从而进一步使用分布函数与概率密度的关系(2.36)式得到 Y 的概率密度. 另外,也可以在(2.40)式的两边同时对 y 求导数,得到
$$f_Y(y) = \frac{\mathrm{d}}{\mathrm{d}y}F_X(\sigma y+\mu) = \sigma f_X(\sigma y+\mu) = \frac{1}{\sqrt{2\pi}}\mathrm{e}^{-\frac{y^2}{2}}. \tag{2.41}$$

一般,都可以使用上述方法求连续型随机变量函数的概率密度,即根据分布函数的定义先求 $Y=g(X)$ 的分布函数,它等于

$$F_Y(y) = P\{Y \leqslant y\} = P\{g(X) \leqslant y\}, \tag{2.42}$$

再用 X 的概率密度 $f_X(x)$ 或分布函数 $F_X(x)$ 表示之,最后两边对 y 求导数,得到 Y 的概率密度 $f_Y(y)$. 这种方法也称为**分布函数法**.

使用分布函数法,对 $Y=g(X)$,其中 $g(x)$ 是严格单调函数,可得如下结论.

定理 2.2 设连续型随机变量 X 的概率密度为 $f_X(x)(-\infty<x<\infty)$,函数 $g(x)$ 的导数 $g'(x)$ 连续且 $g'(x)>0$,则 $Y=g(X)$ 是连续型随机变量,其概率密度为

$$f_Y(y) = \begin{cases} f_X(h(y))h'(y), & \alpha<y<\beta, \\ 0, & \text{其他}, \end{cases} \tag{2.43}$$

式中 $h(y)$ 是 $g(x)$ 的反函数,$\alpha=g(-\infty),\beta=g(\infty)$.

定理 2.2 的证明从略,下面用一例子说明它的应用.

例 4 设 $X\sim N(\mu,\sigma^2)$,求 X 的线性函数 $Y=aX+b(a>0)$ 的分布.

解 $y=g(x)=ax+b$, $g'(x)=a>0$, $y=g(x)$ 的反函数 $x=h(y)=\dfrac{y-b}{a}$, $h'(y)=\dfrac{1}{a}$, $\alpha=-\infty,\beta=\infty$,

$$f_X(h(y)) = \frac{1}{\sqrt{2\pi}\sigma}e^{-\frac{[h(y)-\mu]^2}{2\sigma^2}} = \frac{1}{\sqrt{2\pi}\sigma}e^{-\frac{\left(\frac{y-b}{a}-\mu\right)^2}{2\sigma^2}} = \frac{1}{\sqrt{2\pi}\sigma}e^{-\frac{[y-(a\mu+b)]^2}{2a^2\sigma^2}},$$

这样

$$f_Y(y) = \frac{1}{\sqrt{2\pi}a\sigma}e^{-\frac{[y-(a\mu+b)]^2}{2(a\sigma)^2}} \quad (-\infty<y<\infty), \tag{2.44}$$

表明 $Y\sim N(a\mu+b,(a\sigma)^2)$.

在定理 2.2 中,如果 $g'(x)<0$,其他条件不变,则 (2.43) 式成为

$$f_Y(y) = \begin{cases} -f_X(h(y))h'(y), & \alpha<y<\beta, \\ 0, & \text{其他}, \end{cases} \tag{2.45}$$

式中 $\alpha=g(\infty),\beta=g(-\infty)$.

因此,在例 4 中,$Y=aX+b(a<0)$ 时,有

$$f_Y(y) = -\frac{1}{\sqrt{2\pi}a\sigma}e^{-\frac{[y-(a\mu+b)]^2}{2(a\sigma)^2}} \quad (-\infty<y<\infty), \tag{2.46}$$

仍表明 $Y\sim N(a\mu+b,(a\sigma)^2)$. 从而服从正态分布的随机变量 X 的线性函数 $Y=aX+b(a\neq 0)$ 也服从正态分布. 特别取 $a=\dfrac{1}{\sigma},b=-\dfrac{\mu}{\sigma}$,则 $Y=\dfrac{X-\mu}{\sigma}\sim N(0,1)$,即例 3 的结论.

最后指出,在定理 2.2 中若 $f_X(x)$ 在有限区间 $[c,d]$ 或 (c,d) 以外等于零,则只需在定理中假设在 $[c,d]$ 或 (c,d) 上恒有 $g'(x)>0$(或 $g'(x)<0$),此时 (2.43) 式中的 $\alpha=g(c),\beta=g(d)$(或 (2.45) 式中的 $\alpha=g(d),\beta=g(c)$).

习 题 2.5

一、单项选择题

1. 设随机变量 X 的概率分布为

X	0	1	2	4
P	0.3	0.2	0.4	0.1

则 $Y=(X-2)^2$ 的概率分布为（　　）．

(A)

Y	0	1	4
P	0.4	0.2	0.4

(B)

Y	0	1	2
P	0.4	0.2	0.4

(C)

Y	0	1	2	4
P	$(0.3-2)^2$	$(0.2-2)^2$	$(0.4-2)^2$	$(0.1-2)^2$

(D)

Y	-2	-1	0	2
P	0.3	0.2	0.4	0.1

2. 设随机变量 X 的概率密度为 $f(x)$，$Y=-X$，则 Y 的概率密度为（　　）．
(A) $-f(y)$； (B) $1-f(-y)$； (C) $f(-y)$； (D) $f(y)$．

二、填空题

1. 设随机变量 $X \sim N(2,9)$，则 $Y=\dfrac{X-2}{3} \sim$ ＿＿＿＿．
2. 设随机变量 $X \sim N(3,9)$，则 $Y=4X-2 \sim$ ＿＿＿＿，Y 的概率密度 $f_Y(y)=$ ＿＿＿＿．

三、其他类型题

1. 设 X 的概率分布为：$P\{X=-2\}=\dfrac{1}{5}$，$P\{X=-1\}=\dfrac{1}{6}$，$P\{X=0\}=\dfrac{1}{5}$，$P\{X=1\}=\dfrac{1}{15}$，$P\{X=3\}=\dfrac{11}{30}$，求 $Y=X^2$ 的概率分布．

2. 设 $X \sim N(0,1)$，求 $Y=e^X$ 的概率密度．
3. 设 $X \sim U(0,1)$，求 $Y=3X+1$ 的概率密度．
4. 设 $X \sim U(1,2)$，求 $Y=e^{-2X}$ 的概率密度．

第三章 随机向量

在很多随机现象中,只用一个随机变量来描述它往往是不够的,而要涉及到多个随机变量. 例如,在打靶时,炮弹弹着点的位置需要由它的横坐标和纵坐标来确定,这就涉及到两个随机变量:横坐标 X 和纵坐标 Y. 又如炼钢,对炼出的每炉钢,都需要考虑含碳量、含硫量和硬度这些基本指标,这就涉及到三个随机变量:含碳量 X、含硫量 Y 和硬度 Z;如果还需要考察其他指标,则应引入更多的随机变量. 应该指出,对同一个随机试验所涉及到的这些随机变量之间是有联系的,因而要把它们作为一个整体看待和研究.

一般,对某一个随机试验涉及到的 n 个随机变量 $X_1, X_2, \cdots, X_n$,记为 $(X_1, X_2, \cdots, X_n)$,称为 **n 维随机向量**或 **n 维随机变量**. 例如,炮弹弹着点的位置 (X, Y) 是二维随机向量,每炉钢的基本指标 (X, Y, Z) 是三维随机向量.

在本章中,我们主要讨论二维随机向量. 从二维随机向量到 n 维随机向量的推广是直接的、形式上的,并无实质性困难,将放在本章最后一节.

§3.1 二维随机向量

一、二维随机向量的概念

如上所述,二维随机向量 (X, Y) 中的两个随机变量 X 和 Y 是有联系的,它们是定义在同一样本空间上的两个随机变量.

设随机试验 E 的样本空间 $\Omega = \{\omega\}$,$X = X(\omega)$ 和 $Y = Y(\omega)$ 是定义在 Ω 上的随机变量,由它们构成的向量 (X, Y),称之为**二维随机向量**.

二维随机向量 (X, Y) 的性质不仅与 X 的性质及 Y 的性质有关,而且还依赖于这两个随机变量的相互关系,因此,仅仅逐个研究 X 和 Y 的性质是不够的,必须把 (X, Y) 作为一个整体加以研究.

二、二维随机向量的分布函数

首先引入 (X, Y) 的分布函数的概念.

定义 3.1 设 (X, Y) 是二维随机向量,对于任意实数 x, y,称二元函数
$$F(x, y) = P\{X \leqslant x, Y \leqslant y\} \tag{3.1}$$
为 (X, Y) 的**分布函数**.

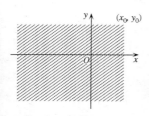

图 3.1 $F(x_0,y_0)$ 的意义

分布函数 $F(x,y)$ 表示事件 $X\leqslant x$ 和事件 $Y\leqslant y$ 同时发生的概率. 如果把 (X,Y) 看成平面上随机点的坐标, 则分布函数 $F(x,y)$ 在 (x_0,y_0) 处的函数值 $F(x_0,y_0)$ 就是随机点 (X,Y) 落在平面上以点 (x_0,y_0) 为顶点而位于该点下方的无限矩形区域内的概率, 见图 3.1.

由上面的几何解释, 容易得到随机点 (X,Y) 落在矩形区域: $x_1<x\leqslant x_2, y_1<y\leqslant y_2$ 内的概率.

$$P\{x_1<X\leqslant x_2, y_1<Y\leqslant y_2\}$$
$$= F(x_2,y_2) - F(x_2,y_1) - F(x_1,y_2) + F(x_1,y_1). \tag{3.2}$$

分布函数 $F(x,y)$ 具有以下 3 条基本性质:

性质 1 $F(x,y)$ 是变量 x,y 的不减函数, 即对于任意固定的 y, 当 $x_1<x_2$ 时, $F(x_1,y)\leqslant F(x_2,y)$; 对于任意固定的 x, 当 $y_1<y_2$ 时, $F(x,y_1)\leqslant F(x,y_2)$.

这里仅对固定 y 时的情况加以证明. 事实上, 由 (3.1) 式可得

$$F(x_2,y) - F(x_1,y) = P\{X\leqslant x_2, Y\leqslant y\} - P\{X\leqslant x_1, Y\leqslant y\}$$
$$= P\{x_1<X\leqslant x_2, Y\leqslant y\}\geqslant 0.$$

性质 2 $0\leqslant F(x,y)\leqslant 1 \ (-\infty<x<\infty, -\infty<y<\infty)$. \hfill (3.3)

这是显然的, 因为分布函数值是概率.

性质 3 对于固定的 y, $F(-\infty,y)=\lim\limits_{x\to-\infty}F(x,y)=0$. 对于固定的 x, $F(x,-\infty)=\lim\limits_{y\to-\infty}F(x,y)=0$. 另外还有 $F(-\infty,-\infty)=\lim\limits_{\substack{x\to-\infty\\y\to-\infty}}F(x,y)=0$, $F(\infty,\infty)=\lim\limits_{\substack{x\to\infty\\y\to\infty}}F(x,y)=1$.

上面 4 个式子的意义可以从几何上加以说明. 若在图 3.1 中将无限矩形的右边界向左无限移动(即令 $x\to-\infty$), 则随机点 (X,Y) 落在这个矩形内这一事件趋近不可能事件, 其概率趋近于零, 即有 $F(-\infty,y)=0$. 又如当 $x\to\infty, y\to\infty$ 时, 图 3.1 中的无限矩形扩展到全平面, 随机点 (X,Y) 落在这个矩形内这一事件趋近于必然事件, 其概率趋近于 1, 即有 $F(\infty,\infty)=1$.

二维随机向量也有离散型和连续型两种常用的情况, 下面分别讨论它们.

三、二维离散型随机向量

定义 3.2 如果二维随机向量 (X,Y) 所有可能取的值是有限或可列对, 则称 (X,Y) 为**二维离散型随机向量**.

设二维离散型随机向量 (X,Y) 所有可能取的值为 $(x_i,y_j)(i=1,2,\cdots,j=1,2,\cdots)$. 记

$$P\{X=x_i, Y=y_j\} = p_{ij} \ (i=1,2,\cdots, j=1,2,\cdots), \tag{3.4}$$

称 (3.4) 式为二维离散型随机向量 (X,Y) 的**概率分布**或**分布律**.

概率分布也可以用表格表示, 见表 3.1.

表 3.1　(X,Y) 的概率分布表

X \ Y	y_1	y_2	$\cdots$	y_j	$\cdots$
x_1	p_{11}	p_{12}	$\cdots$	p_{1j}	$\cdots$
x_2	p_{21}	p_{22}	$\cdots$	p_{2j}	$\cdots$
$\vdots$	$\vdots$	$\vdots$		$\vdots$	
x_i	p_{i1}	p_{i2}	$\cdots$	p_{ij}	$\cdots$
$\vdots$	$\vdots$	$\vdots$		$\vdots$	

p_{ij} 具有以下两个性质:

性质 1　$p_{ij} \geqslant 0 \ (i=1,2,\cdots, j=1,2,\cdots)$; \hfill (3.5)

性质 2　$\sum_i \sum_j p_{ij} = 1$. \hfill (3.6)

性质 1 是显然的,性质 2 的证明由 (1.20) 式不难得到.

二维离散型随机向量 (X,Y) 的分布函数与概率分布之间具有关系式

$$F(x,y) = \sum_{x_i \leqslant x} \sum_{y_j \leqslant y} p_{ij}, \tag{3.7}$$

式中和式对一切满足 $x_i \leqslant x, y_j \leqslant y$ 的 i,j 求和.

例 1　现有 10 件产品,其中 7 件正品,3 件次品,现从中任取两次,每次取一件产品,取后不放回.令

$$X = \begin{cases} 1, & \text{若第一次取到的产品是次品,} \\ 0, & \text{若第一次取到的产品是正品,} \end{cases} \quad Y = \begin{cases} 1, & \text{若第二次取到的产品是次品,} \\ 0, & \text{若第二次取到的产品是正品.} \end{cases}$$

求二维随机向量 (X,Y) 的概率分布.

解　(X,Y) 所有可能取的值是 $(0,0),(0,1),(1,0)$ 和 $(1,1)$. 首先求 $P\{X=0,Y=0\}$,即第一次取到正品,第二次也取到正品的概率. 这是古典概型,易得

$$P\{X=0,Y=0\} = \frac{7 \times 6}{10 \times 9} = \frac{7}{15},$$

同理可分别求得

$$P\{X=0,Y=1\} = \frac{7}{30}, \quad P\{X=1,Y=0\} = \frac{7}{30}, \quad P\{X=1,Y=1\} = \frac{1}{15}.$$

概率分布表见表 3.2.

表 3.2　概率分布表

X \ Y	0	1
0	$\dfrac{7}{15}$	$\dfrac{7}{30}$
1	$\dfrac{7}{30}$	$\dfrac{1}{15}$

例 2 为了进行吸烟与肺癌关系的研究,随机调查了 23000 个 40 岁以上的人,其结果列在表 3.3 中. 表中的数字"3"表示既吸烟又患了肺癌的人数,"4597"表示吸烟但未患肺癌的人数等.

表 3.3 例 2 的数据

吸烟＼肺癌	患	未患	
吸	3	4597	4600
不吸	1	18399	18400
	4	22996	23000

进一步研究这个问题的方便方法是引进二维随机向量 (X,Y),记

$$X = \begin{cases} 1, & \text{若被调查者不吸烟}, \\ 0, & \text{若被调查者吸烟}, \end{cases} \quad Y = \begin{cases} 1, & \text{若被调查者未患肺癌}, \\ 0, & \text{若被调查者患肺癌}. \end{cases}$$

从表 3.3 的每一种情况出现的次数计算出它们出现的频率,就产生了二维随机向量 (X,Y) 的概率分布:

$$P\{X=0, Y=0\} = 0.00013, \quad P\{X=1, Y=0\} = 0.00004,$$
$$P\{X=0, Y=1\} = 0.19987, \quad P\{X=1, Y=1\} = 0.79996.$$

表 3.4 概率分布表

X＼Y	0	1
0	0.00013	0.19987
1	0.00004	0.79996

概率分布表见表 3.4. 可以看出,吸烟者中患肺癌的概率是 0.00013,而不吸烟者中患肺癌的概率是 0.00004 等.

四、二维连续型随机向量

定义 3.3 对于二维随机向量 (X,Y),如果存在非负函数 $f(x,y)$,使得对任意实数 x, y,有

$$F(x,y) = \int_{-\infty}^{y} \int_{-\infty}^{x} f(u,v) \mathrm{d}u \mathrm{d}v, \tag{3.8}$$

则称 (X,Y) 是**二维连续型随机向量**,称 $f(x,y)$ 为二维连续型随机向量 (X,Y) 的**概率密度函数**,简称为**概率密度**.

概率密度 $f(x,y)$ 具有以下 4 条性质:

性质 1 $f(x,y) \geqslant 0 \quad (-\infty < x < \infty, -\infty < y < \infty).$ \hfill (3.9)

性质 2 $\int_{-\infty}^{\infty} \int_{-\infty}^{\infty} f(x,y) \mathrm{d}x \mathrm{d}y = 1.$ \hfill (3.10)

性质 3 若 $f(x,y)$ 在点 (x,y) 处连续,则有

$$\frac{\partial^2 F(x,y)}{\partial x \partial y} = f(x,y). \tag{3.11}$$

性质 4　设 D 是平面上的任意区域,则点 (X,Y) 落在 D 内的概率

$$P\{(X,Y) \in D\} = \iint_D f(x,y)\mathrm{d}x\mathrm{d}y. \tag{3.12}$$

上述性质 1 至性质 3 与一维连续型随机变量的概率密度的性质相似. 对于性质 4, 其证明需要用到较多的数学知识, 这里不再介绍, 然而性质 4 是个非常重要的结论, 它将二维连续型随机向量 (X,Y) 在平面区域 D 内取值的概率问题转化为一个二重积分的计算. 从二重积分的几何意义可知, 该概率在数值上等于以 D 为底, 以曲面 $z=f(x,y)$ 为顶面的曲顶柱体的体积.

例 3　设二维随机向量 (X,Y) 的概率密度为

$$f(x,y) = \begin{cases} A\mathrm{e}^{-(2x+y)}, & x>0, y>0, \\ 0, & \text{其他}, \end{cases}$$

确定常数 A 并计算 $P\{0<X<1, 0<Y<1\}$.

解　由 (3.10) 式知

$$\int_{-\infty}^{\infty}\int_{-\infty}^{\infty} f(x,y)\mathrm{d}x\mathrm{d}y = \int_0^{\infty}\int_0^{\infty} A\mathrm{e}^{-(2x+y)}\mathrm{d}x\mathrm{d}y = A\left(\int_0^{\infty}\mathrm{e}^{-2x}\mathrm{d}x\right)\left(\int_0^{\infty}\mathrm{e}^{-y}\mathrm{d}y\right)$$
$$= A \times \frac{1}{2} \times 1 = \frac{A}{2} = 1,$$

于是 $A=2$. 这样,

$$f(x,y) = \begin{cases} 2\mathrm{e}^{-(2x+y)}, & x>0, y>0, \\ 0, & \text{其他}. \end{cases}$$

将 (X,Y) 看作是平面上随机点的坐标, 则

$$\{0<X<1, 0<Y<1\} = \{(X,Y) \in D\},$$

这里 $D=\{(x,y) | 0<x<1, 0<y<1\}$. 由 (3.12) 式得到,

$$P\{0<X<1, 0<Y<1\} = \int_0^1\int_0^1 2\mathrm{e}^{-(2x+y)}\mathrm{d}x\mathrm{d}y = 2\left(\int_0^1 \mathrm{e}^{-2x}\mathrm{d}x\right)\left(\int_0^1 \mathrm{e}^{-y}\mathrm{d}y\right)$$
$$= 2 \times \frac{1}{2}(1-\mathrm{e}^{-2}) \times (1-\mathrm{e}^{-1}) = 0.5466.$$

下面介绍两种常用的二维连续型随机向量的分布: 均匀分布与二维正态分布.

定义 3.4　设 D 是平面上的有界区域, 其面积为 d, 若二维随机向量 (X,Y) 的概率密度为

$$f(x,y) = \begin{cases} \dfrac{1}{d}, & \text{当}(x,y) \in D, \\ 0, & \text{其他}, \end{cases} \tag{3.13}$$

则称 (X,Y) 服从 D 上的**均匀分布**.

容易验证,上述 $f(x,y)$ 满足(3.10)式.

和第二章中服从均匀分布的随机变量相类似,服从 D 上均匀分布的 (X,Y) 落在 D 中某一区域 A 内的概率 $P\{(X,Y)\in A\}$,与 A 的面积成正比,而与 A 的位置和形状无关.

在应用上经常用到的平面上的有界区域有矩形、圆和三角形等.

例 4 设 (X,Y) 服从圆域 $x^2+y^2\leq 4$ 上的均匀分布,计算 $P\{(X,Y)\in A\}$,这里 A 是图 3.2 中阴影所示的区域.

解 圆域 $x^2+y^2\leq 4$ 的面积是 $d=4\pi$,因此 (X,Y) 的概率密度为

$$f(x,y)=\begin{cases}\dfrac{1}{4\pi}, & x^2+y^2\leq 4,\\ 0, & x^2+y^2>4.\end{cases}$$

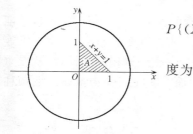

图 3.2 圆域和区域 A

区域 A 是 $x=0, y=0$ 和 $x+y=1$ 三条直线所围成的三角形区域,并且包含在圆域 $x^2+y^2\leq 4$ 之内,于是由(3.12)式可得

$$P\{(X,Y)\in A\}=\iint_A\frac{1}{4\pi}\mathrm{d}x\mathrm{d}y=\frac{1}{4\pi}\iint_A\mathrm{d}x\mathrm{d}y,$$

式中 $\iint_A\mathrm{d}x\mathrm{d}y$ 即为区域 A 的面积,等于 $\dfrac{1}{2}$,这样 $P\{(X,Y)\in A\}=\dfrac{1}{8\pi}$.

例 4 的结论可进一步推广:设 (X,Y) 具有均匀分布(3.13),如果区域 A 被包含在 D 内的那块区域的面积为 S,那么,$P\{(X,Y)\in A\}=\dfrac{S}{d}$.

定义 3.5 设二维随机向量 (X,Y) 的概率密度为

$$f(x,y)=\frac{1}{2\pi\sigma_1\sigma_2\sqrt{1-\rho^2}}\mathrm{e}^{-\frac{1}{2(1-\rho^2)}\left[\frac{(x-\mu_1)^2}{\sigma_1^2}-2\rho\frac{(x-\mu_1)(y-\mu_2)}{\sigma_1\sigma_2}+\frac{(y-\mu_2)^2}{\sigma_2^2}\right]}$$

$$(-\infty<x<\infty,-\infty<y<\infty), \tag{3.14}$$

式中 μ_1,μ_2 为实数;$\sigma_1>0,\sigma_2>0$;$|\rho|<1$,则称 (X,Y) 服从参数为 $\mu_1,\mu_2,\sigma_1,\sigma_2,\rho$ 的**二维正态分布**,记作 $(X,Y)\sim N(\mu_1,\mu_2,\sigma_1^2,\sigma_2^2,\rho)$,同时称 (X,Y) 是**二维正态随机向量**.

可以证明,概率密度 $f(x,y)$ 满足(3.10)式.

习 题 3.1

一、单项选择题

1. 考虑抛掷一枚硬币和一颗骰子的试验,用 X 表示抛掷硬币出现正面的次数,Y 表示掷骰子出现的点数,则 (X,Y) 所有可能取的值为(   ).

   (A) 12 对;　　　(B) 6 对;　　　(C) 8 对;　　　(D) 4 对.

2. 若二维随机向量 (X,Y) 的概率密度为

$$f(x,y)=\begin{cases}1, & 0\leq x\leq 1, 0\leq y\leq 1,\\ 0, & \text{其他},\end{cases}$$

则概率 $P\{X<0.5, Y<0.6\}=($).

(A) 0.5;　　　　(B) 0.3;　　　　(C) 0.875;　　　　(D) 0.4.

二、填空题

1. 设二维随机向量 (X,Y) 的概率密度为

$$f(x,y)=\begin{cases} Axy^2, & 0\leqslant x\leqslant 2, 0\leqslant y\leqslant 1, \\ 0, & \text{其他}, \end{cases}$$

则常数 $A=$ _____.

2. 设二维随机向量 (X,Y) 服从区域

$$D=\{(x,y): x\geqslant 0, y\geqslant 0, x+y\leqslant 2\}$$

上的均匀分布,则 (X,Y) 的概率密度 $f(x,y)=$ _____.

三、其他类型题

1. 设二维随机向量 (X,Y) 的分布函数为

$$F(x,y)=\begin{cases} 1-2^{-x}-2^{-y}+2^{-x-y}, & x\geqslant 0, y\geqslant 0, \\ 0, & \text{其他}, \end{cases}$$

求 $P\{1<X\leqslant 2, 3<Y\leqslant 5\}$.

2. 设二维随机向量 (X,Y) 所有可能取的值是 $(0,1),(1,1),(2,2),(0,3)$ 和 $(3,4)$,并且取这些值的概率相等,求 (X,Y) 的概率分布.

3. 盒子里装有 3 个黑色球, 2 个白色球,从中任取 4 个球,用 X 表示取到的黑色球的个数,用 Y 表示取到的白色球的个数,求 (X,Y) 的概率分布.

4. 设二维随机向量 (X,Y) 的概率密度为

$$f(x,y)=\begin{cases} A(6-x-y), & 0\leqslant x\leqslant 1, 0\leqslant y\leqslant 2, \\ 0, & \text{其他.} \end{cases}$$

(1) 确定常数 A;　　(2) 求 $P\{X\leqslant 0.5, Y\leqslant 1.5\}$.

5. 设二维随机向量 (X,Y) 的概率密度为

$$f(x,y)=\begin{cases} Ae^{-(3x+4y)}, & x>0, y>0, \\ 0, & \text{其他.} \end{cases}$$

(1) 求常数 A;　　(2) 计算 $P\{0\leqslant X\leqslant 1, 0\leqslant Y\leqslant 2\}$.

§3.2 边缘概率分布与边缘概率密度

一、边缘分布函数

二维随机向量 (X,Y) 作为一个整体,具有分布函数 $F(x,y)$. (X,Y) 的分量 X 和 Y 都是随机变量,也有自己的分布函数,将它们分别记为 $F_X(x), F_Y(y)$,依次称为 X 和 Y 的**边缘分布函数**,而将 $F(x,y)$ 称为 X 和 Y 的**联合分布函数**.这里需要注意的是,X 的边缘分布函数,本质上就是一维随机变量 X 的分布函数;Y 的边缘分布函数,本质上就是一维随机变量 Y 的分布函数.我们现在之所以称其为边缘分布函数是相对于它们的联合分布函数而言的.同样地,联合分布函数 $F(x,y)$ 就是二维随机向量 (X,Y) 的分布函数,称之为联合分布函数是

相对于其分量的分布函数而言的.

边缘分布函数 $F_X(x)$ 和 $F_Y(y)$ 都可以由 $F(x,y)$ 确定：

$$F_X(x) = P\{X \leqslant x\} = P\{X \leqslant x, Y < \infty\} = F(x, \infty), \quad (3.15)$$

$$F_Y(y) = P\{Y \leqslant y\} = P\{X < \infty, Y \leqslant y\} = F(\infty, y). \quad (3.16)$$

二、二维离散型随机向量的边缘概率分布

设 (X, Y) 是二维离散型随机向量,其概率分布为

$$P\{X = x_i, Y = y_j\} = p_{ij} \quad (i = 1, 2, \cdots, j = 1, 2, \cdots).$$

由(3.15)式和(3.7)式可得

$$F_X(x) = F(x, \infty) = \sum_{x_i \leqslant x} \sum_{y_j < \infty} p_{ij} = \sum_{x_i \leqslant x} \sum_j p_{ij},$$

与(2.34)式相比较,得到

$$P\{X = x_i\} = \sum_j p_{ij} \quad (i = 1, 2, \cdots).$$

同理可得

$$P\{Y = y_j\} = \sum_i p_{ij} \quad (j = 1, 2, \cdots).$$

记

$$p_{i\cdot} = P\{X = x_i\} = \sum_j p_{ij} \quad (i = 1, 2, \cdots), \quad (3.17)$$

$$p_{\cdot j} = P\{Y = y_j\} = \sum_i p_{ij} \quad (j = 1, 2, \cdots). \quad (3.18)$$

分别称 $p_{i\cdot}(i=1,2,\cdots)$ 为 X 的边缘概率分布, $p_{\cdot j}(j=1,2,\cdots)$ 为 Y 的边缘概率分布.

例1 求§3.1的例1中 X 和 Y 的边缘概率分布.

解 X 所有可能取的值为 0 和 1,分别记为 x_1 和 x_2;Y 所有可能取的值也是 0 和 1,分别记为 y_1 和 y_2. 于是,$p_{11}=\frac{7}{15}, p_{12}=\frac{7}{30}, p_{21}=\frac{7}{30}, p_{22}=\frac{1}{15}$. 由(3.17)式得到 X 的边缘概率分布

$$P\{X = 0\} = p_{1\cdot} = p_{11} + p_{12} = \frac{7}{15} + \frac{7}{30} = \frac{7}{10},$$

$$P\{X = 1\} = p_{2\cdot} = p_{21} + p_{22} = \frac{7}{30} + \frac{1}{15} = \frac{3}{10},$$

由(3.18)式得到 Y 的边缘概率分布

$$P\{Y = 0\} = p_{\cdot 1} = p_{11} + p_{21} = \frac{7}{15} + \frac{7}{30} = \frac{7}{10},$$

$$P\{Y = 1\} = p_{\cdot 2} = p_{12} + p_{22} = \frac{7}{30} + \frac{1}{15} = \frac{3}{10}.$$

注意到 $p_{1\cdot}$ 和 $p_{2\cdot}$ 分别是表3.2中第一行和第二行的数之和;$p_{\cdot 1}$ 和 $p_{\cdot 2}$ 分别是表3.2

中第一列和第二列的数之和.分别将 $p_i.$ 和 $p._j$ 填在表 3.2 的最右边一列和最下边一行,得到表 3.5.由于 $p_i.$ 和 $p._j$ 位于表 3.5 的边缘,于是就有了"边缘概率分布"之名.

表 3.5　边缘概率分布

Y\X	0	1	$p_i.$
0	$\frac{7}{15}$	$\frac{7}{30}$	$\frac{7}{10}$
1	$\frac{7}{30}$	$\frac{1}{15}$	$\frac{3}{10}$
$p._j$	$\frac{7}{10}$	$\frac{3}{10}$	

例 2　求 §3.1 的例 2 中 X 和 Y 的边缘概率分布.

解　由(3.17)式,得到 X 的边缘概率分布

$$P\{X=0\} = P\{X=0, Y=0\} + P\{X=0, Y=1\}$$
$$= 0.00013 + 0.19987 = 0.20000,$$
$$P\{X=1\} = P\{X=1, Y=0\} + P\{X=1, Y=1\}$$
$$= 0.00004 + 0.79996 = 0.80000.$$

由此可知,随机地抽取一个人,他是吸烟者的概率为 0.2,他是不吸烟者的概率为 0.8.

由(3.18)式,得到 Y 的边缘概率分布

$$P\{Y=0\} = P\{X=0, Y=0\} + P\{X=1, Y=0\}$$
$$= 0.00013 + 0.00004 = 0.00017,$$
$$P\{Y=1\} = P\{X=0, Y=1\} + P\{X=1, Y=1\}$$
$$= 0.19987 + 0.79996 = 0.99983.$$

由此可知,随机地抽取一个人,他患肺癌的概率为 0.00017,而不患肺癌的概率为 0.99983.

将上述结果列在表 3.6 中.

表 3.6　边缘概率分布

Y\X	0	1	X 的边缘概率分布
0	0.00013	0.19987	0.20000
1	0.00004	0.79996	0.80000
Y 的边缘概率分布	0.00017	0.99983	

三、二维连续型随机向量的边缘概率密度

设 (X,Y) 是二维连续型随机向量,其概率密度为 $f(x,y)$,由(3.15)式和(3.8)式可得

$$F_X(x) = F(x, \infty) = \int_{-\infty}^{\infty}\int_{-\infty}^{x} f(u,v) du dv = \int_{-\infty}^{x}\left[\int_{-\infty}^{\infty} f(u,v) dv\right] du.$$

记 $f_X(u) = \int_{-\infty}^{\infty} f(u,v) dv$,则有 $F_X(x) = \int_{-\infty}^{x} f_X(u) du$. 由(2.36)式可知,$X$ 是连续型随机变量,其概率密度为

$$f_X(x) = \int_{-\infty}^{\infty} f(x,y) dy. \tag{3.19}$$

同理可知,Y 也是连续型随机变量,其概率密度为

$$f_Y(y) = \int_{-\infty}^{\infty} f(x,y) dx. \tag{3.20}$$

分别称 $f_X(x)$ 和 $f_Y(y)$ 为 X 和 Y 的**边缘概率密度函数**,简称为**边缘概率密度**.

例3 设 (X,Y) 服从矩形区域 $a \leqslant x \leqslant b, c \leqslant y \leqslant d$ 上的均匀分布,求两个边缘概率密度.

解 (X,Y) 的概率密度为

$$f(x,y) = \begin{cases} \dfrac{1}{(b-a)(d-c)}, & a \leqslant x \leqslant b, c \leqslant y \leqslant d, \\ 0, & \text{其他}. \end{cases}$$

由(3.19)式,得到 X 的边缘概率密度

$$f_X(x) = \int_{-\infty}^{\infty} f(x,y) dy.$$

当 $x < a$ 或 $x > b$ 时,$f(x,y) = 0$,从而 $f_X(x) = 0$;当 $a \leqslant x \leqslant b$ 时,

$$f_X(x) = \int_{c}^{d} \frac{1}{(b-a)(d-c)} dy = \frac{1}{b-a},$$

于是 $f_X(x) = \begin{cases} \dfrac{1}{b-a}, & a \leqslant x \leqslant b, \\ 0, & \text{其他}. \end{cases}$ 同理可得 $f_Y(y) = \begin{cases} \dfrac{1}{d-c}, & c \leqslant y \leqslant d, \\ 0, & \text{其他}. \end{cases}$

例4 设二维随机向量 (X,Y) 的概率密度

$$f(x,y) = \begin{cases} \dfrac{3}{2} xy^2, & 0 < x < 2, 0 < y < 1, \\ 0, & \text{其他}, \end{cases}$$

求边缘概率密度 $f_X(x)$ 和 $f_Y(y)$.

解 先计算 $f_X(x)$. 当 $x \leqslant 0$ 与 $x \geqslant 2$ 时,对任何 y 值,$f(x,y) = 0$,由(3.19)式可知 $f_X(x) = 0$. 当 $0 < x < 2$ 时,对 $y \leqslant 0$ 与 $y \geqslant 1$,$f(x,y) = 0$;对 $0 < y < 1$,$f(x,y) \neq 0$,从而由(3.19)式得到

$$f_X(x) = \int_{-\infty}^{\infty} f(x,y) dy = \int_{0}^{1} \frac{3}{2} xy^2 dy = \frac{x}{2}.$$

这样得到 $f_X(x) = \begin{cases} x/2, & 0 < x < 2, \\ 0, & \text{其他}. \end{cases}$ 类似计算 $f_Y(y)$,可得 $f_Y(y) = \begin{cases} 3y^2, & 0 < y < 1, \\ 0, & \text{其他}. \end{cases}$

对二维正态随机向量 (X,Y),由其概率密度 $f(x,y)$ 的表达式(3.14),使用(3.19)式和(3.20)式计算出边缘概率密度 $f_X(x)$ 和 $f_Y(y)$. 由于积分计算比较复杂,这里不再推导了.

只介绍最后的结论：

设 $(X,Y) \sim N(\mu_1, \mu_2, \sigma_1^2, \sigma_2^2, \rho)$，则

$$f_X(x) = \frac{1}{\sqrt{2\pi}\sigma_1} e^{-\frac{(x-\mu_1)^2}{2\sigma_1^2}} \quad (-\infty < x < \infty),$$

$$f_Y(y) = \frac{1}{\sqrt{2\pi}\sigma_2} e^{-\frac{(y-\mu_2)^2}{2\sigma_2^2}} \quad (-\infty < y < \infty),$$

即 $X \sim N(\mu_1, \sigma_1^2), Y \sim N(\mu_2, \sigma_2^2)$.

这样，二维正态随机向量(X,Y)的两个分量都服从正态分布，并且与参数ρ无关. 所以，对于确定的$\mu_1, \mu_2, \sigma_1, \sigma_2$，当取不同的$\rho$时，对应了不同的二维正态分布，但其中的分量$X$或$Y$却服从相同的正态分布. 对这个现象的解释是：边缘概率密度只考虑了单个分量的情况，而未涉及X与Y之间的关系，而X与Y之间的关系这个信息是包含在(X,Y)的概率密度之内的. 事实上，参数ρ正好刻画了X与Y之间线性关系的密切程度.

因此，仅由X和Y的边缘概率密度（或边缘概率分布）一般不能确定(X,Y)的概率密度（或概率分布）.

习 题 3.2

一、单项选择题

1. 已知(X,Y)的概率分布如下表：

X \ Y	1.5	2.5	3.5
1	0.1	0.05	0.1
2	0	0.15	0.2
3	0.05	0.05	0.05
4	0.15	0	0.1

则 $P\{X<3\} = ($ $)$.

(A) 0.1；　　　(B) 0.15；　　　(C) 0.3；　　　(D) 0.6.

2. 设(X,Y)的概率密度为 $f(x,y) = \begin{cases} 2e^{-(2x+y)}, & x>0, y>0, \\ 0, & \text{其他}, \end{cases}$ 则Y的边缘概率密度为(　　).

(A) $f_Y(y) = -e^{-y} \quad (-\infty < y < \infty)$;　　　(B) $f_Y(y) = \begin{cases} -e^{-y}, & y>0, \\ 0, & y \leqslant 0; \end{cases}$

(C) $f_Y(y) = \begin{cases} e^{-y}, & y>0, \\ 0, & y \leqslant 0; \end{cases}$　　　(D) $f_Y(y) = \begin{cases} 2e^{-y}, & y>0, \\ 0, & y \leqslant 0. \end{cases}$

二、其他类型题

1. 设二维随机向量(X,Y)的概率分布如右表所示，求X和Y的边缘概率分布.

X \ Y	0	2	5
1	0.15	0.25	0.35
3	0.05	0.18	0.02

2. 设二维随机向量(X,Y)的概率密度为

$$f(x,y)=\begin{cases} x^2+\dfrac{xy}{3}, & 0<x<1, 0<y<2, \\ 0, & \text{其他}, \end{cases}$$

求 X 和 Y 的边缘概率密度.

§3.3 随机变量的独立性

在第一章中,我们讨论了随机事件的相互独立性,现在,利用两个事件相互独立的概念引出两个随机变量相互独立的概念.

定义 3.6 设二维随机向量 (X,Y) 的分布函数为 $F(x,y)$, X 和 Y 的边缘分布函数分别为 $F_X(x)$ 和 $F_Y(y)$. 若对任意的实数 x,y 有

$$F(x,y) = F_X(x)F_Y(y), \tag{3.21}$$

则称随机变量 X 与随机变量 Y **相互独立**.

由分布函数的定义,(3.21)式可以写为

$$P\{X \leqslant x, Y \leqslant y\} = P\{X \leqslant x\}P\{Y \leqslant y\}. \tag{3.22}$$

因此,随机变量 X 与随机变量 Y 相互独立是指对任意实数 x,y,随机事件 $X \leqslant x$ 与随机事件 $Y \leqslant y$ 相互独立.

随机变量相互独立是概率论与数理统计中一个十分重要的概念.

设 (X,Y) 是二维离散型随机向量,其所有可能取值为 $(x_i, y_j)(i=1,2,\cdots, j=1,2,\cdots)$,则 X 与 Y 相互独立的条件可以写为

$$\begin{aligned} P\{X=x_i, Y=y_j\} &= P\{X=x_i\}P\{Y=y_j\} \\ &\quad (i=1,2,\cdots, j=1,2,\cdots), \end{aligned} \tag{3.23}$$

或者

$$p_{ij} = p_{i\cdot} p_{\cdot j} \quad (i=1,2,\cdots, j=1,2,\cdots). \tag{3.24}$$

设 (X,Y) 是二维连续型随机向量,则 X 与 Y 相互独立的条件可以写为:对任意的实数 x,y 有

$$f(x,y) = f_X(x)f_Y(y). \tag{3.25}$$

上述结论的证明均从略.

例 1 考察 §3.1 的例 2(即吸烟与肺癌关系的研究)中随机变量的独立性.

解 由 §3.2 的例 2 得到 $P\{X=0\}=0.2, P\{Y=0\}=0.00017$,而 $P\{X=0, Y=0\}=0.00013$,显然 $P\{X=0, Y=0\} \neq P\{X=0\}P\{Y=0\}$,从而 X 与 Y 不相互独立.

例 2 考察 §3.2 的例 3 中随机变量的独立性.

解 由于 $f(x,y) = f_X(x)f_Y(y)$,因此 X 与 Y 相互独立.

例 3 设 $(X,Y) \sim N(\mu_1, \mu_2, \sigma_1^2, \sigma_2^2, \rho)$,则 X 与 Y 相互独立的充分必要条件是 $\rho=0$.

证 **充分性** 设 $\rho=0$,由(3.14)式得到

$$f(x,y) = \frac{1}{2\pi\sigma_1\sigma_2} e^{-\frac{1}{2}\left[\frac{(x-\mu_1)^2}{\sigma_1^2} + \frac{(y-\mu_2)^2}{\sigma_2^2}\right]} = f_X(x)f_Y(y),$$

从而 X 与 Y 相互独立.

必要性 设 X 与 Y 相互独立，则对任意 x,y, $f(x,y)=f_X(x)f_Y(y)$. 特别取 $x=\mu_1$, $y=\mu_2$, 得到 $f(\mu_1,\mu_2)=f_X(\mu_1)f_Y(\mu_2)$, 即

$$\frac{1}{2\pi\sigma_1\sigma_2\sqrt{1-\rho^2}} = \frac{1}{\sqrt{2\pi}\sigma_1}\frac{1}{\sqrt{2\pi}\sigma_2}.$$

于是 $\sqrt{1-\rho^2}=1, \rho=0$.

在 §3.2 的最后我们曾经指出：仅由 X 和 Y 的边缘概率密度（或边缘概率分布）一般不能确定 (X,Y) 的概率密度（或概率分布）. 但是，当 X 与 Y 相互独立时，两个边缘概率密度（或边缘概率分布）的乘积就是 (X,Y) 的概率密度（或概率分布）.

最后需要指出的是，与随机事件的独立性一样，在实际问题中，随机变量的独立性往往不是从其数学定义验证出来的，相反，常是从随机变量产生的实际背景判断它们是否相互独立，然后再使用独立性定义中所给出的结论.

习 题 3.3

一、单项选择题

1. 设二维随机向量 (X,Y) 服从 D 上的均匀分布，其中 $D=\{(x,y): -1\leqslant x\leqslant 1, -1\leqslant y\leqslant 1\}$, 则 (　　).

(A) X 与 Y 不相互独立；　　　　　　(B) X 与 Y 相互独立；
(C) X,Y 都不服从一维均匀分布；　　(D) (X,Y) 落入第一象限的概率为 $1/2$.

2. 设二维随机向量 (X,Y) 的概率密度为

$$f(x,y) = \begin{cases} 2e^{-2x-y}, & x>0, y>0, \\ 0, & 其他, \end{cases}$$

则 X 与 Y (　　).

(A) 概率密度相同；　　　　(B) 相互独立；
(C) 不相互独立；　　　　　(D) 不一定相互独立.

二、填空题

1. 设二维随机向量 (X,Y) 服从参数为 $\mu_1,\mu_2,\sigma_1,\sigma_2,\rho$ 的二维正态分布，且 X 与 Y 相互独立，则 $\rho=$ _____.

2. 对二维随机向量 (X,Y), 设 $X\sim N(0,1), Y\sim N(0,1)$, 且 X 与 Y 相互独立，则 (X,Y) 的概率密度 $f(x,y)=$ _____.

三、其他类型题

1. 设二维随机向量 (X,Y) 的概率分布为

$$P\{X=1,Y=1\}=1/6, \quad P\{X=1,Y=2\}=1/9,$$
$$P\{X=1,Y=3\}=1/18, \quad P\{X=2,Y=1\}=2/9,$$
$$P\{X=2,Y=2\}=1/3, \quad P\{X=2,Y=3\}=1/9.$$

问 X 与 Y 是否相互独立?

2. 分别考察 §3.2 的例 4 和习题 3.2 的其他类型题 2 中随机变量 X,Y 的独立性.

3. 设 X 与 Y 相互独立, X 服从 $(0,1)$ 上的均匀分布, Y 的概率密度为

$$f_Y(y) = \begin{cases} \dfrac{1}{2}\mathrm{e}^{-\frac{y}{2}}, & y > 0, \\ 0, & y \leqslant 0, \end{cases}$$

求 (X,Y) 的概率密度.

*§3.4 两个随机变量的函数的分布

在第二章中,讨论了一个随机变量的函数的分布问题,这里我们讨论两个随机变量的函数的分布问题. 对二维随机向量 (X,Y),其两个分量 X,Y 的函数 $Z=g(X,Y)$ 是一个随机变量,现由 (X,Y) 的分布导出 Z 的分布.

例如考虑一大群人,令 X,Y 分别表示一个人的年龄和体重,Z 表示该人的血压,并且已知 Z 与 X,Y 的函数关系 $Z=g(X,Y)$,则可以通过 X,Y 的分布确定 Z 的分布.

本节我们仅对二维连续型随机向量 (X,Y) 的情形加以讨论,并且只对两种常用的函数关系解决分布问题,这两种函数关系是

(1) $Z=X+Y$;

(2) $Z=\max\{X,Y\}$ 和 $Z=\min\{X,Y\}$,其中 X 与 Y 相互独立.

一、$Z=X+Y$ 的分布

设二维连续型随机向量 (X,Y) 的概率密度为 $f(x,y)$,求 $Z=X+Y$ 的概率密度 $f_Z(z)$.

设 Z 的分布函数为 $F_Z(z)$,于是(参见图 3.3)

$$F_Z(z) = P\{Z \leqslant z\} = P\{X+Y \leqslant z\}$$
$$= \iint_D f(x,y)\mathrm{d}x\mathrm{d}y = \iint_{x+y \leqslant z} f(x,y)\mathrm{d}x\mathrm{d}y$$
$$= \int_{-\infty}^{\infty} \left[\int_{-\infty}^{z-x} f(x,y)\mathrm{d}y \right] \mathrm{d}x.$$

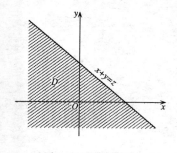

图 3.3 积分区域 D

在积分 $\int_{-\infty}^{z-x} f(x,y)\mathrm{d}y$ 中,作变量代换,令 $u=y+x$,

$$\int_{-\infty}^{z-x} f(x,y)\mathrm{d}y = \int_{-\infty}^{z} f(x,u-x)\mathrm{d}u,$$

于是

$$F_Z(z) = \int_{-\infty}^{\infty} \left[\int_{-\infty}^{z} f(x,u-x)\mathrm{d}u \right] \mathrm{d}x = \int_{-\infty}^{z} \left[\int_{-\infty}^{\infty} f(x,u-x)\mathrm{d}x \right] \mathrm{d}u,$$

从而

$$f_Z(z) = \int_{-\infty}^{\infty} f(x,z-x)\mathrm{d}x. \tag{3.26}$$

由于 X, Y 地位的对称性,又有

$$f_Z(z) = \int_{-\infty}^{\infty} f(z-y, y) \mathrm{d}y. \tag{3.27}$$

特别,当 X 与 Y 相互独立时,设 X, Y 的边缘概率密度分别为 $f_X(x), f_Y(y)$,则(3.26)式和(3.27)式可以分别写为

$$f_Z(z) = \int_{-\infty}^{\infty} f_X(x) f_Y(z-x) \mathrm{d}x, \tag{3.28}$$

$$f_Z(z) = \int_{-\infty}^{\infty} f_X(z-y) f_Y(y) \mathrm{d}y. \tag{3.29}$$

例1 设随机变量 X 与 Y 相互独立,并且均服从标准正态分布,求 $Z=X+Y$ 的分布.

解 由(3.28)式,对 $-\infty < z < \infty$,

$$f_Z(z) = \int_{-\infty}^{\infty} \frac{1}{\sqrt{2\pi}} e^{-\frac{x^2}{2}} \cdot \frac{1}{\sqrt{2\pi}} e^{-\frac{(z-x)^2}{2}} \mathrm{d}x$$

$$= \frac{1}{2\pi} \int_{-\infty}^{\infty} e^{-\frac{x^2+(z-x)^2}{2}} \mathrm{d}x.$$

因为 $\dfrac{x^2+(z-x)^2}{2} = \left(x-\dfrac{z}{2}\right)^2 + \dfrac{z^2}{4}$,于是 $f_Z(z) = \dfrac{1}{2\pi} e^{-\frac{z^2}{4}} \int_{-\infty}^{\infty} e^{-\left(x-\frac{z}{2}\right)^2} \mathrm{d}x$. 作变量代换,令 $t = \sqrt{2}\left(x-\dfrac{z}{2}\right)$,则有

$$f_Z(z) = \frac{1}{2\pi} e^{-\frac{z^2}{4}} \int_{-\infty}^{\infty} \frac{1}{\sqrt{2}} e^{-\frac{t^2}{2}} \mathrm{d}t$$

$$= \frac{1}{2\sqrt{\pi}} e^{-\frac{z^2}{4}} \int_{-\infty}^{\infty} \frac{1}{\sqrt{2\pi}} e^{-\frac{t^2}{2}} \mathrm{d}t = \frac{1}{2\sqrt{\pi}} e^{-\frac{z^2}{4}}.$$

这表明 $Z \sim N(0, 2)$.

进一步可以证明,设 $X \sim N(\mu_1, \sigma_1^2), Y \sim N(\mu_2, \sigma_2^2)$,且 X 与 Y 相互独立,则 $Z=X+Y \sim N(\mu_1+\mu_2, \sigma_1^2+\sigma_2^2)$.

二、$Z = \max\{X, Y\}$ 和 $Z = \min\{X, Y\}$ 的分布

在实际应用中,很多问题都归结为求 Z 的分布. 例如,设某地区降水量集中在7、8两月,该地区的某条河流这两个月的最高洪峰分别为 X, Y. 为制定防洪设施的安全标准,就需要知道 $Z = \max\{X, Y\}$ 的分布. 又例如,在高山上架设电线需要研究冬天的最大风力,设某地区一年中风力最大的两个月的风力分别为 X, Y,则一年中最大风力 $Z = \max\{X, Y\}$ 的分布就要在设计之前搞清楚. 再例如,在河流航运中我们最担心的是水量太小而停航,若记 X, Y 分别为某条河流一年中流量最小的两个月的流量,则 $Z = \min\{X, Y\}$ 就是一年中的最小流量,它的分布是很有指导价值的.

设 X 与 Y 是相互独立的随机变量,分布函数分别为 $F_X(x)$ 和 $F_Y(y)$,先求 $Z = \max\{X, Y\}$ 的分布函数 $F_{\max}(z) = P\{Z \leqslant z\}$. 显然,$Z \leqslant z$ 等价于 $X \leqslant z, Y \leqslant z$,因此

$$P\{Z \leqslant z\} = P\{X \leqslant z, Y \leqslant z\} = P\{X \leqslant z\}P\{Y \leqslant z\} = F_X(z)F_Y(z),$$

即
$$F_{\max}(z) = F_X(z)F_Y(z). \tag{3.30}$$

对于 $Z = \min\{X, Y\}$，其分布函数
$$F_{\min}(z) = P\{Z \leqslant z\} = 1 - P\{Z > z\},$$

而 $Z > z$ 等价于 $X > z, Y > z$，于是
$$\begin{aligned}P\{Z > z\} &= P\{X > z, Y > z\} = P\{X > z\}P\{Y > z\}\\ &= [1 - P\{X \leqslant z\}][1 - P\{Y \leqslant z\}]\\ &= [1 - F_X(z)][1 - F_Y(z)],\end{aligned}$$

从而
$$F_{\min}(z) = 1 - [1 - F_X(z)][1 - F_Y(z)]. \tag{3.31}$$

例 2 设系统 L 是两个相互独立的子系统 L_1, L_2 联接而成，联接的方式分为串联和并联两种，如图 3.4 所示. 设 L_1, L_2 的寿命分别为 X, Y，其概率密度分别为

$$f_X(x) = \begin{cases} \alpha e^{-\alpha x}, & x > 0, \\ 0, & x \leqslant 0, \end{cases} \qquad f_Y(y) = \begin{cases} \beta e^{-\beta y}, & y > 0, \\ 0, & y \leqslant 0, \end{cases}$$

式中 $\alpha > 0, \beta > 0$，且 $\alpha \neq \beta$. 分别对上述两种联接方式写出系统 L 的寿命 Z 的概率密度.

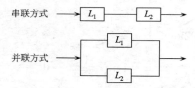

图 3.4 两种联接方式

解 显然 X 服从参数为 α 的指数分布，由(2.38)式知 X 的分布函数为
$$F_X(x) = \begin{cases} 1 - e^{-\alpha x}, & x > 0, \\ 0, & x \leqslant 0. \end{cases}$$

同理，Y 的分布函数为
$$F_Y(y) = \begin{cases} 1 - e^{-\beta y}, & y > 0, \\ 0, & y \leqslant 0. \end{cases}$$

串联时，$Z = \min\{X, Y\}$，由 (3.31) 式得 Z 的分布函数
$$F_{\min}(z) = \begin{cases} 1 - e^{-(\alpha+\beta)z}, & z > 0, \\ 0, & z \leqslant 0, \end{cases}$$

概率密度
$$f_{\min}(z) = F'_{\min}(z) = \begin{cases} (\alpha + \beta)e^{-(\alpha+\beta)z}, & z > 0, \\ 0, & z \leqslant 0. \end{cases}$$

并联时，$Z = \max\{X, Y\}$，由 (3.30) 式得 Z 的分布函数

$$F_{\max}(z) = \begin{cases} (1-e^{-\alpha z})(1-e^{-\beta z}), & z > 0, \\ 0, & z \leqslant 0, \end{cases}$$

概率密度

$$f_{\max}(z) = F'_{\max}(z) = \begin{cases} \alpha e^{-\alpha z} + \beta e^{-\beta z} - (\alpha+\beta)e^{-(\alpha+\beta)z}, & z > 0, \\ 0, & z \leqslant 0. \end{cases}$$

习 题 3.4

一、单项选择题

1. 设 $X \sim N(0,2), Y \sim N(-1,1)$，且 X 与 Y 相互独立，则 $X+Y \sim$ ( ).
   (A) $N(-1,3)$； (B) $N(0,3)$； (C) $N(0,5)$； (D) $N(1,1)$.

2. 设 X,Y 是相互独立的两个随机变量，它们的分布函数分别为 $F_X(x), F_Y(y)$，则 $Z=\max\{X,Y\}$ 的分布函数是( ).
   (A) $F_Z(z)=\max\{F_X(z), F_Y(z)\}$；
   (B) $F_Z(z)=\max\{|F_X(z)|, |F_Y(z)|\}$；
   (C) $F_Z(z)=F_X(z)F_Y(z)$；
   (D) 以上三种都不对.

3. 设 X,Y 是相互独立的两个随机变量，它们的分布函数分别为 $F_X(x), F_Y(y)$，则 $Z=\min\{X,Y\}$ 的分布函数是( ).
   (A) $F_Z(z)=F_X(z)$；
   (B) $F_Z(z)=F_Y(z)$；
   (C) $F_Z(z)=\min\{F_X(z), F_Y(z)\}$；
   (D) $F_Z(z)=1-[1-F_X(z)][1-F_Y(z)]$.

二、其他类型题

1. 设 X 与 Y 相互独立，并且具有相同的分布函数 $F(\cdot)$，求 $Z=\max\{X,Y\}$ 和 $Z=\min\{X,Y\}$ 的分布函数.

2. 设 X 与 Y 相互独立，并且均服从参数为 λ 的指数分布，求 $Z=\max\{X,Y\}$ 和 $Z=\min\{X,Y\}$ 的分布函数及概率密度.

*§3.5 n 维随机向量

以上关于二维随机向量的讨论，不难推广到 $n(n>2)$ 维随机向量的情况.

一、n 维随机向量及分布函数

在实际问题中，除了二维随机向量以外，我们还会遇到 $n(n>2)$ 维随机向量，例如在本章开始所提到的对每炉钢的含碳量、含硫量和硬度这些基本指标的研究，涉及到 3 个随机变量：含碳量 X、含硫量 Y 和硬度 Z，从而形成一个三维随机向量 (X,Y,Z). 又如，在讨论某商场每年商品销售情况时，用 X_i 表示该商场第 i 月份商品销售额 $(i=1,2,\cdots,12)$，形成了一个十二维随机向量 $(X_1, X_2, \cdots, X_{12})$.

设随机试验 E 的样本空间 $\Omega=\{\omega\}, X_1=X_1(\omega), X_2=X_2(\omega), \cdots, X_n=X_n(\omega)$ 是定义在 Ω 上的 n 个随机变量，称由它们组成的 n 维向量 $(X_1, X_2, \cdots, X_n)$ 为 **n 维随机向量**. n 维随机向

量 $(X_1, X_2, \cdots, X_n)$ 的性质不仅与每个分量的性质有关,而且还依赖于它们之间的相互关系.

分布函数仍然是描述 n 维随机向量的重要工具. 设 $(X_1, X_2, \cdots, X_n)$ 是 n 维随机向量,对于任意 n 个实数 $x_1, x_2, \cdots, x_n$,n 元函数

$$F(x_1, x_2, \cdots, x_n) = P\{X_1 \leqslant x_1, X_2 \leqslant x_2, \cdots, X_n \leqslant x_n\} \tag{3.32}$$

称为 $(X_1, X_2, \cdots, X_n)$ 的**分布函数**. $F(x_1, x_2, \cdots, x_n)$ 具有类似于二维随机向量分布函数的性质.

常用的 n 维随机向量分为离散型和连续型两类,下面介绍 n 维连续型随机向量.

二、n 维连续型随机向量

对于 n 维随机向量 $(X_1, X_2, \cdots, X_n)$,如果存在非负的函数 $f(x_1, x_2, \cdots, x_n)$,使得对于任意实数 $x_1, x_2, \cdots, x_n$,有

$$F(x_1, x_2, \cdots, x_n) = \int_{-\infty}^{x_n} \cdots \int_{-\infty}^{x_2} \int_{-\infty}^{x_1} f(u_1, u_2, \cdots, u_n) \mathrm{d}u_1 \mathrm{d}u_2 \cdots \mathrm{d}u_n, \tag{3.33}$$

则称 $(X_1, X_2, \cdots, X_n)$ 为 **n 维连续型随机向量**,称 $f(x_1, x_2, \cdots, x_n)$ 为 $(X_1, X_2, \cdots, X_n)$ 的**概率密度函数**,简称为**概率密度**.

显然,有类似于(3.10)式的结论:

$$\int_{-\infty}^{\infty} \cdots \int_{-\infty}^{\infty} \int_{-\infty}^{\infty} f(x_1, x_2, \cdots, x_n) \mathrm{d}x_1 \mathrm{d}x_2 \cdots \mathrm{d}x_n = 1. \tag{3.34}$$

此外,还有类似于(3.12)式的结论:对 n 维空间 $\boldsymbol{R}^n$ 中的任何区域 D,有

$$P\{(X_1, X_2, \cdots, X_n) \in D\} = \int \cdots \iint_D f(x_1, x_2, \cdots, x_n) \mathrm{d}x_1 \mathrm{d}x_2 \cdots \mathrm{d}x_n. \tag{3.35}$$

设 n 维连续型随机向量 $(X_1, X_2, \cdots, X_n)$ 的概率密度为 $f(x_1, x_2, \cdots, x_n)$,则对每个分量 X_i,均有边缘概率密度 $f_{X_i}(x_i)$ $(i=1,2,\cdots,n)$,以 X_1 为例,有

$$f_{X_1}(x_1) = \underbrace{\int_{-\infty}^{\infty} \cdots \int_{-\infty}^{\infty}}_{n-1 \text{重积分}} f(x_1, x_2, \cdots, x_n) \mathrm{d}x_2 \cdots \mathrm{d}x_n. \tag{3.36}$$

若对任意的实数 $x_1, x_2, \cdots, x_n$,有

$$f(x_1, x_2, \cdots, x_n) = f_{X_1}(x_1) f_{X_2}(x_2) \cdots f_{X_n}(x_n), \tag{3.37}$$

则称 $X_1, X_2, \cdots, X_n$ **相互独立**.

三、n 个随机变量的函数

对 n 维随机向量 $(X_1, X_2, \cdots, X_n)$,设其 n 个分量 $X_1, X_2, \cdots, X_n$ 的函数 $Z = g(X_1, X_2, \cdots, X_n)$,则 Z 是一个随机变量.

与两个随机变量的函数相类似,可以考虑由 $(X_1, X_2, \cdots, X_n)$ 的分布确定 Z 的分布的问题,但其困难程度也明显增大,这里不再详述,仅给出一个有重要应用的结论,它也是二维情况的推广:

设 $X_i \sim N(\mu_i, \sigma_i^2)$ $(i=1,2,\cdots,n)$，并且 $X_1, X_2, \cdots, X_n$ 相互独立，则
$$Z = X_1 + X_2 + \cdots + X_n$$
$$\sim N(\mu_1 + \mu_2 + \cdots + \mu_n, \sigma_1^2 + \sigma_2^2 + \cdots + \sigma_n^2). \tag{3.38}$$

习 题 3.5

1. 设三维连续型随机向量 (X_1, X_2, X_3) 的概率密度为
$$f(x_1, x_2, x_3) = \begin{cases} e^{-(x_1+x_2+x_3)}, & x_1 > 0, x_2 > 0, x_3 > 0, \\ 0, & 其他. \end{cases}$$
分别求出 $f_{X_1}(x_1), f_{X_2}(x_2)$ 和 $f_{X_3}(x_3)$. 又问：X_1, X_2, X_3 相互独立吗？

2. 设随机变量 $X_1, X_2, \cdots, X_n$ 相互独立且均服从正态分布：$X_i \sim N(\mu, \sigma^2)$ $(i=1,2,\cdots,n)$. 求 $(X_1, X_2, \cdots, X_n)$ 的概率密度.

第四章 随机变量的数字特征

随机变量的分布函数是对随机变量概率性质的完整的刻画,描述了随机变量的统计规律性.但在实际问题中,有时不容易确定随机变量的分布;有时则并不需要完全知道随机变量的分布,而只需要知道它的某些特征就够了,因此不需要求出它的分布函数.这些特征就是随机变量的数字特征,它们是由随机变量的分布所决定的常数,刻画了随机变量某一方面的性质.

例如,考察某种大批量生产的产品的使用寿命,它可以用随机变量来描述.如果知道了这个随机变量的分布函数,就可以计算出产品寿命落在任一指定界限内的产品的百分比有多少,这是对产品寿命状况的完整刻画.如果不知道随机变量的分布函数,而知道产品的平均使用寿命,虽然不能对产品寿命状况提供一个完整的刻画,但却在一个重要方面刻画了产品寿命的状况,这往往也是我们最为关心的一个方面.类似的情况很多,例如评定某地区粮食产量的水平时,经常考虑平均亩产量;对一射手进行技术评定时,经常考察射击命中环数的平均值;检查一批棉花的质量时,所关心的是棉花纤维的平均长度等.这个重要的数字特征就是**数学期望**,简称为**期望**,常常也称为**均值**.

另一个重要的数字特征用以衡量一个随机变量取值的分散程度.例如对一射手进行技术评定时,除考察射击命中环数的平均值以外,还要了解命中点分散还是比较集中.在检查一批棉花的质量时,除关心棉花纤维的平均长度以外,还要考虑纤维的长度与平均长度的偏离情况.如果两批棉花的平均长度相同,而一批棉花纤维的长度与平均长度接近,另一批棉花则相差较大,显然,前者显得整齐,也便于使用,后者显得参差不齐,不便于使用.描述随机变量取值分散程度的数字特征就是**方差**.

期望和方差是刻画随机变量性质的两个最重要的数字特征.对多维随机向量,则还有刻画各分量之间关系的数字特征.

数字特征能够比较容易地估算出来,在理论上和实践上都具有重要的意义.

§4.1 期　　望

一、离散型随机变量的期望

某服装公司生产两种套装,一种是大众装,每套 200 元,每月生产 1000 套,另一种是高档装,每套 1800 元,每月生产 10 套.现问该公司生产的套装平均价格是多少?

这里有两种算法,一种是把两种套装的价格作简单平均,即 $\dfrac{200+1800}{2}=1000$,于是得到套装平均价格为 1000 元. 很明显,这个平均价格太高了,没有能反映该公司生产的套装的真实平均价格,这是因为忽略了每种套装的生产数量. 另一种算法是: 把每种套装的价格乘上生产套数,然后相加,得到总价格,最后除以总套数,即

$$\frac{200 \times 1000 + 1800 \times 10}{1010} = 200 \times \frac{1000}{1010} + 1800 \times \frac{10}{1010}$$
$$\approx 200 \times 0.99 + 1800 \times 0.01 = 216. \tag{4.1}$$

这样得到套装平均价格为 216 元,这个平均价格客观反映了该公司所生产的套装的真实情况. 后一种算法考虑了每种套装生产量的多少,在 (4.1) 式中,对单价 200 元和 1800 元分别乘上了系数 0.99 和 0.01,这分别是两种套装在总套数中所占的比例. 因此 (4.1) 式表示一种加权平均,它比简单平均要合理.

为了进一步阐明问题,我们引进随机变量. 设随机变量 X 为该公司生产的套装的单价, 任取一套套装,则

$$X = \begin{cases} 200, & \text{若取到的是大众装}, \\ 1800, & \text{若取到的是高档装}. \end{cases}$$

容易算出,取到的是大众装的概率

$$P\{X = 200\} = \frac{1000}{1010} = 0.99,$$

取到高档装的概率

$$P\{X = 1800\} = \frac{10}{1010} = 0.01,$$

因此 (4.1) 式可以改写为

$$200 \times P\{X = 200\} + 1800 \times P\{X = 1800\} = 216. \tag{4.2}$$

这是随机变量值的平均值,它是以其概率为权的加权平均,在概率论中称为随机变量的数学期望. 现在我们引进如下定义:

定义 4.1 设离散型随机变量的概率分布为

$$P\{X = x_i\} = p_i \quad (i = 1, 2, \cdots),$$

若级数 $\sum_i x_i p_i$ 绝对收敛,即 $\sum_i |x_i| p_i$ 收敛,则称 $\sum_i x_i p_i$ 为随机变量 X 的**期望**,记为 $E(X)$,即

$$E(X) = \sum_i x_i p_i. \tag{4.3}$$

在 X 取可列个值时,级数 $\sum_i x_i p_i$ 绝对收敛可以保证,级数之值不因级数各项次序的改变而变化,这样 $E(X)$ 与 X 取的值的人为排列次序无关.

(4.3) 式表明,期望就是随机变量 X 的取值 x_i 以它们的概率为权的加权平均,从这个意义上说,把 $E(X)$ 称为 X 的**均值**更能反映这个概念的本质.

例 1 甲、乙二人射击,他们在相同的条件下进行射击,击中的环数分别记为 X, Y,概率

分布如下：
$$P\{X=8\}=0.3, \quad P\{X=9\}=0.1, \quad P\{X=10\}=0.6,$$
$$P\{Y=8\}=0.2, \quad P\{Y=9\}=0.5, \quad P\{Y=10\}=0.3.$$
试比较二人谁的成绩好.

解 $E(X)=8\times 0.3+9\times 0.1+10\times 0.6=9.3,$
$E(Y)=8\times 0.2+9\times 0.5+10\times 0.3=9.1.$

因此,可以认为甲比乙的成绩好.

下面介绍几种常用离散型随机变量的期望.

1. 两点分布

设 X 服从参数为 p 的两点分布,即
$$P\{X=1\}=p, \quad P\{X=0\}=1-p \quad (0<p<1),$$
$$E(X)=1\times p+0\times(1-p)=p. \tag{4.4}$$

2. 二项分布

设 $X\sim B(n,p)$,其概率分布为
$$P\{X=k\}=\binom{n}{k}p^k(1-p)^{n-k} \quad (k=0,1,2,\cdots,n,0<p<1),$$
$$E(X)=\sum_{k=0}^{n}k\binom{n}{k}p^k(1-p)^{n-k}=\sum_{k=1}^{n}\frac{n!}{(k-1)!(n-k)!}p^k(1-p)^{n-k}$$
$$=np\sum_{k=1}^{n}\frac{(n-1)!}{(k-1)![(n-1)-(k-1)]!}p^{k-1}(1-p)^{(n-1)-(k-1)}$$
$$=np\sum_{k=1}^{n}\binom{n-1}{k-1}p^{k-1}(1-p)^{(n-1)-(k-1)},$$

令 $m=k-1$,则
$$\sum_{k=1}^{n}\binom{n-1}{k-1}p^{k-1}(1-p)^{(n-1)-(k-1)}$$
$$=\sum_{m=0}^{n-1}\binom{n-1}{m}p^m(1-p)^{n-1-m}=[p+(1-p)]^{n-1}=1,$$

从而
$$E(X)=np. \tag{4.5}$$

二项分布的期望是 np,直观上也比较容易理解这个结果.因为 X 是 n 次试验中某事件 A 出现的次数,它在每次试验时出现的概率为 p,那么 n 次试验时当然平均出现 np 次了.

3. 泊松分布

设 $X\sim P(\lambda)$,概率分布为
$$P\{X=k\}=\frac{\lambda^k}{k!}e^{-\lambda} \quad (k=0,1,2,\cdots,\lambda>0),$$

$$E(X) = \sum_{k=0}^{\infty} k \cdot \frac{\lambda^k}{k!} e^{-\lambda} = \lambda e^{-\lambda} \sum_{k=1}^{\infty} \frac{\lambda^{k-1}}{(k-1)!},$$

令 $m = k - 1$,则

$$\sum_{k=1}^{\infty} \frac{\lambda^{k-1}}{(k-1)!} = \sum_{m=0}^{\infty} \frac{\lambda^m}{m!} = e^{\lambda},$$

从而
$$E(X) = \lambda. \tag{4.6}$$

这表明,在泊松分布中,参数 λ 是它的期望.

二、连续型随机变量的期望

定义 4.2 设连续型随机变量 X 的概率密度为 $f(x)$,若积分 $\int_{-\infty}^{\infty} x f(x) dx$ 绝对收敛,则称积分 $\int_{-\infty}^{\infty} x f(x) dx$ 的值为随机变量 X 的**期望**,记为 $E(X)$,即

$$E(X) = \int_{-\infty}^{\infty} x f(x) dx. \tag{4.7}$$

例 2 设随机变量 X 的概率密度为 $f(x) = \frac{1}{2} e^{-|x|} (-\infty < x < \infty)$,求 $E(X)$.

解 $E(X) = \int_{-\infty}^{\infty} \frac{1}{2} x e^{-|x|} dx = \frac{1}{2} \int_{-\infty}^{0} x e^{x} dx + \frac{1}{2} \int_{0}^{\infty} x e^{-x} dx.$ 使用分部积分法,可得 $E(X) = 0$.

下面介绍几种常用连续型随机变量的期望.

1. 均匀分布

设 $X \sim U(a, b)$,概率密度为

$$f(x) = \begin{cases} \dfrac{1}{b-a}, & a < x < b, \\ 0, & \text{其他}, \end{cases}$$

$$E(X) = \int_{a}^{b} \frac{x}{b-a} dx = \frac{1}{2}(a + b). \tag{4.8}$$

2. 正态分布

设 $X \sim N(\mu, \sigma^2)$,概率密度为

$$f(x) = \frac{1}{\sqrt{2\pi} \sigma} e^{-\frac{(x-\mu)^2}{2\sigma^2}} \quad (-\infty < x < \infty),$$

$$E(X) = \int_{-\infty}^{\infty} \frac{x}{\sqrt{2\pi} \sigma} e^{-\frac{(x-\mu)^2}{2\sigma^2}} dx,$$

作变量代换,令 $t = \dfrac{x - \mu}{\sigma}$,

$$\int_{-\infty}^{\infty} \frac{x}{\sqrt{2\pi} \sigma} e^{-\frac{(x-\mu)^2}{2\sigma^2}} dx = \frac{1}{\sqrt{2\pi}} \int_{-\infty}^{\infty} (\mu + \sigma t) e^{-\frac{t^2}{2}} dt = \mu,$$

从而

$$E(X) = \mu. \tag{4.9}$$

这说明,在正态分布 $N(\mu,\sigma^2)$ 中,参数 μ 是该分布的期望.

3. 指数分布

设 X 服从参数为 λ 的指数分布,概率密度为

$$f(x) = \begin{cases} \lambda e^{-\lambda x}, & x>0, \\ 0, & x\leqslant 0 \end{cases} \quad (\lambda>0),$$

$$E(X) = \int_0^\infty \lambda x e^{-\lambda x} dx = \frac{1}{\lambda}. \tag{4.10}$$

三、随机变量函数的期望

设随机变量 X 的函数 $Y=g(X)$,现计算 Y 的期望 $E(Y)$,为此,应该知道 Y 的分布. 可以先由 X 的分布求出 Y 的分布,然后再计算 $E(Y)$. 下面的定理提供了另外一种计算 $E(Y)$ 的方法.

定理 4.1 设 $g(x)$ 是连续函数,Y 是随机变量 X 的函数: $Y=g(X)$.

(1) 设 X 是离散型随机变量,概率分布为 $P\{X=x_i\}=p_i (i=1,2,\cdots)$. 若 $\sum_i |g(x_i)|p_i$ 收敛,则有

$$E(Y) = E[g(X)] = \sum_i g(x_i)p_i. \tag{4.11}$$

(2) 设 X 是连续型随机变量,概率密度为 $f(x)$,若积分 $\int_{-\infty}^{\infty} |g(x)|f(x)dx$ 收敛,则有

$$E(Y) = E[g(X)] = \int_{-\infty}^{\infty} g(x)f(x)dx. \tag{4.12}$$

定理 4.1 的证明从略. 但是,从期望的定义不难理解这个定理结论的正确性. 例如,对 (4.11) 式,把 $g(X)$ 看成一个新随机变量,那么当 X 以概率 p_i 取值 x_i 时,$g(X)$ 以概率 p_i 取值 $g(x_i)$,因而它的期望当然应该是 $\sum_i g(x_i)p_i$. 对 (4.12) 式也一样.

定理 4.1 的重要性在于它提供了计算随机变量 X 的函数 $g(X)$ 的期望的一个简便方法,不需要先求 $g(X)$ 的分布,直接利用 X 的分布. 因为一般说来,求 $g(X)$ 的分布并不容易.

例 3 设 X 服从 $(0,2\pi)$ 上的均匀分布,$Y=\sin X$,求 $E(Y)$.

解 X 的概率密度为

$$f(x) = \begin{cases} \dfrac{1}{2\pi}, & 0<x<2\pi, \\ 0, & \text{其他}, \end{cases}$$

由 (4.12) 式得到

$$E(Y) = \int_{-\infty}^{\infty} \sin x f(x) dx = \int_0^{2\pi} \frac{1}{2\pi} \sin x dx = 0.$$

四、期望的性质

期望具有以下 4 条重要性质(设所遇到的随机变量的期望都存在):

性质 1 设 C 是常数,则
$$E(C) = C. \tag{4.13}$$

性质 2 设 k 是常数,则
$$E(kX) = kE(X). \tag{4.14}$$

性质 3 $E(X+Y) = E(X) + E(Y).$ \qquad (4.15)

推广为:
$$E(X_1 + X_2 + \cdots + X_n) = E(X_1) + E(X_2) + \cdots + E(X_n). \tag{4.16}$$

性质 4 设 X 与 Y 相互独立,则
$$E(XY) = E(X)E(Y). \tag{4.17}$$

推广为:设 $X_1, X_2, \cdots, X_n$ 相互独立,则
$$E(X_1 X_2 \cdots X_n) = E(X_1)E(X_2)\cdots E(X_n). \tag{4.18}$$

例 4 考虑伯努利概型,对 n 次重复独立试验,令

$$X_i = \begin{cases} 1, & \text{第 } i \text{ 次试验中事件 } A \text{ 发生,} \\ 0, & \text{第 } i \text{ 次试验中事件 } A \text{ 不发生} \end{cases} (i=1,2,\cdots,n),$$

并且 $P\{X_i = 1\} = p$ $(0 < p < 1)$,则 $X_1, X_2, \cdots, X_n$ 相互独立,并且它们都服从参数为 p 的两点分布.

记 $X = X_1 + X_2 + \cdots + X_n$,则 X 是 n 次重复独立试验中事件 A 发生的次数,因此 X 服从二项分布 $B(n, p)$.

由于 $E(X_i) = p$ $(i=1,2,\cdots,n)$,由期望的性质 3,
$$E(X) = E(X_1) + E(X_2) + \cdots + E(X_n) = np,$$

这与前面的直接计算(见(4.5)式)是一致的,但简便得多.

例 4 表明,一个服从二项分布的随机变量可以表示成 n 个相互独立,并且服从两点分布的随机变量之和,这是一个重要而有用的结论.

习 题 4.1

一、单项选择题

1. 有一批钢球,质量为 10 克、15 克、20 克的钢球分别占 55%,20%,25%.现从中任取一个钢球,质量 X 的期望为( ).

 (A) 12.1 克; \qquad (B) 13.5 克; \qquad (C) 14.8 克; \qquad (D) 17.6 克.

2. 设随机变量 $X \sim N(1,4)$,Y 服从参数 $\lambda = 1/3$ 的指数分布,则 $E(5X - 3Y) = ($).

 (A) -4; \qquad (B) 4; \qquad (C) 6; \qquad (D) 14.

二、填空题

1. 设随机变量 X 的概率密度 $f(x)=\dfrac{1}{\sqrt{\pi}}e^{-(x-2)^2}$ $(-\infty<x<\infty)$，则 $E(X)=$ _____．

2. 设随机变量 X 的概率密度 $f(x)=\dfrac{1}{\sqrt{8\pi}}e^{-\frac{(x-3)^2}{8}}$ $(-\infty<x<\infty)$，则 $E(X)=$ _____．

3. 设随机变量 X 的期望 $E(X)$ 存在，则 $E[X-E(X)]=$ _____．

4. 设 $E(X)=5,E(Y)=3$，则 $Z=X+2Y$ 的期望 $E(Z)=$ _____．

三、其他类型题

1. 甲、乙两台机床生产同一种零件，在一天生产中的次品数分别记为 X,Y，已知 X,Y 的概率分布如下：

$$P\{X=0\}=0.4,\quad P\{X=1\}=0.3,$$
$$P\{X=2\}=0.2,\quad P\{X=3\}=0.1,$$
$$P\{Y=0\}=0.3,\quad P\{Y=1\}=0.5,$$
$$P\{Y=2\}=0.2,\quad P\{Y=3\}=0.$$

如果两台机床的产量相同，问哪台机床生产状况较好？

2. 求习题 2.2 的其他类型题 3 中的随机变量 X 的期望．

3. 设随机变量 X 的概率密度为

$$f(x)=\begin{cases}\dfrac{3}{\pi\sqrt{1-x^2}}, & |x|<\dfrac{1}{2},\\ 0, & \text{其他},\end{cases}$$

求 $E(X)$．

4. 已知随机变量 X 的概率分布为

$$P\{X=-2\}=0.4,\quad P\{X=0\}=0.3,\quad P\{X=2\}=0.3,$$

求 $E(X),E(X^2)$ 和 $E(3X^2+5)$．

5. 已知随机变量 X 的概率密度为

$$f(x)=\begin{cases}e^{-x}, & x>0,\\ 0, & x\leqslant 0.\end{cases}$$

求：(1) $Y=2X$ 的期望； (2) $Y=e^{-2X}$ 的期望．

6. 对圆的直径做近似测量，设其值均匀分布在区间 (a,b) 内，求圆面积的均值．

7. 设随机变量 X 与 Y 相互独立，概率密度分别为

$$f_X(x)=\begin{cases}2x, & 0\leqslant x\leqslant 1,\\ 0, & \text{其他},\end{cases}\quad f_Y(y)=\begin{cases}e^{5-y}, & y>5,\\ 0, & y\leqslant 5,\end{cases}$$

求 $E(XY)$．

§4.2 方 差

一、定义

在本章开始，我们就已经指出，方差是随机变量的又一重要的数字特征，它刻画了随机变量取值在其中心位置附近的分散程度，也就是随机变量取值与平均值的偏离程度．设随机变量 X 的期望为 $E(X)$，偏离量 $X-E(X)$ 本身也是随机的，为刻画偏离程度的大小，不能使

用 $X-E(X)$ 的期望,因为其值为零,即正负偏离彼此抵消了.为避免正负偏离彼此抵消,可以使用 $E[|X-E(X)|]$ 作为描述 X 取值分散程度的数字特征,称之为 X 的平均绝对差.由于在数学上绝对值的处理很不方便,因此常用 $[X-E(X)]^2$ 的平均值度量 X 与 $E(X)$ 的偏离程度,这个平均值就是方差.

定义 4.3 设 X 为一随机变量,如果 $E\{[X-E(X)]^2\}$ 存在,则称其为 X 的**方差**,记为 $D(X)$ 或 $\mathrm{Var}(X)$,即

$$D(X) = E\{[X-E(X)]^2\}, \tag{4.19}$$

并称 $\sqrt{D(X)}$ 为 X 的**标准差**或**均方差**.

注意到 $D(X)$ 是 X 的函数 $[X-E(X)]^2$ 的期望,取 $g(X) = [X-E(X)]^2$,利用定理 4.1 就可以方便地计算 $D(X)$.例如,对离散型随机变量 X,若其概率分布为 $P\{X = x_i\} = p_i (i = 1, 2, \cdots)$,则有

$$D(X) = \sum_i [x_i - E(X)]^2 p_i; \tag{4.20}$$

对连续型随机变量 X,若其概率密度为 $f(x)$,则有

$$D(X) = \int_{-\infty}^{\infty} [x - E(X)]^2 f(x) \mathrm{d}x. \tag{4.21}$$

还有一个计算方差的**重要公式**.使用期望的性质,有

$$\begin{aligned} E\{[X-E(X)]^2\} &= E\{X^2 - 2XE(X) + [E(X)]^2\} \\ &= E(X^2) - 2E(X)E(X) + [E(X)]^2 \\ &= E(X^2) - [E(X)]^2, \end{aligned}$$

即
$$D(X) = E(X^2) - [E(X)]^2. \tag{4.22}$$

例 1 设离散型随机变量 X 的概率分布为

$$P\{X=0\} = 0.2, \quad P\{X=1\} = 0.5, \quad P\{X=2\} = 0.3,$$

求 $D(X)$.

解 $E(X) = 0 \times 0.2 + 1 \times 0.5 + 2 \times 0.3 = 1.1$,
$E(X^2) = 0^2 \times 0.2 + 1^2 \times 0.5 + 2^2 \times 0.3 = 1.7$,
$D(X) = 1.7 - 1.1^2 = 0.49$.

例 2 设连续型随机变量 X 的概率密度为 $f(x) = \begin{cases} 2x, & 0 \leqslant x \leqslant 1 \\ 0, & \text{其他} \end{cases}$,求 $D(X)$.

解 $E(X) = \int_0^1 2x^2 \mathrm{d}x = \dfrac{2}{3}$, $E(X^2) = \int_0^1 2x^3 \mathrm{d}x = \dfrac{1}{2}$, $D(X) = \dfrac{1}{2} - \left(\dfrac{2}{3}\right)^2 = \dfrac{1}{18}$.

二、几种常用随机变量的方差

1. 两点分布

设 X 服从参数为 p 的两点分布,由 (4.4) 式知 $E(X) = p$,而 $E(X^2) = 1^2 \times p + 0^2 \times (1-p) = p$,从而

$$D(X) = p - p^2 = p(1-p). \tag{4.23}$$

2. 二项分布

设 $X \sim B(n,p)$，由(4.5)式知 $E(X)=np$，而

$$E(X^2) = \sum_{k=0}^{n} k^2 \binom{n}{k} p^k (1-p)^{n-k} = n(n-1)p^2 + np$$

($E(X^2)$ 的表达式的详细推导过程从略)，从而

$$D(X) = np(1-p). \tag{4.24}$$

3. 泊松分布

设 $X \sim P(\lambda)$，由(4.6)式知 $E(X)=\lambda$，而

$$E(X^2) = \sum_{k=0}^{\infty} k^2 \frac{\lambda^k}{k!} e^{-\lambda} = \lambda^2 + \lambda$$

($E(X^2)$ 的表达式的详细推导过程从略)，从而

$$D(X) = \lambda. \tag{4.25}$$

结合(4.6)式，我们看到，在泊松分布 $P(\lambda)$ 中，它的唯一参数 λ 既是期望，又是方差.

4. 均匀分布

设 $X \sim U(a,b)$，由(4.8)式知 $E(X)=\dfrac{a+b}{2}$，而

$$E(X^2) = \int_{-\infty}^{\infty} x^2 f(x) \mathrm{d}x = \int_a^b \frac{x^2}{b-a} \mathrm{d}x = \frac{1}{3}(a^2+ab+b^2),$$

从而

$$D(X) = \frac{1}{12}(b-a)^2. \tag{4.26}$$

5. 正态分布

设 $X \sim N(\mu, \sigma^2)$，由(4.9)式知 $E(X)=\mu$，使用(4.21)式，

$$D(X) = \int_{-\infty}^{\infty} (x-\mu)^2 f(x) \mathrm{d}x = \int_{-\infty}^{\infty} (x-\mu)^2 \frac{1}{\sqrt{2\pi}\sigma} e^{-\frac{(x-\mu)^2}{2\sigma^2}} \mathrm{d}x.$$

详细推导过程从略，最后得到

$$D(X) = \sigma^2. \tag{4.27}$$

到现在，我们清楚了正态分布 $N(\mu, \sigma^2)$ 的两个参数的意义，即 μ 是期望，σ^2 是方差. 一个正态分布由这两个参数完全确定.

6. 指数分布

设 X 服从参数为 λ 的指数分布，由(4.10)式知 $E(X)=\dfrac{1}{\lambda}$，而

$$E(X^2) = \lambda \int_0^{\infty} x^2 e^{-\lambda x} \mathrm{d}x = \frac{2}{\lambda^2},$$

从而

$$D(X) = \frac{1}{\lambda^2}. \tag{4.28}$$

三、方差的性质

方差具有以下 3 条重要性质(设所遇到的随机变量的方差均存在):

性质 1 设 C 为常数,则
$$D(C) = 0, \quad (4.29)$$
$$D(X + C) = D(X). \quad (4.30)$$

(4.29)式表明,常数的方差等于零.这个事实直观上容易理解,因为方差刻画了随机变量取值围绕其均值的波动情况,作为特殊随机变量的常数,其波动为零,自然它的方差就是零.

性质 2 设 k 为常数,则
$$D(kX) = k^2 D(X). \quad (4.31)$$

性质 3 设 X 与 Y 相互独立,则
$$D(X + Y) = D(X) + D(Y). \quad (4.32)$$

推广为:设 $X_1, X_2, \cdots, X_n$ 相互独立,则
$$D(X_1 + X_2 + \cdots + X_n) = D(X_1) + D(X_2) + \cdots + D(X_n). \quad (4.33)$$

例 3 设随机变量 X 的期望和方差分别为 $E(X)$ 和 $D(X)$,且 $D(X) > 0$,求 $Y = \dfrac{X - E(X)}{\sqrt{D(X)}}$ 的期望和方差.

解 由随机变量期望和方差的性质,有
$$E(Y) = E\left[\frac{X - E(X)}{\sqrt{D(X)}}\right] = \frac{1}{\sqrt{D(X)}} E[X - E(X)] = 0,$$
$$D(Y) = D\left[\frac{X - E(X)}{\sqrt{D(X)}}\right] = \frac{1}{D(X)} D[X - E(X)] = \frac{1}{D(X)} D(X) = 1.$$

这里,称 $Y = \dfrac{X - E(X)}{\sqrt{D(X)}}$ 为 X 的**标准化的随机变量**.特别,对 $X \sim N(\mu, \sigma^2)$,$E(X) = \mu$,$D(X) = \sigma^2$,则 X 的标准化随机变量 $Y = \dfrac{X - \mu}{\sigma}$,并且由 §2.5 的例 3 知 $Y = \dfrac{X - \mu}{\sigma} \sim N(0, 1)$.

例 4 设随机变量 $X_1, X_2, \cdots, X_n$ 相互独立,且 $E(X_k) = \mu$,$D(X_k) = \sigma^2$($k = 1, 2, \cdots, n$),求
$$Z = \frac{X_1 + X_2 + \cdots + X_n}{n}$$

的期望和方差.

解 使用期望和方差的性质可得
$$E(Z) = E\left(\frac{X_1 + X_2 + \cdots + X_n}{n}\right) = \frac{1}{n}[E(X_1) + E(X_2) + \cdots + E(X_n)] = \mu,$$
$$D(Z) = D\left(\frac{X_1 + X_2 + \cdots + X_n}{n}\right) = \frac{1}{n^2}[D(X_1) + D(X_2) + \cdots + D(X_n)] = \frac{\sigma^2}{n}.$$

例 5 设 $X \sim B(n,p)$,计算 $D(X)$.

解 前面已给出 $D(X)=np(1-p)$,见(4.24)式,这里给出另一种计算 $D(X)$ 的简单方法.

由 §4.1 中例 4 的说明可知,$X=X_1+X_2+\cdots+X_n$,这里 $X_1,X_2,\cdots,X_n$ 相互独立,并且都服从参数为 p 的两点分布.根据方差的性质 3,

$$D(X) = D(X_1) + D(X_2) + \cdots + D(X_n),$$

而由(4.23)式知,

$$D(X_i) = p(1-p) \quad (i=1,2,\cdots,n),$$

于是

$$D(X) = np(1-p).$$

四、矩

作为本章的结尾,简单介绍随机变量的又一个数字特征——矩.

定义 4.4 对随机变量 X,若 $E(X^k)$ $(k=1,2,\cdots)$ 存在,则称它为 X 的 k **阶原点矩**,简称为 k **阶矩**,记为 μ_k,即

$$\mu_k = E(X^k) \quad (k=1,2,\cdots). \tag{4.34}$$

易知,X 的期望 $E(X)$ 是 X 的一阶矩 μ_1.在数理统计部分的参数估计中,要用到矩的概念.

习 题 4.2

一、单项选择题

1. 设随机变量 $X \sim B(100,0.1)$,则 X 的标准差为(   ).
   (A) 9; (B) 10; (C) 3; (D) 100.
2. 设随机变量 X 的方差 $D(X)$ 存在,$Y=aX+b(a,b$ 为常数),则(   ).
   (A) $D(X)=D(Y)$; (B) $D(Y)=aD(X)$;
   (C) $D(Y)=a^2D(X)$; (D) $D(Y)=a^2D(X)+b$.
3. 设随机变量 X 的方差 $D(X)$ 存在,则(   ).
   (A) $[E(X)]^2=E(X^2)$; (B) $[E(X)]^2 \geqslant E(X^2)$;
   (C) $[E(X)]^2 > E(X^2)$; (D) $[E(X)]^2 \leqslant E(X^2)$.
4. 设随机变量 $X \sim B(n,p)$,并且 $E(X)=2.4,D(X)=1.44$,则(   ).
   (A) $n=4,p=0.6$; (B) $n=6,p=0.4$;
   (C) $n=8,p=0.3$; (D) $n=24,p=0.1$.

二、填空题

1. 设随机变量 X 的概率分布为

$$P\{X=0\}=\frac{35}{120}, \quad P\{X=1\}=\frac{63}{120}, \quad P\{X=2\}=\frac{21}{120}, \quad P\{X=3\}=\frac{1}{120},$$

则 $E(X)=$＿＿＿,$D(X)=$＿＿＿,$D(2X+1)=$＿＿＿.

2. 设随机变量 X 的概率密度为

$$f(x) = \begin{cases} \dfrac{1}{2}x, & 0 \leqslant x \leqslant 2, \\ 0, & 其他, \end{cases}$$

则 $E(X)=$ _____ ,$D(X)=$ _____ .

3. 设 $E(X)=5,D(X)=10$,则 $E(X^2)=$ _____ .

三、其他类型题

1. 求习题 4.1 的其他类型题中:
(1) 第 1 题里随机变量 X,Y 的方差;
(2) 第 4 题里随机变量 X 的方差.

2. 设随机变量 X 的概率密度为

$$f(x) = \begin{cases} x, & 0 \leqslant x \leqslant 1, \\ 2-x, & 1 < x \leqslant 2, \\ 0, & 其他, \end{cases}$$

求 $D(X)$.

*第五章　大数定律和中心极限定理

在这一章，我们将介绍有关随机变量序列的最基本的两类极限定理：大数定律和中心极限定理，它们在概率论与数理统计的理论研究和实际应用中都具有重要的意义.

注意到，随机现象的统计规律性是在相同条件下进行大量重复试验时呈现出来的. 例如，在概率的统计定义中，谈到一个事件发生的频率具有稳定性，即频率趋于事件的概率，这里是指试验的次数无限增大时，在某种收敛意义下逼近某一定数. 这就是最早的一个大数定律. 一般的大数定律讨论 n 个随机变量的平均值的稳定性. 大数定律对上述情况从理论的高度给予概括和论证.

中心极限定理证明了，在很一般的条件下，n 个随机变量的和当 $n \to \infty$ 时的极限分布是正态分布. 利用这些结论，在数理统计中许多复杂随机变量的分布可以用正态分布近似，而正态分布有许多完美的理论，从而可以获得既简单又实用的统计分析.

下面将介绍大数定律和中心极限定理中的最简单也是最重要的结论.

§5.1　大数定律

一、切比雪夫(Chebyshev)不等式

首先介绍一个重要的不等式——切比雪夫不等式.

定理 5.1　设随机变量 X 具有期望 $E(X)=\mu$，方差 $D(X)=\sigma^2$，则对于任意正数 ε，成立不等式

$$P\{|X-\mu| \geqslant \varepsilon\} \leqslant \frac{\sigma^2}{\varepsilon^2}. \tag{5.1}$$

定理 5.1 的证明从略.

(5.1)式称为**切比雪夫不等式**，它也可以写为

$$P\{|X-\mu| < \varepsilon\} \geqslant 1 - \frac{\sigma^2}{\varepsilon^2}. \tag{5.2}$$

切比雪夫不等式说明，若 X 的方差小，则事件 $|X-\mu|<\varepsilon$ 发生的概率就大，即 X 取的值基本上集中于它的期望 μ 附近. 这进一步说明了方差的意义.

用切比雪夫不等式可以在 X 的分布未知的情况下，估计概率值 $P\{|X-\mu|<\varepsilon\}$ 或 $P\{|X-\mu|\geqslant\varepsilon\}$. 例如，

$$P\{|X-\mu| < 3\sigma\} \geqslant 1 - \frac{\sigma^2}{9\sigma^2} = \frac{8}{9} = 0.8889. \tag{5.3}$$

此外，切比雪夫不等式作为一个理论工具，它的应用是普遍的，在大数定律的证明中将要用到它．

二、大数定律

首先引入随机变量序列 $X_1, X_2, \cdots, X_n, \cdots$ 相互独立的概念．如果对于任意 $n>1$，$X_1, X_2, \cdots, X_n$ 相互独立，则称 $X_1, X_2, \cdots, X_n, \cdots$ 相互独立．

定理 5.2 设随机变量 $X_1, X_2, \cdots, X_n, \cdots$ 相互独立，并且具有相同的期望和方差：$E(X_i) = \mu, D(X_i) = \sigma^2 (i = 1, 2, \cdots)$．作前 n 个随机变量的平均 $Y_n = \frac{1}{n} \sum_{i=1}^{n} X_i$，则对于任意正数 ε，有

$$\lim_{n \to \infty} P\{|Y_n - \mu| < \varepsilon\} = 1. \tag{5.4}$$

证 由 $E(Y_n) = \frac{1}{n} \sum_{i=1}^{n} E(X_i) = \mu$，$D(Y_n) = \frac{1}{n^2} \sum_{i=1}^{n} D(X_i) = \frac{\sigma^2}{n}$，使用切比雪夫不等式，得到

$$P\{|Y_n - \mu| < \varepsilon\} \geq 1 - \frac{\sigma^2}{n\varepsilon^2}.$$

令 $n \to \infty$，注意到概率不可能大于 1，得到 (5.4) 式．

(5.4) 式表明，对于任意正数 ε，当 n 很大时，事件 $|Y_n - \mu| < \varepsilon$ 发生的概率很大，从概率意义上指出了当 n 很大时，Y_n 接近 μ 的确切含义．

定理 5.2 表明，当 n 很大时，随机向量 $X_1, X_2, \cdots, X_n$ 的平均值 Y_n 接近于期望 μ，这种接近是在概率意义下的接近．也就是说，不论给定如何小的 $\varepsilon > 0$，Y_n 与 μ 的偏离大于等于 ε 是可能的，但是当 n 很大时，出现这种偏离的可能性很小．因此，当 n 很大时，我们有很大的把握保证 Y_n 很接近 μ．

推论 设 n 次重复独立试验中事件 A 发生的次数为 n_A，在每次试验中事件 A 发生的概率为 p，则对于任意正数 ε，有

$$\lim_{n \to \infty} P\left\{\left|\frac{n_A}{n} - p\right| < \varepsilon\right\} = 1. \tag{5.5}$$

证 设

$$X_i = \begin{cases} 1, & \text{若在第 } i \text{ 次试验中事件 } A \text{ 发生}, \\ 0, & \text{若在第 } i \text{ 次试验中事件 } A \text{ 不发生} \end{cases} \quad (i = 1, 2, \cdots),$$

则 $X_1, X_2, \cdots, X_n, \cdots$ 是相互独立的随机变量序列．显然 X_i 服从两点分布，从而

$$E(X_i) = p, \quad D(X_i) = p(1-p) \quad (i = 1, 2, \cdots).$$

注意到 $\frac{1}{n} \sum_{i=1}^{n} X_i = \frac{n_A}{n}$，由定理 5.2 得到 (5.5) 式．

这个推论就是最早的一个大数定律，称为伯努利定理．该定理表明事件 A 发生的频率

$\dfrac{n_A}{n}$ 的稳定性,即随着试验次数的增加,事件发生的频率逐渐稳定于事件的概率.这个事实为我们在实际应用中用频率估计概率提供了一个理论依据.

习 题 5.1

1. 已知正常男性成人每毫升的血液中,含白细胞平均数是 7300,均方差是 700,使用切比雪夫不等式估计每毫升血液中含白细胞数在 5200 到 9400 之间的概率.

2. 设随机变量 X 服从参数为 λ 的泊松分布,使用切比雪夫不等式证明

$$P\{0<X<2\lambda\}\geqslant\dfrac{\lambda-1}{\lambda}.$$

§5.2 中心极限定理

中心极限定理最早在 18 世纪提出,到现在内容已十分丰富.在这一节里,我们将介绍其中两个最基本的结论.

定理 5.3(独立同分布的中心极限定理) 设随机变量 $X_1, X_2, \cdots, X_n, \cdots$ 相互独立,服从同一分布,并且具有相同的期望和方差:$E(X_i)=\mu, D(X_i)=\sigma^2>0$ $(i=1,2,\cdots)$,则随机变量

$$Y_n = \dfrac{\sum_{i=1}^{n} X_i - n\mu}{\sqrt{n}\,\sigma} \tag{5.6}$$

的分布函数 $F_n(x)$ 收敛到标准正态分布函数,即对于任意实数 x 满足

$$\lim_{n\to\infty} F_n(x) = \lim_{n\to\infty} P\{Y_n \leqslant x\} = \Phi(x), \tag{5.7}$$

其中 $\Phi(x)$ 是标准正态分布 $N(0,1)$ 的分布函数.

定理 5.3 的证明从略.

(5.7)式表明,随机变量序列 $Y_1, Y_2, \cdots, Y_n, \cdots$ 的分布函数序列 $\{F_n(x)\}$ 的极限是 $\Phi(x)$.

注意到 $E\left(\sum_{i=1}^{n} X_i\right)=n\mu, D\left(\sum_{i=1}^{n} X_i\right)=n\sigma^2$,(5.6)式可写为

$$Y_n = \dfrac{\sum_{i=1}^{n} X_i - E\left(\sum_{i=1}^{n} X_i\right)}{\sqrt{D\left(\sum_{i=1}^{n} X_i\right)}}, \tag{5.8}$$

从而 Y_n 的期望是 0,方差是 1,Y_n 是 $\sum_{i=1}^{n} X_i$ 的标准化的随机变量.由定理 5.3,当 n 很大时,Y_n 近似服从标准正态分布 $N(0,1)$,从而当 n 很大时,$\sum_{i=1}^{n} X_i$ 近似服从正态分布 $N(n\mu, n\sigma^2)$.由

于 X_i 的分布在一定程度上可以是任意的,一般说来,$\sum_{i=1}^{n} X_i$ 的分布难于确切求得,这时,只要 n 很大,就能通过 $\Phi(x)$ 给出 $\sum_{i=1}^{n} X_i$ 的分布函数的近似值. 这是正态分布在概率统计中占有特别重要地位的一个基本原因.

在实际问题中,有很多随机现象可以看作是许多因素的独立影响的综合结果,而每一因素对该现象的影响都很微小,那么,描述这种随机现象的随机变量可以看成许多相互独立的起微小作用的因素的总和,它往往近似服从正态分布. 这就是中心极限定理的客观背景. 例如,测量误差是由许多观察不到的、可加的微小误差所合成的;在任一指定时刻,一个城市的耗电量是大量用户耗电量的总和等,它们都可以用服从正态分布的随机变量近似地描述.

在数理统计中,中心极限定理是大样本统计推断的理论基础.

例 1 设一批产品的强度服从期望为 14,方差为 4 的分布. 每箱中装有这种产品 100 件,问:

(1) 每箱产品的平均强度超过 14.5 的概率是多少?

(2) 每箱产品的平均强度超过 14 的概率是多少?

解 已知 $n=100$. 设 X_i 是第 i 件产品的强度,$E(X_i)=14$,$D(X_i)=4$ ($i=1,2,\cdots,100$),由定理 5.3,近似地有

$$\frac{\overline{X}-\mu}{\sigma/\sqrt{n}} = \frac{\overline{X}-14}{2/\sqrt{100}} = \frac{\overline{X}-14}{0.2} \sim N(0,1),$$

其中 $\overline{X} = \frac{1}{n}\sum_{i=1}^{n} X_i = \frac{1}{100}\sum_{i=1}^{100} X_i$. 于是

(1) $P\{\overline{X}>14.5\} = P\left\{\frac{\overline{X}-14}{0.2} > \frac{14.5-14}{0.2}\right\} = P\left\{\frac{\overline{X}-14}{0.2} > 2.5\right\} \approx 1-\Phi(2.5) = 0.0062.$

可见,100 件产品的平均强度超过 14.5 的概率非常之小.

(2) $P\{\overline{X}>14\} = P\left\{\frac{\overline{X}-14}{0.2} > 0\right\} \approx \Phi(0) = 0.5.$

于是,我们可以说,每箱产品的平均强度超过 14 的概率约为 50%.

例 2 计算机在进行数字计算时,遵从四舍五入的原则. 为简单计,现在对小数点后面第一位进行舍入运算,则误差 X 可以认为服从 $[-0.5,0.5]$ 上的均匀分布. 若在一项计算中进行了 100 次数字计算,求平均误差落在区间 $\left[-\frac{\sqrt{3}}{20},\frac{\sqrt{3}}{20}\right]$ 上的概率.

解 $n=100$. 设 X_i 是第 i 次数字计算时的误差 ($i=1,2,\cdots,100$),则 $X_1,X_2,\cdots,X_{100}$ 相互独立,都服从 $[-0.5,0.5]$ 上的均匀分布. 这时 $E(X_i)=0$,$D(X_i)=\frac{1}{12}$ ($i=1,2,\cdots,100$). 从而,近似地有

$$Y_{100} = \frac{\sum_{i=1}^{100} X_i - 100 \times 0}{\sqrt{100/12}} = \frac{\sqrt{3}}{5}\sum_{i=1}^{100} X_i \sim N(0,1),$$

于是,平均误差 $\overline{X} = \dfrac{1}{100}\sum\limits_{i=1}^{100} X_i$ 落在区间 $\left[-\dfrac{\sqrt{3}}{20}, \dfrac{\sqrt{3}}{20}\right]$ 上的概率为

$$P\left\{-\dfrac{\sqrt{3}}{20} \leqslant \overline{X} \leqslant \dfrac{\sqrt{3}}{20}\right\} = P\left\{-\dfrac{\sqrt{3}}{20} \leqslant \dfrac{1}{100}\sum_{i=1}^{100} X_i \leqslant \dfrac{\sqrt{3}}{20}\right\}$$

$$= P\left\{-3 \leqslant \dfrac{\sqrt{3}}{5}\sum_{i=1}^{100} X_i \leqslant 3\right\}$$

$$\approx \Phi(3) - \Phi(-3) = 0.9973.$$

注意到 $\dfrac{\sqrt{3}}{20} = 0.0866$,于是,平均误差 $\overline{X}$ 几乎取值于区间 $[-0.0866, 0.0866]$ 之上.

最后介绍定理 5.3 的一个重要特例,它是历史上最早的中心极限定理,称为棣莫佛(De Moivre)-拉普拉斯(Laplace)定理.

定理 5.4(棣莫佛-拉普拉斯定理) 设随机变量 $X_1, X_2, \cdots, X_n, \cdots$ 相互独立,并且都服从参数为 p 的两点分布,则对于任意实数 x,有

$$\lim_{n \to \infty} P\left\{\dfrac{\sum\limits_{i=1}^{n} X_i - np}{\sqrt{np(1-p)}} \leqslant x\right\} = \Phi(x). \tag{5.9}$$

证 $E(X_i) = p$,$D(X_i) = p(1-p)$ $(i=1,2,\cdots,n)$,由(5.7)式即可得(5.9)式成立.

例3 某市保险公司开办一年人身保险业务.被保险人每年需交付保险费 160 元,若一年内发生重大人身事故,其本人或家属可获得 2 万元赔偿金.已知该市人员一年内发生重大人身事故的概率为 0.005,现有 5000 人参加此项保险,问保险公司一年内从此项业务所得到的总收益在 20 万到 40 万元之间的概率是多少?

解 记

$$X_i = \begin{cases} 1, & \text{若第 } i \text{ 个被保险人发生重大人身事故,} \\ 0, & \text{若第 } i \text{ 个被保险人未发生重大人身事故} \end{cases} \quad (i=1,2,\cdots,5000),$$

于是 X_i 均服从参数 $p=0.005$ 的两点分布,

$$P\{X_i = 1\} = 0.005, \quad np = 25.$$

$\sum\limits_{i=1}^{5000} X_i$ 是 5000 个被保险人中一年内发生重大人身事故的人数,保险公司一年内从此项业务所得到的总收益为

$$0.016 \times 5000 - 2\sum_{i=1}^{5000} X_i \text{ 万元.}$$

于是

$$P\left\{20 \leqslant 0.016 \times 5000 - 2\sum_{i=1}^{5000} X_i \leqslant 40\right\} = P\left\{20 \leqslant \sum_{i=1}^{5000} X_i \leqslant 30\right\}$$

$$= P\left\{\frac{20-25}{\sqrt{25\times0.995}} \leqslant \frac{\sum\limits_{i=1}^{5000}X_i - 25}{\sqrt{25\times0.995}} \leqslant \frac{30-25}{\sqrt{25\times0.995}}\right\}$$
$$\approx \Phi(1) - \Phi(-1) = 0.6826.$$

习 题 5.2

1. 设由机器包装的每包大米的重量是一个随机变量,期望是 10 千克,方差是 0.2 千克². 求 100 袋这种大米的总重量在 990 到 1010 千克之间的概率.

2. 一加法器同时收到 20 个噪声电压 $V_i(i=1,2,\cdots,20)$,设它们是相互独立的随机变量,并且都服从区间 $[0,10]$ 上的均匀分布. 记 $V = \sum\limits_{i=1}^{20}V_i$,计算 $P\{V>105\}$ 的近似值.

3. 银行为支付某日即将到期的债券需准备一笔现金. 设这批债券共发放了 500 张,每张债券到期之日需付本息 1000 元. 若持券人(一人一券)于债券到期之日到银行领取本息的概率为 0.4,问银行于该日应至少准备多少现金才能以 99.9% 的把握满足持券人的兑换?

第六章 抽样分布

前五章,我们介绍了概率论的基本知识,由这一章开始,介绍数理统计的基本知识. 概率论与数理统计是两个有密切联系的学科,大体上可以说:概率论是数理统计的基础,而数理统计是概率论的重要应用.

数理统计使用概率论和数学的方法,研究通过试验或观察收集的带有随机误差的数据,并在设定的模型之下,对这种数据进行统计分析,以对所研究的对象的客观规律性作合理的估计或推断. 运用数理统计的方法,可以研究大量的自然现象和社会现象的统计规律性.

本章先介绍数理统计的一些基础知识,在以后各章中将分别简单介绍关于参数估计、假设检验、回归分析和方差分析的内容,它们组成了数理统计最重要的内容.

§6.1 总体与样本

一、随机抽样法

在使用随机变量描述随机现象时,最好知道随机变量的分布函数,至少也要知道它的数字特征,例如期望和方差. 怎样才能知道随机变量的分布函数或者数字特征,一种很重要也是常用的方法就是**随机抽样法**. 下面用一个例子简单说明随机抽样法的基本思想.

例 1 某灯泡厂每天生产 1 万只灯泡,由于各种因素的影响,每只灯泡的使用寿命不相同. 如果规定,使用寿命不超过 1000 小时的灯泡为次品,问如何确定该灯泡厂每天生产的灯泡的次品率?

显然,如果把灯泡的使用寿命看为一个随机变量 X,此问题可以归结为求 X 的分布函数 $F(x)$. 如果已求得 $F(x)$,则次品率就是 $P\{X \leqslant 1000\} = F(1000)$. 如何求 $F(x)$?如果能够把 X 的取值情况弄清楚,$F(x)$ 也就知道了. 而这需要把每天生产的 1 万只灯泡逐只进行测试,测出每只灯泡的使用寿命. 但这种作法行不通,不仅因为其工作量极大,而且测试是"破坏性"的,测试灯泡的使用寿命后,灯泡也被毁坏了. 因此,只能从这 1 万只灯泡中抽取一小部分,比如 50 只灯泡,做这种测试,看看分布函数是什么,次品率是多少,并由此推断每天生产的 1 万只灯泡的次品率. 这就是随机抽样法的基本思想,即从研究对象的全体中抽取一小部分进行研究,进而对全体进行推断. 这是一种**从局部推断全体**的方法.

使用随机抽样法也可以了解随机变量的数字特征.

在使用随机抽样法时,只能从研究对象的全体中抽取出一小部分进行研究,即对全体中的某个局部加以研究. 这样得到的数据总是带有随机性的误差,当然,这种误差中也包括因试验设备和操作的原因所产生的误差. 由于数据带有这样的随机性, 通过分析这些数据而作出的结论, 也就难保其不出错了. 这就是说, 局部是全体的一部分, 所以局部所具有的特性在一定程度上能反映出全体所具有的特性, 但局部的特性毕竟不能完全准确地反映全体的特性. 当然, 我们希望能够从局部的特性获得对全体特性的尽可能准确可靠的估计和推断, 使可能产生的错误越小越好, 发生错误的机会越小越好, 这就需要使用概率论的工具.

二、总体与样本

在数理统计中, 常关心研究对象的某项数量指标, 把研究对象的某项数量指标取值的全体称为**总体**, 总体中的每个元素称为**个体**, 每个个体是一个实数. 例如, 在例 1 中, 某厂每天生产的 1 万只灯泡的寿命是一个总体, 每一只灯泡的寿命是一个个体.

在例 1 中, 对某厂每天生产的 1 万只灯泡寿命的总体, 灯泡寿命落在各个时间区间内有一定的比例, 例如, 寿命在 1000～1200 小时的灯泡占灯泡总数的 80%, 在 1200～1400 小时的灯泡占灯泡总数的 10%, 等等, 即灯泡的寿命的取值有一定的分布. 可以用一个随机变量表示灯泡寿命的值. 一般, 对所研究的总体, 即研究对象的某项数量指标, 它的取值在客观上有一定的分布, 是个随机变量, 用 X 表示. 对总体的研究, 就是对相应的随机变量 X 的分布的研究, 因此, 可以用 X 表示总体. 如果 X 的分布函数为 $F(x)$, 则称总体 X 的分布函数为 $F(x)$. 例如, 当 X 服从正态分布时, 则称总体的分布为正态分布, 并简称为**正态总体**. 两个总体, 即使其所含个体的性质根本不同, 只要有同一的分布, 则就视为同类总体. 例如, 产品寿命和人的寿命若同样服从指数分布, 即可视为同一类总体.

总体包含的个体总数有限时, 称为**有限总体**, 否则称为**无限总体**. 例如, 例 1 中某厂每天生产的 1 万只灯泡的寿命这个总体即为有限总体. 在现实问题中, 当所考察的个体是由一些看得见、摸得着的对象所构成时, 总体总是有限的. 有限总体相应的分布只能是离散的, 其具体形式与具体总数有关, 并且缺乏一个简洁的数学形式, 这会使有力的概率方法难于使用. 当有限总体所包含的个体极多时, 可以近似地将它看作无限总体, 这种近似所带来的误差, 从应用的观点看已可以忽略不计.

在总体 X 中, 随机抽取一个个体, 就是对总体进行一次试验或观察, 其结果是个随机变量, 并且与总体 X 有相同的分布. 在相同的条件下, 对总体 X 进行 n 次重复的、独立的试验或观察, 即从总体中随机地抽取 n 个个体, 将 n 次试验或观察的结果按次序记为 $X_1, X_2, \cdots, X_n$, 它们都是随机变量, 并且由于各次试验或观察是在相同的条件下独立进行的, 所以有理由认为 $X_1, X_2, \cdots, X_n$ 相互独立, 并且都与总体 X 具有相同的分布. 这样的 $X_1, X_2, \cdots, X_n$ 称为总体 X 的一个容量为 n 的简单随机样本.

如果总体中每个个体被抽到的机会均等, 并且在抽取一个个体以后总体的成份不变, 则只要从总体中重复独立地进行抽取, 就能得到简单随机样本. 对无限总体, 这种作法没有问题, 这是在应用上最常见的情况. 对有限总体, 则要采用有放回地抽样方法才能得到简单随机样本, 但这很不便于在实际中使用. 如果采用无放回地抽样方法, 则需把有限总体近似看成无限总体.

具体进行 n 试验或观察以后,得到一组实数 $x_1, x_2, \cdots, x_n$,分别是 $X_1, X_2, \cdots, X_n$ 的观察值,称为**样本观察值**,$x_1, x_2, \cdots, x_n$ 不再是随机变量,故用小写英文字母表示.

简单随机样本的观察值 $x_1, x_2, \cdots, x_n$ 具有较好的代表性,可以使用它们去估计或推断总体的特性.

综上所述,得到如下定义.

定义 6.1 设总体 X 具有分布函数 $F(x)$,如果随机变量 $X_1, X_2, \cdots, X_n$ 相互独立,并且每个 X_i 与 X 有相同的分布函数,则称 $X_1, X_2, \cdots, X_n$ 为来自总体 X 的**容量为 n 的简单随机样本**.

今后讨论的都是简单随机样本,简称为**样本**.

设总体 X 的分布函数为 $F(x)$,来自 X 的样本 $X_1, X_2, \cdots, X_n$ 是 n 个相互独立的随机变量,并且具有相同的分布函数,将 $(X_1, X_2, \cdots, X_n)$ 看作一个 n 维随机向量,其分布函数为

$$F^*(x_1, x_2, \cdots, x_n) = F(x_1)F(x_2)\cdots F(x_n), \tag{6.1}$$

若 X 具有概率密度 $f(x)$,则 $(X_1, X_2, \cdots, X_n)$ 的概率密度为

$$f^*(x_1, x_2, \cdots, x_n) = f(x_1)f(x_2)\cdots f(x_n). \tag{6.2}$$

§6.2 抽 样 分 布

一、统计量

得到样本以后,需要对样本进行加工整理,实际上是由样本算出一些量,希望这些量能够集中样本中含有的关于所研究对象的信息.这些由样本算出的量称为统计量.因此,统计量是样本的函数.

定义 6.2 设 $X_1, X_2, \cdots, X_n$ 是来自总体 X 的一个样本,$g(X_1, X_2, \cdots, X_n)$ 是 $X_1, X_2, \cdots, X_n$ 的函数,若 g 是连续函数,并且 g 中不含有任何未知参数,则称 $g(X_1, X_2, \cdots, X_n)$ 为一个**统计量**.

显然,统计量仍是随机变量.

设 $X_1, X_2, \cdots, X_n$ 是总体 X 的容量为 n 的样本,记

$$\overline{X} = \frac{1}{n}\sum_{i=1}^{n} X_i = \frac{X_1 + X_2 + \cdots + X_n}{n}, \tag{6.3}$$

$$S^2 = \frac{1}{n-1}\sum_{i=1}^{n}(X_i - \overline{X})^2, \tag{6.4}$$

则 $\overline{X}, S^2$ 都是统计量,分别称之为**样本平均值**和**样本方差**,并称 S^2 的正平方根 S 为**样本标准差**:

$$S = \sqrt{\frac{1}{n-1}\sum_{i=1}^{n}(X_i - \overline{X})^2}. \tag{6.5}$$

如果 $X_1, X_2, \cdots, X_n$ 的样本观察值记为 $x_1, x_2, \cdots, x_n$,则 $g(x_1, x_2, \cdots, x_n)$ 是统计量 $g(X_1, X_2, \cdots, X_n)$ 的观察值. 将 $\overline{X}, S^2, S$ 的观察值分别记为

$$\overline{x} = \frac{1}{n} \sum_{i=1}^{n} x_i, \tag{6.6}$$

$$s^2 = \frac{1}{n-1} \sum_{i=1}^{n} (x_i - \overline{x})^2, \tag{6.7}$$

$$s = \sqrt{\frac{1}{n-1} \sum_{i=1}^{n} (x_i - \overline{x})^2}. \tag{6.8}$$

样本平均值 $\overline{X}$ 和样本方差 S^2 是两个十分重要的统计量,以后经常用到它们.

二、抽样分布

统计量是个随机变量,如何求出它的分布呢？统计量是总体 X 的样本 $X_1, X_2, \cdots, X_n$ 这 n 个随机变量的函数. 一般,如果总体 X 的分布已知,注意到 $X_1, X_2, \cdots, X_n$ 和 X 有相同的分布,则统计量的分布可以求得.

统计量的分布称为**抽样分布**. 确定抽样分布是数理统计中的一个基本问题,但需要指出,确定抽样分布一般并不容易. 然而,对一些重要的特殊情况,例如正态总体,已经有了许多关于抽样分布的结论.

关于正态总体 X 的样本 $X_1, X_2, \cdots, X_n$ 的统计量的分布称之为关于正态总体的抽样分布.

下面先介绍 3 种关于正态总体的抽样分布：χ^2 分布、t 分布和 F 分布,称之为统计学三大分布；然后再介绍关于正态总体抽样分布的几个重要结论.

三、统计学三大分布

1. χ^2 分布

设 $X_1, X_2, \cdots, X_n$ 是 n 个相互独立的随机变量,并且都服从标准正态分布：$X_i \sim N(0,1)$ ($i=1,2,\cdots,n$),可以证明它们的函数

$$\chi^2 = X_1^2 + X_2^2 + \cdots + X_n^2 \tag{6.9}$$

的概率密度为

$$f(x) = \begin{cases} \dfrac{1}{2^{\frac{n}{2}} \Gamma\left(\dfrac{n}{2}\right)} x^{\frac{n}{2}-1} e^{-\frac{x}{2}}, & x > 0, \\ 0, & x \leqslant 0. \end{cases} \tag{6.10}$$

这时称 χ^2 服从自由度为 n 的 **χ^2 分布**,记作 $\chi^2 \sim \chi^2(n)$.

在 (6.10) 式中,$\Gamma\left(\dfrac{n}{2}\right)$ 是 Γ 函数 $\Gamma(x)$ 在 $\dfrac{n}{2}$ 的函数值. Γ 函数不是初等函数,称为特殊函数,有着广泛的用途,它的定义是

$$\Gamma(x) = \int_0^\infty e^{-t} t^{x-1} dt \quad (x>0). \tag{6.11}$$

Γ 函数的数值已制成表,可供使用时查阅. 常用的有 $\Gamma(1)=1$; $\Gamma(n)=(n-1)!$ (n 为正整数); $\Gamma\left(\dfrac{1}{2}\right)=\sqrt{\pi}$.

自由度是指(6.9)式右端包含的独立随机变量的个数.

服从 χ^2 分布的随机变量 χ^2 的概率密度 $f(x)$ 的图形与自由度 n 的值有关,图 6.1 画出了 n 取不同值时 $f(x)$ 的图形.

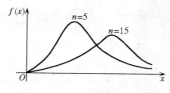 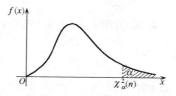

图 6.1 χ^2 分布概率密度的图形　　　图 6.2 χ^2 分布的上侧分位数

与标准正态分布的上侧分位数 u_α 相类似,χ^2 分布也有上侧分位数. 设 $\chi^2 \sim \chi^2(n)$,$f(x)$ 是概率密度,对于给定的数 α:$0<\alpha<1$,称满足条件

$$P\{\chi^2 > \chi_\alpha^2(n)\} = \int_{\chi_\alpha^2(n)}^\infty f(x) dx = \alpha \tag{6.12}$$

的数 $\chi_\alpha^2(n)$ 是自由度为 n 的 **χ^2 分布的上侧分位数**,其几何意义见图 6.2.

上侧分位数 $\chi_\alpha^2(n)$ 不仅与 α 有关,也与自由度 n 有关. 对于不同的 α 和 n,上侧分位数 $\chi_\alpha^2(n)$ 的值已制成表格,见附表 4. 例如,$\alpha=0.025$,$n=3$ 时,由附表 4 查出 $\chi_{0.025}^2(3)=9.348$,即 $\int_{9.348}^\infty f(x) dx = 0.025$,式中 $f(x)$ 是服从自由度为 3 的 χ^2 分布的随机变量的概率密度.

当 $n>45$ 时,

$$\chi_\alpha^2(n) \approx \frac{1}{2}(u_\alpha + \sqrt{2n-1})^2, \tag{6.13}$$

其中 u_α 是标准正态分布的上侧分位数.

2. t 分布

设 X_1, X_2 是两个相互独立的随机变量,并且 $X_1 \sim N(0,1)$,$X_2 \sim \chi^2(n)$,可以证明它们的函数

$$t = \frac{X_1}{\sqrt{X_2/n}} \tag{6.14}$$

的概率密度为

$$f(x) = \frac{\Gamma\left(\dfrac{n+1}{2}\right)}{\sqrt{n\pi}\,\Gamma\left(\dfrac{n}{2}\right)} \left(1+\frac{x^2}{n}\right)^{-\frac{n+1}{2}} \quad (-\infty < x < \infty), \tag{6.15}$$

这时称 t 服从自由度为 n 的 **t 分布**,记作 $t \sim t(n)$.

服从 t 分布的随机变量 t 的概率密度 $f(x)$ 的图形见图 6.3,图中画出了 n 取不同值时 $f(x)$ 的图形. 这些图形都是关于纵轴对称的,并且与标准正态分布的概率密度 $\varphi(x)$ 的图形相类似,随着 n 的增大,与 $\varphi(x)$ 的图形越接近.

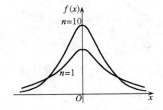

图 6.3 t 分布概率密度的图形

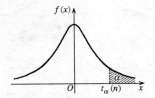

图 6.4 t 分布的上侧分位数

设 $t \sim t(n)$,$f(x)$ 是概率密度,对于给定的数 α: $0 < \alpha < 1$,称满足条件

$$P\{t > t_\alpha(n)\} = \int_{t_\alpha(n)}^{\infty} f(x) \mathrm{d}x = \alpha \tag{6.16}$$

的数 $t_\alpha(n)$ 是自由度为 n 的 **t 分布的上侧分位数**,其几何意义见图 6.4.

对于给定的 α 和 n,$t_\alpha(n)$ 的值可以由附表 3 查到. 例如,$\alpha = 0.005$,$n = 10$ 时,$t_{0.005}(10) = 3.1693$. 在 $n > 45$ 时,用标准正态分布的上侧分位数近似:$t_\alpha(n) \approx u_\alpha$. 此外,由 $f(x)$ 的图形关于纵轴对称不难得到

$$t_{1-\alpha}(n) = -t_\alpha(n). \tag{6.17}$$

这样,在附表 3 中只对接近于零的 α 值给出了 $t_\alpha(n)$ 的值,对于接近于 1 的 α 值时的 $t_\alpha(n)$ 值,可由 (6.17) 式算出. 例如,$\alpha = 0.95$,$n = 5$ 时,$t_{0.95}(5) = t_{1-0.05}(5) = -t_{0.05}(5) = -2.0150$.

3. F 分布

设 $X_1 \sim \chi^2(n_1)$,$X_2 \sim \chi^2(n_2)$,并且 X_1 与 X_2 相互独立,可以证明它们的函数

$$F = \frac{X_1/n_1}{X_2/n_2} \tag{6.18}$$

的概率密度为

$$f(x) = \begin{cases} \dfrac{\Gamma\left(\dfrac{n_1 + n_2}{2}\right)}{\Gamma\left(\dfrac{n_1}{2}\right)\Gamma\left(\dfrac{n_2}{2}\right)} \left(\dfrac{n_1}{n_2}\right)^{\frac{n_1}{2}} x^{\frac{n_1}{2}-1} \left(1 + \dfrac{n_1}{n_2}x\right)^{-\frac{n_1+n_2}{2}}, & x > 0, \\ 0, & x \leqslant 0, \end{cases} \tag{6.19}$$

这时称 F 服从自由度为 n_1, n_2 的 **F 分布**,记作 $F \sim F(n_1, n_2)$.

与 χ^2 分布和 t 分布不同的是,F 分布的概率密度 $f(x)$ 中有两个参数 n_1 和 n_2,通常称 n_1 为**第一自由度**,n_2 为**第二自由度**. 由于 n_1, n_2 在 $f(x)$ 的表达式中的位置并不对称,因此,一般 $F(n_1, n_2)$ 和 $F(n_2, n_1)$ 不相同.

服从 F 分布的随机变量 F 的概率密度 $f(x)$ 的图形见图 6.5,图中画出了当 n_1 取值相

同,而 n_2 取不同值时的 $f(x)$ 的图形.

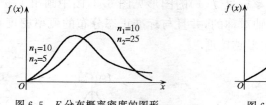
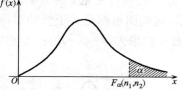

图 6.5　F 分布概率密度的图形　　　图 6.6　F 分布的上侧分位数

设 $F \sim F(n_1, n_2)$, $f(x)$ 是概率密度,对于给定的数 α: $0 < \alpha < 1$, 称满足条件

$$P\{F > F_\alpha(n_1, n_2)\} = \int_{F_\alpha(n_1,n_2)}^{\infty} f(x) \mathrm{d}x = \alpha \tag{6.20}$$

的数 $F_\alpha(n_1, n_2)$ 是 **F 分布的上侧分位数**,其几何意义见图 6.6.

$F_\alpha(n_1, n_2)$ 的值可由附表 5 查到.例如,$\alpha = 0.05, n_1 = 15, n_2 = 12$ 时,$F_{0.05}(15, 12) = 2.62$. 需要指出,在附表 5 中只列出了 $\alpha = 0.10, 0.05, 0.025, 0.01, 0.005$ 和 0.001 时的值,对于 $\alpha = 0.90, 0.95, 0.975, 0.99, 0.995$ 和 0.999 时的值,可以利用下式进行计算

$$F_{1-\alpha}(n_1, n_2) = \frac{1}{F_\alpha(n_2, n_1)}. \tag{6.21}$$

例如,要求 $F_{0.95}(15, 12)$,利用 (6.21) 式,

$$F_{0.95}(15, 12) = \frac{1}{F_{0.05}(12, 15)} = \frac{1}{2.48} = 0.403.$$

四、关于正态总体的抽样分布

定理 6.1　设 $X_1, X_2, \cdots, X_n$ 是正态总体 $X \sim N(\mu, \sigma^2)$ 的样本,则样本平均值

$$\overline{X} = \frac{1}{n} \sum_{i=1}^{n} X_i \sim N\left(\mu, \frac{\sigma^2}{n}\right). \tag{6.22}$$

证　$X_1, X_2, \cdots, X_n$ 相互独立,且 $X_i \sim N(\mu, \sigma^2)$ $(i=1,2,\cdots,n)$. 在 §3.5 中曾经指出,这样的 n 个随机变量之和服从正态分布: $\sum_{i=1}^{n} X_i \sim N(n\mu, n\sigma^2)$,从而 $\overline{X}$ 也服从正态分布.利用期望和方差的性质,得到 $E(\overline{X}) = \frac{1}{n} E\left(\sum_{i=1}^{n} X_i\right) = \mu$, $D(\overline{X}) = \frac{1}{n^2} D\left(\sum_{i=1}^{n} X_i\right) = \frac{\sigma^2}{n}$. 因此 (6.22) 式成立.

定理 6.2　设 $X_1, X_2, \cdots, X_n$ 是正态总体 $X \sim N(\mu, \sigma^2)$ 的样本,则样本平均值 $\overline{X}$ 与样本方差 S^2 相互独立,并且

$$\frac{(n-1)S^2}{\sigma^2} \sim \chi^2(n-1). \tag{6.23}$$

定理 6.2 的证明从略.

定理 6.3　设 $X_1, X_2, \cdots, X_n$ 是正态总体 $X \sim N(\mu, \sigma^2)$ 的样本,则

$$\frac{\overline{X} - \mu}{\sqrt{S^2/n}} \sim t(n-1). \tag{6.24}$$

证 由定理 6.1 知,$\overline{X} \sim N\left(\mu, \frac{\sigma^2}{n}\right)$,$\overline{X}$ 的标准化随机变量

$$\frac{\overline{X} - \mu}{\sqrt{\sigma^2/n}} \sim N(0,1).$$

由定理 6.2 知,$\overline{X}$ 与 S^2 相互独立,$\frac{(n-1)S^2}{\sigma^2} \sim \chi^2(n-1)$,这样 $\frac{\overline{X}-\mu}{\sqrt{\sigma^2/n}}$ 与 $\frac{(n-1)S^2}{\sigma^2}$ 相互独立,由 t 分布的定义知(6.24)式成立.

定理 6.4 设 $X_1, X_2, \cdots, X_m$ 是正态总体 $X \sim N(\mu_1, \sigma^2)$ 的样本,$Y_1, Y_2, \cdots, Y_n$ 是正态总体 $Y \sim N(\mu_2, \sigma^2)$ 的样本,并且总体 X 与总体 Y 相互独立,则

$$\frac{(\overline{X} - \overline{Y}) - (\mu_1 - \mu_2)}{S_0 \sqrt{\frac{1}{m} + \frac{1}{n}}} \sim t(m+n-2), \tag{6.25}$$

式中 $\overline{X}, \overline{Y}$ 分别是两个总体的样本平均值,

$$S_0^2 = \frac{(m-1)S_1^2 + (n-1)S_2^2}{m+n-2}, \tag{6.26}$$

其中 S_1^2, S_2^2 分别是两个总体的样本方差.

定理 6.4 的证明从略.

定理 6.5 设 $X_1, X_2, \cdots, X_m$ 是正态总体 $X \sim N(\mu_1, \sigma_1^2)$ 的样本,$Y_1, Y_2, \cdots, Y_n$ 是正态总体 $Y \sim N(\mu_2, \sigma_2^2)$ 的样本,并且总体 X 与总体 Y 相互独立,则

$$\frac{S_1^2/\sigma_1^2}{S_2^2/\sigma_2^2} \sim F(m-1, n-1). \tag{6.27}$$

定理 6.5 的证明从略.

例 1 在总体 $X \sim N(80, 400)$ 中随机抽取容量为 100 的样本,求样本平均值与总体期望之差的绝对值大于 3 的概率.

解 由定理 6.1 知 $\overline{X} \sim N(80, 4)$,所求概率

$$\begin{aligned}
P\{|\overline{X} - 80| > 3\} &= P\{\overline{X} - 80 > 3\} + P\{\overline{X} - 80 < -3\} \\
&= P\{\overline{X} > 83\} + P\{\overline{X} < 77\} \\
&= 1 - \Phi\left(\frac{83-80}{2}\right) + \Phi\left(\frac{77-80}{2}\right) \\
&= 1 - \Phi(1.5) + \Phi(-1.5) \\
&= 0.1336.
\end{aligned}$$

习 题 6.2

一、单项选择题

1. 设总体 $X \sim N(\mu, \sigma^2)$,其中 μ 已知,X_1, X_2, X_3, X_4 是 X 的样本,则不是统计量的是( ).

   (A) $X_1 + 5X_4$;　　(B) $\sum_{i=1}^{4} X_i - \mu$;　　(C) $X_1 - \sigma$;　　(D) $\sum_{i=1}^{4} X_i^2$.

2. 设 $X_1, X_2, \cdots, X_n$ 是总体 X 的样本,则有( ).

   (A) $\overline{X} = E(X)$;　　(B) $\overline{X} \approx E(X)$;　　(C) $\overline{X} = \frac{1}{n} E(X)$;　　(D) 以上3种都不对.

3. 设总体 $X \sim N(2, 9)$,$X_1, X_2, \cdots, X_{10}$ 是 X 的样本,则( ).

   (A) $\overline{X} \sim N(20, 90)$;　　(B) $\overline{X} \sim N(2, 0.9)$;　　(C) $\overline{X} \sim N(2, 9)$;　　(D) $\overline{X} \sim N(20, 9)$.

4. 设总体 $X \sim N(1, 9)$,$X_1, X_2, \cdots, X_9$ 是 X 的样本,则( ).

   (A) $\dfrac{\overline{X} - 1}{3} \sim N(0, 1)$;　　(B) $\dfrac{\overline{X} - 1}{1} \sim N(0, 1)$;　　(C) $\dfrac{\overline{X} - 1}{9} \sim N(0, 1)$;　　(D) $\dfrac{\overline{X} - 1}{\sqrt{3}} \sim N(0, 1)$.

二、填空题

1. 设 $X_1, X_2, \cdots, X_n$ 是总体 X 的一个样本,并且 $E(X) = \mu, D(X) = \sigma^2$,则 $E(\overline{X}) = \underline{\qquad}, D(\overline{X}) = \underline{\qquad}$.

2. 设总体 $X \sim N(\mu, \sigma^2)$,样本容量为 n,则 $\overline{X} \sim \underline{\qquad}$, $\dfrac{(n-1)S^2}{\sigma^2} \sim \underline{\qquad}$.

3. 设总体 $X \sim N(4, 40)$,$X_1, X_2, \cdots, X_{10}$ 是 X 的一个容量为 10 的样本,则 $\overline{X}$ 的概率密度 $f(x) = \underline{\qquad}$.

4. 设总体 $X \sim N(\mu, \sigma^2)$,样本容量为 n,则 $\dfrac{\overline{X} - \mu}{\sqrt{\sigma^2/n}} \sim \underline{\qquad}, \dfrac{\overline{X} - \mu}{\sqrt{S^2/n}} \sim \underline{\qquad}$.

三、其他类型题

1. 设一样本观察值是 33, 36, 34, 36, 36, 35, 31, 35, 33, 27,计算 $\overline{x}$ 和 s^2.

2. 设总体 $X \sim P(\lambda)$,$X_1, X_2, \cdots, X_n$ 为其样本,求 $E(\overline{X})$ 和 $D(\overline{X})$.

3. 在总体 $X \sim N(52, 6.3^2)$ 中抽取一容量为 36 的样本,求样本平均值 $\overline{X}$ 落在 50.8～53.8 之间的概率.

第七章 参数估计

在许多实际问题中，总体 X 的分布形式往往是已知的，但分布中的参数却是未知的，这时，只要对参数做出推断即可确定总体的分布. 例如，泊松分布 $P(\lambda)$ 完全由参数 λ 确定，正态分布 $N(\mu,\sigma^2)$ 完全由参数 μ 和 σ^2 确定. 参数估计，就是通过总体的样本构造适当的统计量，对未知参数进行估计.

参数估计分为**点估计**和**区间估计**.

§7.1 点 估 计

设总体 X 的分布函数 $F(x,\theta)$ 的形式已知，其中参数 θ 未知（可以是一个未知参数，也可以是多个未知参数，多个未知参数时，θ 为一向量），$X_1,X_2,\cdots,X_n$ 是来自总体 X 的样本. 对一个未知参数 θ 进行点估计，就是构造一个适当的统计量 $\hat{\theta}(X_1,X_2,\cdots,X_n)$，用它的观察值 $\hat{\theta}(x_1,x_2,\cdots,x_n)$ 估计 θ. 称 $\hat{\theta}(X_1,X_2,\cdots,X_n)$ 为 θ 的**估计量**，$\hat{\theta}(x_1,x_2,\cdots,x_n)$ 为 θ 的**估计值**，并都简记为 $\hat{\theta}$.

对参数进行点估计的方法有多种，其中以**矩估计法**和**极大似然估计法**最为常用，下面分别介绍它们.

一、矩估计法

矩估计法使用总体 X 的矩和样本矩建立参数的估计量满足的方程或方程组，其中矩的概念已在 §4.2 中介绍过，下面介绍样本矩的概念.

设 X 的样本为 $X_1,X_2,\cdots,X_n$，记

$$A_k = \frac{1}{n}\sum_{i=1}^{n} X_i^k \quad (k=1,2,\cdots), \tag{7.1}$$

称 A_k 为 k **阶样本原点矩**，简称为 k **阶样本矩**.

显然，样本矩是统计量，并且 $A_1 = \dfrac{1}{n}\sum_{i=1}^{n} X_i = \bar{X}$.

在矩估计法中，令 $\mu_k = A_k$，即

$$\mu_k = E(X^k) = \frac{1}{n}\sum_{i=1}^{n} X_i^k \quad (k=1,2,\cdots), \tag{7.2}$$

这里 k 的取值为 X 的分布中未知参数的个数.

(7.2)式的左端与未知参数有关，因此(7.2)式是关于未知参数的方程或方程组，其解为

未知参数的估计量,称之为**矩估计量**. 在矩估计量中,将样本换为样本观察值,即可得到**矩估计值**.

对常用的重要分布,未知参数的个数是一个或两个,因此 k 取值为 1 或 2.

例 1 设总体 X 服从参数为 p 的两点分布,求 p 的矩估计量.

解 $k=1, \mu_1 = E(X) = p, A_1 = \overline{X}$, (7.2)式成为 $p = \overline{X}$,从而 p 的矩估计量

$$\hat{p} = \overline{X}. \tag{7.3}$$

例 2 设总体 $X \sim U(a,b)$,求 a,b 的矩估计量.

解 $k=2$,

$$\mu_1 = E(X) = \frac{a+b}{2},$$

$$\mu_2 = E(X^2) = D(X) + [E(X)]^2 = \frac{(b-a)^2}{12} + \frac{(a+b)^2}{4},$$

$$A_1 = \overline{X}, \quad A_2 = \frac{1}{n}\sum_{i=1}^{n}X_i^2,$$

(7.2)式成为

$$\begin{cases} \dfrac{a+b}{2} = \overline{X}, \\ \dfrac{(b-a)^2}{12} + \dfrac{(a+b)^2}{4} = \dfrac{1}{n}\sum_{i=1}^{n}X_i^2, \end{cases}$$

其解即为 a,b 的矩估计量

$$\hat{a} = \overline{X} - \sqrt{3\left(\frac{1}{n}\sum_{i=1}^{n}X_i^2 - \overline{X}^2\right)}, \tag{7.4}$$

$$\hat{b} = \overline{X} + \sqrt{3\left(\frac{1}{n}\sum_{i=1}^{n}X_i^2 - \overline{X}^2\right)}. \tag{7.5}$$

二、极大似然估计法

极大似然估计法使用总体 X 的概率分布或概率密度的表达式以及样本提供的信息,得到未知参数的估计量. 下面通过一个例子说明这种方法的基本思想.

例 3 在一个盒子中装有许多黑色球和白色球,但不知道是黑色球多还是白色球多,只知道这两种球的数量之比为 1∶3. 希望通过试验判断黑色球的比例是 $\dfrac{1}{4}$ 还是 $\dfrac{3}{4}$.

解 设黑色球占的比例为 p,则从盒中任意抽出一个球是否为黑色球的试验可以用服从参数为 p 的两点分布的随机变量 X 描述:

$$X = \begin{cases} 1, & \text{抽出的球是黑色球}, \\ 0, & \text{抽出的球是白色球}. \end{cases}$$

设总体是 X,样本为 $X_1, X_2, \cdots, X_n$,则样本中黑色球的个数
$$Y = X_1 + X_2 + \cdots + X_n \sim B(n, p),$$
即
$$P\{Y = k\} = \binom{n}{k} p^k (1-p)^{n-k} \quad (k = 0, 1, 2, \cdots, n).$$

希望通过一次具体的试验(抽取 n 个球)来判断参数 p 是取 $\frac{1}{4}$ 还是取 $\frac{3}{4}$. 下面以 $n=3$ 时的情况进行讨论,对 $p = \frac{1}{4}$ 和 $\frac{3}{4}$ 分别计算,得到表 7.1.

表 7.1　例 1 试验数据表

Y	0	1	2	3
$p = \frac{1}{4}$ 时,$P\{Y=k\}$ 的值	$\frac{27}{64}$	$\frac{27}{64}$	$\frac{9}{64}$	$\frac{1}{64}$
$p = \frac{3}{4}$ 时,$P\{Y=k\}$ 的值	$\frac{1}{64}$	$\frac{9}{64}$	$\frac{27}{64}$	$\frac{27}{64}$

由此可见,如果一次具体试验的结果是抽取的 3 个球中没有黑色球($Y=0$),对于 $p=\frac{1}{4}$ 的总体 X,发生的可能性是 $\frac{27}{64}$,对于 $p=\frac{3}{4}$ 的总体 X,发生的可能性为 $\frac{1}{64}$. 这时,自然应估计 $p=\frac{1}{4}$ 而不是 $p=\frac{3}{4}$.

相类似,如果 $Y=1$,应估计 $p=\frac{1}{4}$,如果 $Y=2$,应估计 $p=\frac{3}{4}$,如果 $Y=3$,应估计 $p=\frac{3}{4}$.

根据抽样的结果选择 p 值,使得试验结果发生的可能性最大,这即为极大似然估计法的基本思想.

一般,若总体 X 是离散型随机变量,其概率分布形式为
$$P\{X = x\} = p(x, \theta) \quad (\theta \in \Theta),$$
其中 Θ 是 θ 取值的范围.

设 X 的样本为 $X_1, X_2, \cdots, X_n$,则 $(X_1, X_2, \cdots, X_n)$ 的概率分布为
$$\begin{aligned} & P\{X_1 = x_1, X_2 = x_2, \cdots, X_n = x_n\} \\ &= P\{X_1 = x_1\} P\{X_2 = x_2\} \cdots P\{X_n = x_n\} \\ &= \prod_{i=1}^{n} P\{X_i = x_i\} = \prod_{i=1}^{n} p(x_i, \theta). \end{aligned}$$

将 $x_1, x_2, \cdots, x_n$ 看为样本 $X_1, X_2, \cdots, X_n$ 的观察值,则上式是取到样本观察值的概率,即事件 $X_1 = x_1, X_2 = x_2, \cdots, X_n = x_n$ 发生的概率,它与 θ 的取值有关,是 θ 的函数,记为 $L(\theta)$:
$$L(\theta) = \prod_{i=1}^{n} p(x_i, \theta), \tag{7.6}$$

称 $L(\theta)$ 为样本的**似然函数**.

根据极大似然估计法的基本思想,θ 的选取应使抽样的具体结果(即取到样本观察值 $x_1, x_2, \cdots, x_n$)发生的概率最大,即使 $L(\theta)$ 取最大值. 使 $L(\theta)$ 取最大值的 θ 记为 $\hat{\theta}$:

$$L(\hat{\theta}) = \max_{\theta \in \Theta} L(\theta). \tag{7.7}$$

用 $\hat{\theta}$ 估计 θ.

显然 $\hat{\theta}$ 与 $x_1, x_2, \cdots, x_n$ 有关,记作 $\hat{\theta}(x_1, x_2, \cdots, x_n)$,相应的统计量为 $\hat{\theta}(X_1, X_2, \cdots, X_n)$. 称 $\hat{\theta}(X_1, X_2, \cdots, X_n)$ 为 θ 的**极大似然估计量**,$\hat{\theta}(x_1, x_2, \cdots, x_n)$ 为 θ 的**极大似然估计值**.

若总体 X 是连续型随机变量,其概率密度形式为 $f(x, \theta)$ $(\theta \in \Theta)$,X 的样本为 $X_1, X_2, \cdots, X_n$,则样本的似然函数为

$$L(\theta) = \prod_{i=1}^{n} f(x_i, \theta), \tag{7.8}$$

其他均和离散型情况相同.

为了得到 θ 的极大似然估计量 $\hat{\theta}$,需求解(7.7)式. 如果 $L(\theta)$ 关于 θ 的导数存在,则方程

$$\frac{\mathrm{d}L(\theta)}{\mathrm{d}\theta} = 0 \tag{7.9}$$

的解可能是 $\hat{\theta}$. 上述方程称为**似然方程**.

因为 $L(\theta)$ 是 n 个函数的乘积,对 θ 求导数比较麻烦. 取 $L(\theta)$ 的对数 $\ln L(\theta)$,$\ln L(\theta)$ 是 n 个函数之和,对 θ 求导数方便多了,并且 $\ln L(\theta)$ 与 $L(\theta)$ 在相同 θ 处取极值,即

$$\frac{\mathrm{d}\ln L(\theta)}{\mathrm{d}\theta} = 0 \tag{7.10}$$

与方程(7.9)有相同的解.

例4 设 X 服从参数为 p 的两点分布:
$$P\{X=1\} = p, \quad P\{X=0\} = 1-p \quad (0 < p < 1),$$
$X_1, X_2, \cdots, X_n$ 是 X 的一个样本,求参数 p 的极大似然估计量.

解 设 $x_1, x_2, \cdots, x_n$ 是样本 $X_1, X_2, \cdots, X_n$ 的观察值,X 的概率分布又可以写为
$$P\{X=x\} = p^x (1-p)^{1-x} \quad (x = 0, 1),$$

则似然函数

$$L(p) = \prod_{i=1}^{n} p^{x_i} (1-p)^{1-x_i} = p^{\sum_{i=1}^{n} x_i} (1-p)^{n - \sum_{i=1}^{n} x_i},$$

取对数

$$\ln L(p) = \Big(\sum_{i=1}^{n} x_i\Big) \ln p + \Big(n - \sum_{i=1}^{n} x_i\Big) \ln(1-p).$$

令

$$\frac{\mathrm{d}\ln L(p)}{\mathrm{d}p} = \frac{\sum_{i=1}^{n} x_i}{p} - \frac{n - \sum_{i=1}^{n} x_i}{1-p} = 0,$$

解得 p 的极大似然估计值

$$\hat{p} = \frac{1}{n} \sum_{i=1}^{n} x_i = \bar{x}.$$

p 的极大似然估计量

$$\hat{p} = \frac{1}{n}\sum_{i=1}^{n} X_i = \overline{X}, \tag{7.11}$$

正是样本平均值.

上面讨论的是分布中只含有一个未知参数 θ 时的情况,对于分布中含有多个未知参数的情况,极大似然估计法也适用. 常见的是两个未知参数 θ_1 和 θ_2 的情况,这时似然函数是 θ_1 和 θ_2 的函数 $L(\theta_1,\theta_2)$. 与似然方程(7.9)对应的是似然方程组

$$\begin{cases} \dfrac{\partial L(\theta_1,\theta_2)}{\partial \theta_1} = 0, \\ \dfrac{\partial L(\theta_1,\theta_2)}{\partial \theta_2} = 0, \end{cases}$$

取 $L(\theta_1,\theta_2)$ 的对数 $\ln L(\theta_1,\theta_2)$,有方程组

$$\begin{cases} \dfrac{\partial \ln L(\theta_1,\theta_2)}{\partial \theta_1} = 0, \\ \dfrac{\partial \ln L(\theta_1,\theta_2)}{\partial \theta_2} = 0. \end{cases}$$

解上述方程组,即可得到 θ_1 和 θ_2 的极大似然估计 $\hat{\theta}_1$ 和 $\hat{\theta}_2$.

对多个未知参数的情况,可以类似处理.

例 5 设 $X \sim N(\mu,\sigma^2)$,μ,σ^2 为未知参数,$X_1,X_2,\cdots,X_n$ 是 X 的一个样本,求 μ,σ^2 的极大似然估计量.

解 设 $x_1,x_2,\cdots,x_n$ 是样本 $X_1,X_2,\cdots,X_n$ 的观察值,X 的概率密度为

$$f(x,\mu,\sigma^2) = \frac{1}{\sqrt{2\pi}\sigma} e^{-\frac{(x-\mu)^2}{2\sigma^2}} \quad (-\infty < x < \infty),$$

则似然函数

$$L(\mu,\sigma^2) = \prod_{i=1}^{n} \frac{1}{\sqrt{2\pi}\sigma} e^{-\frac{(x_i-\mu)^2}{2\sigma^2}} = (2\pi)^{-\frac{n}{2}} (\sigma^2)^{-\frac{n}{2}} e^{-\frac{1}{2\sigma^2}\sum_{i=1}^{n}(x_i-\mu)^2}.$$

取对数

$$\ln L(\mu,\sigma^2) = -\frac{n}{2}\ln 2\pi - \frac{n}{2}\ln \sigma^2 - \frac{1}{2\sigma^2}\sum_{i=1}^{n}(x_i-\mu)^2,$$

令

$$\begin{cases} \dfrac{\partial \ln L(\mu,\sigma^2)}{\partial \mu} = \dfrac{1}{\sigma^2}\sum_{i=1}^{n}(x_i-\mu) = 0, \\ \dfrac{\partial \ln L(\mu,\sigma^2)}{\partial \sigma^2} = -\dfrac{n}{2\sigma^2} + \dfrac{1}{2\sigma^4}\sum_{i=1}^{n}(x_i-\mu)^2 = 0, \end{cases}$$

其解为

$$\hat{\mu} = \frac{1}{n}\sum_{i=1}^{n} x_i = \overline{x}, \quad \hat{\sigma}^2 = \frac{1}{n}\sum_{i=1}^{n}(x_i-\overline{x})^2,$$

从而 μ,σ^2 的极大似然估计量分别为

$$\hat{\mu} = \frac{1}{n}\sum_{i=1}^{n} X_i = \overline{X}, \tag{7.12}$$

$$\hat{\sigma}^2 = \frac{1}{n}\sum_{i=1}^{n}(X_i - \overline{X})^2. \tag{7.13}$$

习 题 7.1

1. 设 $X_1, X_2, \cdots, X_n$ 是来自参数为 λ 的泊松分布总体 X 的一个样本，求 λ 的矩估计量和极大似然估计量.

2. 设 $X_1, X_2, \cdots, X_n$ 是来自参数为 λ 的指数分布总体 X 的一个样本，求 λ 的极大似然估计量.

3. 设某种设备的使用寿命服从参数为 λ 的指数分布，今随机地抽取 20 台设备，测得使用寿命的数据如下：

$$20, 25, 39, 52, 69, 105, 136, 150, 280, 300, 330,$$
$$420, 460, 510, 630, 180, 200, 230, 820, 1150,$$

求 λ 的极大似然估计值.

4. 设总体 $X \sim N(0, \sigma^2)$，$X_1, X_2, \cdots, X_n$ 是样本，求未知参数 σ^2 的极大似然估计量.

§7.2 估计量的评选标准

对于同一个未知参数，使用不同的估计方法可能得到不同的估计量. 例如，对正态分布 $N(\mu, \sigma^2)$ 的参数 σ^2，使用极大似然估计法，得到的估计量如 (7.13) 式所示. 如果使用其他的估计方法，可以得到 σ^2 的估计量是样本方差 $S^2 = \frac{1}{n-1}\sum_{i=1}^{n}(X_i - \overline{X})^2$. 两个估计量的区别是系数不相同. 直观上看，采用 $\frac{1}{n}$ 作系数比采用 $\frac{1}{n-1}$ 作系数更为合理，因为样本的容量是 n. 然而在实际应用中，却常使用 S^2 估计 σ^2，因为 S^2 要好一些. 所以，这里有一个评选估计量好与差的标准的问题. 评选估计量好与差的标准比较多，常用的标准有**无偏性**、**有效性**和**一致性**. 本节将对无偏性和有效性作简单介绍.

一、无偏性

未知参数 θ 的估计量 $\hat{\theta}$ 是个随机变量，对于不同的样本观察值，$\hat{\theta}$ 取不同的估计值. 衡量一个估计量的好与差不能用一次具体抽样的结果作出定论，而要从多次具体抽样所得到的估计值与真值 θ 的偏差大小评定 $\hat{\theta}$ 的好与差. 因此，一个好的估计量 $\hat{\theta}$ 的取值应在 θ 的真值附近徘徊，$\hat{\theta}$ 的期望应为 θ 的真值. 这就是估计量具有无偏性.

定义 7.1 设 $\hat{\theta} = \hat{\theta}(X_1, X_2, \cdots, X_n)$ 是未知参数 θ 的估计量，若 $E(\hat{\theta})$ 存在，并且对于任意 $\theta \in \Theta$，

$$E(\hat{\theta}) = \theta, \tag{7.14}$$

则称 $\hat{\theta}$ 是 θ 的**无偏估计量**.

下面先证明一个重要的结论.

定理 7.1 设总体 X 的 $E(X)$ 和 $D(X)$ 存在，$X_1, X_2, \cdots, X_n$ 为 X 的样本，则
$$E(\overline{X}) = E(X), \tag{7.15}$$
$$E(S^2) = D(X). \tag{7.16}$$

证 $E(\overline{X}) = E\left(\dfrac{1}{n}\sum_{i=1}^{n} X_i\right) = \dfrac{1}{n}\sum_{i=1}^{n} E(X_i) = E(X),$

$$S^2 = \frac{1}{n-1}\sum_{i=1}^{n}(X_i - \overline{X})^2,$$

$$\sum_{i=1}^{n}(X_i - \overline{X})^2 = \sum_{i=1}^{n}\{[X_i - E(X)] - [\overline{X} - E(X)]\}^2$$
$$= \sum_{i=1}^{n}[X_i - E(X)]^2 - 2\sum_{i=1}^{n}[X_i - E(X)][\overline{X} - E(X)]$$
$$+ \sum_{i=1}^{n}[\overline{X} - E(X)]^2,$$

$$\sum_{i=1}^{n}[X_i - E(X)][\overline{X} - E(X)] = [\overline{X} - E(X)]\sum_{i=1}^{n}[X_i - E(X)]$$
$$= n[\overline{X} - E(X)]^2,$$

$$\sum_{i=1}^{n}[\overline{X} - E(X)]^2 = n[\overline{X} - E(X)]^2,$$

于是
$$\sum_{i=1}^{n}(X_i - \overline{X})^2 = \sum_{i=1}^{n}[X_i - E(X)]^2 - n[\overline{X} - E(X)]^2,$$

$$E(S^2) = \frac{1}{n-1}E\left\{\sum_{i=1}^{n}[X_i - E(X)]^2 - n[\overline{X} - E(X)]^2\right\}$$
$$= \frac{1}{n-1}\left\{\sum_{i=1}^{n}E\{[X_i - E(X)]^2\} - nE\{[\overline{X} - E(X)]^2\}\right\}.$$

注意到
$$E(X_i) = E(X) \ (i=1,2,\cdots,n), \quad E(\overline{X}) = E(X),$$
则
$$E\{[X_i - E(X)]^2\} = E\{[X_i - E(X_i)]^2\} = D(X_i)$$
$$(i=1,2,\cdots,n),$$
$$E\{[\overline{X} - E(X)]^2\} = E\{[\overline{X} - E(\overline{X})]^2\} = D(\overline{X}),$$

从而
$$E(S^2) = \frac{1}{n-1}\left[\sum_{i=1}^{n}D(X_i) - nD(\overline{X})\right].$$

再注意到
$$D(X_i) = D(X) \quad (i=1,2,\cdots,n),$$
$$D(\overline{X}) = D\left(\frac{1}{n}\sum_{i=1}^{n}X_i\right) = \frac{1}{n^2}\sum_{i=1}^{n}D(X_i) = \frac{D(X)}{n},$$

最后得到
$$E(S^2) = \frac{1}{n-1}[nD(X) - D(X)] = D(X). \tag{7.17}$$

定理 7.1 表明，样本平均值 $\overline{X}$ 是总体期望 $E(X)$ 的无偏估计，样本方差 S^2 是总体方差 $D(X)$ 的无偏估计. 如果 $E(X)$ 和 $D(X)$ 与未知参数有关，例如，对正态分布 $N(\mu,\sigma^2)$，$E(X) = \mu$，$D(X) = \sigma^2$，则 $\overline{X}$ 作为 μ 的估计量，S^2 作为 σ^2 的估计量，它们都具有无偏性，都是无偏估计量. 而(7.13)式中的 $\hat{\sigma}^2 = \frac{1}{n}\sum_{i=1}^{n}(X_i - \overline{X})^2$ 不是无偏估计量，因为

$$E(\hat{\sigma}^2) = E\left[\frac{1}{n}\sum_{i=1}^{n}(X_i - \overline{X})^2\right] = E\left[\frac{n-1}{n} \cdot \frac{1}{n-1}\sum_{i=1}^{n}(X_i - \overline{X})^2\right]$$
$$= \frac{n-1}{n}E(S^2) = \frac{n-1}{n}\sigma^2. \tag{7.18}$$

这就是我们在本节开始所说的 S^2 要好一些的原因.

例 1 证明：对服从参数为 p 的两点分布的总体 X，p 的极大似然估计量具有无偏性.

证 由(7.11)式知 p 的极大似然估计量 $\hat{p} = \overline{X}$，根据定理 7.1，
$$E(\hat{p}) = E(\overline{X}) = E(X) = p. \tag{7.19}$$
从而 $\hat{p}$ 是 p 的无偏估计量.

例 2 设 $X_1, X_2, \cdots, X_n$ 是总体 X 的样本，$E(X) = \mu$，则 $\hat{\mu}_1 = X_1$，$\hat{\mu}_2 = \frac{X_1 + X_2}{2}$，$\hat{\mu}_3 = \overline{X}$ 都是 μ 的无偏估计量：
$$E(\hat{\mu}_1) = E(\hat{\mu}_2) = E(\hat{\mu}_3) = \mu. \tag{7.20}$$
由此可见，一个未知参数可以有不同的无偏估计量.

二、有效性

定义 7.2 设 $\hat{\theta}_1 = \hat{\theta}_1(X_1, X_2, \cdots, X_n)$ 和 $\hat{\theta}_2 = \hat{\theta}_2(X_1, X_2, \cdots, X_n)$ 是 θ 的两个无偏估计量，若
$$D(\hat{\theta}_1) < D(\hat{\theta}_2), \tag{7.21}$$
则称 $\hat{\theta}_1$ 比 $\hat{\theta}_2$ 有效.

有效性可以这样理解：对于未知参数 θ，它的无偏估计量尽管取值都在 θ 的真值附近徘徊，并且期望都是 θ 的真值，但是它们之间还可能有区别. 有的无偏估计量所取的值可能密集在 θ 的真值附近，有的则可能稍远一些，即无偏估计量所取的值在 θ 的真值附近的密集程度不一样. 当然，$\hat{\theta}$ 所取的值越密集于 θ 的真值附近越好，即 $\hat{\theta}$ 所取的值对于 θ 的真值的分散

程度越小越好. 对于 θ 的真值的分散程度可以用 $E[(\hat\theta-\theta)^2]$ 描述,由于 $E(\hat\theta)=\theta$,因此,$E[(\hat\theta-\theta)^2]=E\{[\hat\theta-E(\hat\theta)]^2\}=D(\hat\theta)$. 从而,可以用 $\hat\theta$ 的方差描述 $\hat\theta$ 所取的值对于 θ 的真值的分散程度,方差越小越好.

例 3 对例 2 中 μ 的 3 个无偏估计量 $\hat\mu_1,\hat\mu_2,\hat\mu_3$,可计算出它们的方差分别为

$$D(\hat\mu_1)=D(X_1)=D(X),$$

$$D(\hat\mu_2)=D\left(\frac{X_1+X_2}{2}\right)=\frac{1}{4}[D(X_1)+D(X_2)]=\frac{1}{2}D(X),$$

$$D(\hat\mu_3)=D(\overline{X})=D\left(\frac{X_1+X_2+\cdots+X_n}{n}\right)=\frac{1}{n}D(X).$$

显然,当 $n>2$ 时,$D(\hat\mu_1)>D(\hat\mu_2)>D(\hat\mu_3)$,即 $\hat\mu_1,\hat\mu_2$ 和 $\hat\mu_3$ 中,以 $\hat\mu_3$ 最为有效.

习 题 7.2

一、单项选择题

1. θ 为总体 X 的未知参数,θ 的估计量是 $\hat\theta$,则（　　）.
(A) $\hat\theta$ 是一个数,近似等于 θ；　　　　(B) $\hat\theta$ 是一个随机变量；
(C) $E(\hat\theta)=\theta$；　　　　　　　　　　(D) $D(\hat\theta)=\theta$.

2. 设 $X_1,X_2,\cdots,X_n$ 是总体 X 的样本,并且 $D(X)=\sigma^2$,令 $Y=\frac{1}{n}\sum_{i=1}^{n}(X_i-\overline{X})^2$,则（　　）.

(A) $E(Y)=\frac{1}{n}\sigma^2$；　　　　　　　　(B) $E(Y)=\frac{n-1}{n}\sigma^2$；

(C) $E(Y)=\sigma^2$；　　　　　　　　　　(D) $E(Y)=\frac{n}{n-1}\sigma^2$.

3. 设 X_1,X_2,X_3 是总体 X 的一个样本,则 $E(X)$ 的无偏估计是（　　）.

(A) $\hat\mu_1=\frac{1}{2}X_1-\frac{1}{4}X_2+\frac{1}{3}X_3$；　　(B) $\hat\mu_2=\frac{1}{6}X_1+\frac{11}{12}X_2-\frac{1}{4}X_3$；

(C) $\hat\mu_3=\frac{1}{3}X_1+\frac{1}{2}X_2+\frac{1}{6}X_3$；　　(D) $\hat\mu_4=\frac{2}{3}X_1+\frac{3}{2}X_2-\frac{5}{6}X_3$.

二、其他类型题

1. 设总体 X 服从参数为 λ 的泊松分布,$X_1,X_2,\cdots,X_n$ 是 X 的样本. 证明：对任一值 α：$0\leqslant\alpha\leqslant1$,$\alpha\overline{X}+(1-\alpha)S^2$ 是 λ 的无偏估计量.

2. 设 X_1,X_2 是正态总体 $X\sim N(\mu,1)$ 的一个容量为 2 的样本,证明以下 3 个估计量都是 μ 的无偏估计量：

$$\hat\mu_1=\frac{2}{3}X_1+\frac{1}{3}X_2,\quad \hat\mu_2=\frac{1}{4}X_1+\frac{3}{4}X_2,\quad \hat\mu_3=\frac{1}{2}X_1+\frac{1}{2}X_2,$$

并指出其中哪一个方差最小？

§7.3 区间估计

点估计作为未知参数的近似值,误差有多大,希望能够估计出一个范围,并且知道这个范围包含参数真值的可信程度. 这种范围通常用区间的形式给出,并同时给出此区间包含参

数真值的可信程度,这就是参数的**区间估计**问题.

一、置信区间和置信度

定义 7.3 设 θ 是总体 X 的分布函数 $F(x,\theta)$ 中的未知参数. 对于给定的 $\alpha(0<\alpha<1)$, 若由样本 $X_1,X_2,\cdots,X_n$ 确定两个统计量 $\underline{\theta}=\underline{\theta}(X_1,X_2,\cdots,X_n)$ 与 $\overline{\theta}=\overline{\theta}(X_1,X_2,\cdots,X_n)$ 满足

$$P\{\underline{\theta}<\theta<\overline{\theta}\}=1-\alpha, \tag{7.22}$$

则称随机区间 $(\underline{\theta},\overline{\theta})$ 是 θ 的**置信度**为 $1-\alpha$ 的**双侧置信区间**,简称为**置信区间**,分别称 $\underline{\theta},\overline{\theta}$ 为**置信下限**和**置信上限**,称 $1-\alpha$ 为**置信度**.

要注意,(7.22)式是指 $(\underline{\theta},\overline{\theta})$ 包含 θ 的概率为 $1-\alpha$,而不是 θ 落入 $(\underline{\theta},\overline{\theta})$ 的概率是 $1-\alpha$,因为 $\underline{\theta},\overline{\theta}$ 是随机变量,而 θ 不是随机变量. 具体地说,若反复抽样多次,每次的样本容量都是 n,则每一次抽样得到的样本观察值 $x_1,x_2,\cdots,x_n$ 可确定一个区间 $(\underline{\theta}(x_1,x_2,\cdots,x_n),\overline{\theta}(x_1,x_2,\cdots,x_n))$,这个区间或者包含 θ 的真值在内,或者不包含 θ 的真值在内. 在多次抽样后得到的多个区间中,包含 θ 的真值在内的区间数约占 $1-\alpha$,不包含的约占 α. 例如,取 $\alpha=0.01$,反复抽样 1000 次,得到 1000 个区间,其中约有 10 个区间不包含 θ 的真值在内.

由于在实际问题中,正态总体广泛存在,因此下面主要讨论正态总体的期望和方差的区间估计问题.

二、正态总体期望的区间估计

1. 单个总体 $X\sim N(\mu,\sigma^2)$ 期望 μ 的置信区间

可以分为已知方差 σ^2 和未知方差 σ^2 两种情况讨论.

第一种情况 已知方差 σ^2,对期望 μ 进行区间估计.

用 $\overline{X}$ 作为 μ 的点估计,由于 $\overline{X}\sim N\left(\mu,\dfrac{\sigma^2}{n}\right)$,从而 $\dfrac{\overline{X}-\mu}{\sqrt{\sigma^2/n}}\sim N(0,1)$,将该随机变量记为 U:

$$U=\frac{\overline{X}-\mu}{\sqrt{\sigma^2/n}}\sim N(0,1). \tag{7.23}$$

按照标准正态分布上侧分位数的定义,对给定的 α: $0<\alpha<1$,

$$P\{|U|<u_{\frac{\alpha}{2}}\}=P\left\{\left|\frac{\overline{X}-\mu}{\sqrt{\sigma^2/n}}\right|<u_{\frac{\alpha}{2}}\right\}=1-\alpha, \tag{7.24}$$

参见图 7.1.

由(7.24)式得到

$$P\left\{-u_{\frac{\alpha}{2}}<\frac{\overline{X}-\mu}{\sqrt{\sigma^2/n}}<u_{\frac{\alpha}{2}}\right\}=1-\alpha,$$

即

$$P\left\{\overline{X}-u_{\frac{\alpha}{2}}\sqrt{\frac{\sigma^2}{n}}<\mu<\overline{X}+u_{\frac{\alpha}{2}}\sqrt{\frac{\sigma^2}{n}}\right\}=1-\alpha. \tag{7.25}$$

于是，μ 的置信度为 $1-\alpha$ 的置信区间是

$$\left(\overline{X} - u_{\frac{\alpha}{2}}\sqrt{\frac{\sigma^2}{n}},\ \overline{X} + u_{\frac{\alpha}{2}}\sqrt{\frac{\sigma^2}{n}}\right). \tag{7.26}$$

这个区间的中点是 $\overline{X}$，长度为 $2u_{\frac{\alpha}{2}}\sqrt{\frac{\sigma^2}{n}}$.

例如，当 $\alpha=0.05$ 时，查附表 2 可得 $u_{\frac{\alpha}{2}}=u_{0.025}=1.96$，$\mu$ 的置信度为 0.95 的置信区间是

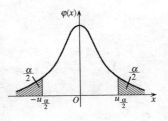

图 7.1　(7.24)式的意义

$$\left(\overline{X} - 1.96\sqrt{\frac{\sigma^2}{n}},\ \overline{X} + 1.96\sqrt{\frac{\sigma^2}{n}}\right). \tag{7.27}$$

例 1　某厂生产的化纤纤度(表示纤维粗细程度的量)X 服从正态分布：$X \sim N(\mu, \sigma^2)$，已知 $\sigma^2=0.048^2$. 今抽取 9 根纤维，测得其纤度为

$$1.36, 1.49, 1.43, 1.41, 1.37, 1.40, 1.32, 1.42, 1.47.$$

求期望 μ 的置信度为 0.95 的置信区间.

解　$n=9, \sigma^2=0.048^2$，计算得到 $\bar{x}=1.408$，由(7.27)式得到 μ 的置信度为 0.95 的置信区间为 $(1.377, 1.439)$.

显然，当置信度不同时，相应的置信区间也不一样. 例如，当 $\alpha=0.01$ 时，由附表 2 可查到 $u_{\frac{\alpha}{2}}=u_{0.005}=2.58$，由(7.26)式得到 μ 的置信度为 0.99 的置信区间是

$$\left(\overline{X} - 2.58\sqrt{\frac{\sigma^2}{n}},\ \overline{X} + 2.58\sqrt{\frac{\sigma^2}{n}}\right). \tag{7.28}$$

与(7.27)式相比较，这两个区间的中点都是 $\overline{X}$，但(7.27)式所示区间的长度为 $3.92\sqrt{\frac{\sigma^2}{n}}$，而 (7.28)式所示区间的长度为 $5.16\sqrt{\frac{\sigma^2}{n}}$. 由于置信度增大，相应置信区间的长度也增大.

另外，对于相同的置信度，置信区间不唯一. 例如，当 $\alpha=0.05$ 时，(7.27)式所示的置信区间是由关系式

$$P\left\{-u_{0.025} < \frac{\overline{X}-\mu}{\sqrt{\sigma^2/n}} < u_{0.025}\right\} = 0.95$$

推导出的. 如果由关系式

$$P\left\{-u_{0.04} < \frac{\overline{X}-\mu}{\sqrt{\sigma^2/n}} < u_{0.01}\right\} = 0.95$$

也可推导出

$$P\left\{\overline{X} - u_{0.01} < \sqrt{\frac{\sigma^2}{n}} < \mu < \overline{X} + u_{0.04}\sqrt{\frac{\sigma^2}{n}}\right\} = 0.95,$$

即得到 μ 的置信度为 0.95 的另一置信区间

$$\left(\overline{X} - u_{0.01}\sqrt{\frac{\sigma^2}{n}},\ \overline{X} + u_{0.04}\sqrt{\frac{\sigma^2}{n}}\right). \tag{7.29}$$

由附表 2 可查到 $u_{0.01}=2.33, u_{0.04}=1.75$，(7.29)式成为

$$\left(\overline{X} - 2.33\sqrt{\frac{\sigma^2}{n}},\ \overline{X} + 1.75\sqrt{\frac{\sigma^2}{n}}\right). \tag{7.30}$$

这个区间不再以 $\overline{X}$ 为中点，其长度为 $4.08\sqrt{\frac{\sigma^2}{n}}$，显然比(7.27)式所示的区间的长度大。

还可以得到置信度为 0.95 的其他置信区间。对于相同的置信度，置信区间的长度越小越好，表示估计的精度高。因此，当 $\alpha=0.05$ 时，(7.27)式所示的置信区间优于(7.30)式所示的置信区间。由于随机变量 U 的概率密度 $\varphi(x)$ 的图形单峰对称，可以证明，当 n 固定时，(7.26)式所示的置信区间是置信度为 $1-\alpha$ 的所有置信区间中长度最小的，因此，用它作为 μ 的置信度为 $1-\alpha$ 的置信区间。

第二种情况 未知方差 σ^2，对期望 μ 进行区间估计。

这时，在(7.23)式中，将 σ^2 用其点估计样本方差 S^2 代替，得到的随机变量记为 t，由定理 6.3 可知，t 服从自由度为 $n-1$ 的 t 分布：

$$t = \frac{\overline{X} - \mu}{\sqrt{S^2/n}} \sim t(n-1), \tag{7.31}$$

按照 t 分布上侧分位数的定义，对给定的 $\alpha: 0<\alpha<1$，

$$P\{|t| < t_{\frac{\alpha}{2}}(n-1)\} = P\left\{\left|\frac{\overline{X}-\mu}{\sqrt{S^2/n}}\right| < t_{\frac{\alpha}{2}}(n-1)\right\} = 1-\alpha, \tag{7.32}$$

参见图 7.2.

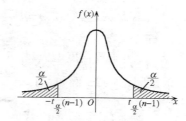

图 7.2 (7.32)式的意义

由(7.32)式得到

$$P\left\{-t_{\frac{\alpha}{2}}(n-1) < \frac{\overline{X}-\mu}{\sqrt{S^2/n}} < t_{\frac{\alpha}{2}}(n-1)\right\} = 1-\alpha,$$

即

$$P\left\{\overline{X} - t_{\frac{\alpha}{2}}(n-1)\sqrt{\frac{S^2}{n}} < \mu < \overline{X} + t_{\frac{\alpha}{2}}(n-1)\sqrt{\frac{S^2}{n}}\right\} = 1-\alpha, \tag{7.33}$$

得到 μ 的置信度为 $1-\alpha$ 的置信区间是

$$\left(\overline{X} - t_{\frac{\alpha}{2}}(n-1)\sqrt{\frac{S^2}{n}},\ \overline{X} + t_{\frac{\alpha}{2}}(n-1)\sqrt{\frac{S^2}{n}}\right). \tag{7.34}$$

例 2 对飞机的飞行速度进行 15 次独立测试,测得飞机的最大飞行速度如下(单位:米/秒):

$$422.2, 418.7, 425.6, 420.3, 425.8, 423.1, 431.5,$$
$$428.2, 438.3, 434.0, 412.3, 417.2, 413.5, 441.3, 423.7,$$

根据长期经验,可以认为飞机的最大飞行速度服从正态分布,试对最大飞行速度的期望进行区间估计,置信度为 0.95.

解 用 X 表示飞机的最大飞行速度,则 $X \sim N(\mu, \sigma^2)$. 上面的 15 个数值可以看成容量为 15 的样本的观察值. 现未知 σ^2,求 μ 的置信度为 0.95 的置信区间.

$\alpha = 0.05, n = 15$,计算得到

$$\overline{x} = 425.047, \quad s^2 = 71.881.$$

查附表 3 得到 $t_{\frac{\alpha}{2}}(n-1) = t_{0.025}(14) = 2.1448$,由 (7.34) 式,所求的置信度为 0.95 的置信区间为 $(420.351, 429.743)$.

2. 两个总体 $X \sim N(\mu_1, \sigma_1^2), Y \sim N(\mu_2, \sigma_2^2)$ 的期望差 $\mu_1 - \mu_2$ 的置信区间

在实际中经常遇到这样的问题,已知产品的某一项质量指标服从正态分布,但由于原料、设备、操作人员不同,引起总体期望、方差有所改变. 为了知道这些变化有多大,需要考虑两个正态总体期望差和方差比的估计问题,先考虑期望差的区间估计问题.

对总体 $X \sim N(\mu_1, \sigma_1^2)$,抽取容量为 n_1 的样本 $X_1, X_2, \cdots, X_{n_1}$,对总体 $Y \sim N(\mu_2, \sigma_2^2)$,抽取容量为 n_2 的样本 $Y_1, Y_2, \cdots, Y_{n_2}$,并且设 X 与 Y 相互独立. 对给定的置信度 $1-\alpha$,期望差 $\mu_1 - \mu_2$ 的置信度为 $1-\alpha$ 的置信区间是指由两个样本构成的两个统计量 $\underline{\theta}, \overline{\theta}$ 形成的区间 $(\underline{\theta}, \overline{\theta})$,满足

$$P\{\underline{\theta} < \mu_1 - \mu_2 < \overline{\theta}\} = 1 - \alpha. \tag{7.35}$$

用 $\overline{X}, \overline{Y}$ 分别表示两个总体的样本平均值,用 S_1^2, S_2^2 分别表示两个总体的样本方差. 下面仍然分已知方差和未知方差两种情况进行讨论.

第一种情况 已知方差 σ_1^2 和 σ_2^2.

由于 $\overline{X}, \overline{Y}$ 分别是 μ_1, μ_2 的无偏估计量,因此 $\overline{X} - \overline{Y}$ 是 $\mu_1 - \mu_2$ 的无偏估计量. 根据定理 6.1, $\overline{X} \sim N\left(\mu_1, \frac{\sigma_1^2}{n_1}\right), \overline{Y} \sim N\left(\mu_2, \frac{\sigma_2^2}{n_2}\right)$,从而

$$\overline{X} - \overline{Y} \sim N\left(\mu_1 - \mu_2, \frac{\sigma_1^2}{n_1} + \frac{\sigma_2^2}{n_2}\right), \tag{7.36}$$

$$\frac{(\overline{X} - \overline{Y}) - (\mu_1 - \mu_2)}{\sqrt{\frac{\sigma_1^2}{n_1} + \frac{\sigma_2^2}{n_2}}} \sim N(0, 1). \tag{7.37}$$

类似于单个总体的情况,对给定的 $\alpha: 0 < \alpha < 1$,

$$P\left\{\left|\frac{(\overline{X}-\overline{Y})-(\mu_1-\mu_2)}{\sqrt{\frac{\sigma_1^2}{n_1}+\frac{\sigma_2^2}{n_2}}}\right|<u_{\frac{\alpha}{2}}\right\}=1-\alpha. \tag{7.38}$$

由此得到

$$P\left\{\overline{X}-\overline{Y}-u_{\frac{\alpha}{2}}\sqrt{\frac{\sigma_1^2}{n_1}+\frac{\sigma_2^2}{n_2}}<\mu_1-\mu_2<\overline{X}-\overline{Y}+u_{\frac{\alpha}{2}}\sqrt{\frac{\sigma_1^2}{n_1}+\frac{\sigma_2^2}{n_2}}\right\}=1-\alpha, \tag{7.39}$$

于是，$\mu_1-\mu_2$ 的一个置信度为 $1-\alpha$ 的置信区间是

$$\left(\overline{X}-\overline{Y}-u_{\frac{\alpha}{2}}\sqrt{\frac{\sigma_1^2}{n_1}+\frac{\sigma_2^2}{n_2}},\ \overline{X}-\overline{Y}+u_{\frac{\alpha}{2}}\sqrt{\frac{\sigma_1^2}{n_1}+\frac{\sigma_2^2}{n_2}}\right). \tag{7.40}$$

第二种情况 未知方差 σ_1^2 和 σ_2^2，但这时要求 $\sigma_1^2=\sigma_2^2=\sigma^2$.

根据定理 6.4,

$$\frac{(\overline{X}-\overline{Y})-(\mu_1-\mu_2)}{S_0\sqrt{\frac{1}{n_1}+\frac{1}{n_2}}}\sim t(n_1+n_2-2), \tag{7.41}$$

其中

$$S_0^2=\frac{(n_1-1)S_1^2+(n_2-1)S_2^2}{n_1+n_2-2}, \tag{7.42}$$

于是

$$P\left\{\left|\frac{(\overline{X}-\overline{Y})-(\mu_1-\mu_2)}{S_0\sqrt{\frac{1}{n_1}+\frac{1}{n_2}}}\right|<t_{\frac{\alpha}{2}}(n_1+n_2-2)\right\}=1-\alpha, \tag{7.43}$$

$$P\left\{\overline{X}-\overline{Y}-t_{\frac{\alpha}{2}}(n_1+n_2-2)S_0\sqrt{\frac{1}{n_1}+\frac{1}{n_2}}<\mu_1-\mu_2\right.$$
$$\left.<\overline{X}-\overline{Y}+t_{\frac{\alpha}{2}}(n_1+n_2-2)S_0\sqrt{\frac{1}{n_1}+\frac{1}{n_2}}\right\}=1-\alpha, \tag{7.44}$$

于是，$\mu_1-\mu_2$ 的一个置信度为 $1-\alpha$ 的置信区间是

$$\left(\overline{X}-\overline{Y}-t_{\frac{\alpha}{2}}(n_1+n_2-2)S_0\sqrt{\frac{1}{n_1}+\frac{1}{n_2}},\ \overline{X}-\overline{Y}+t_{\frac{\alpha}{2}}(n_1+n_2-2)S_0\sqrt{\frac{1}{n_1}+\frac{1}{n_2}}\right). \tag{7.45}$$

例3 为比较甲、乙两种型号步枪子弹的枪口速度，随机地取甲型子弹 10 发，得到枪口速度的平均值 $\overline{x}=500$ 米/秒，标准差 $s_1=1.10$ 米/秒；随机地取乙型子弹 20 发，得到枪口速度的平均值 $\overline{y}=496$ 米/秒，标准差 $s_2=1.20$ 米/秒. 设两个总体都可以认为近似地服从正态分布，并且由生产过程可以认为它们的方差相等. 求两个总体期望差 $\mu_1-\mu_2$ 的置信度为

0.95 的置信区间.

解 按实际情况,可以认为两个总体相互独立,使用(7.45)式求 $\mu_1-\mu_2$ 的置信区间. $\alpha=0.05, n_1=10, n_2=20$. 由附表 3 查到 $t_{\frac{\alpha}{2}}(n_1+n_2-2)=t_{0.025}(28)=2.0484$,计算得到 $s_0=1.1688, \mu_1-\mu_2$ 的置信度为 0.95 的置信区间为 (3.07,4.93). 由于置信区间的左端点大于零,因此可以认为 μ_1 比 μ_2 大.

如果置信区间的右端点小于零,则可以认为 μ_1 比 μ_2 小. 如果置信区间包含零,则可以认为 μ_1 和 μ_2 没有显著区别.

三、正态总体方差的区间估计

1. 单个总体 $X \sim N(\mu, \sigma^2)$ 方差 σ^2 的置信区间

这里同样有已知期望 μ 和未知期望 μ 两种情况,但后者常用,因此只讨论这种情况.

考虑随机变量 $\chi^2 = \frac{(n-1)S^2}{\sigma^2}$,根据定理 6.2,

$$\chi^2 = \frac{(n-1)S^2}{\sigma^2} \sim \chi^2(n-1), \tag{7.46}$$

按照 χ^2 分布上侧分位数的定义,对给定的 $\alpha: 0<\alpha<1$,

$$P\left\{\chi^2_{1-\frac{\alpha}{2}}(n-1) < \frac{(n-1)S^2}{\sigma^2} < \chi^2_{\frac{\alpha}{2}}(n-1)\right\} = 1-\alpha, \tag{7.47}$$

参见图 7.3. 于是

$$P\left\{\frac{(n-1)S^2}{\chi^2_{\frac{\alpha}{2}}(n-1)} < \sigma^2 < \frac{(n-1)S^2}{\chi^2_{1-\frac{\alpha}{2}}(n-1)}\right\} = 1-\alpha.$$

得到 σ^2 的一个置信度为 $1-\alpha$ 的置信区间

$$\left(\frac{(n-1)S^2}{\chi^2_{\frac{\alpha}{2}}(n-1)}, \frac{(n-1)S^2}{\chi^2_{1-\frac{\alpha}{2}}(n-1)}\right). \tag{7.48}$$

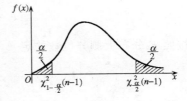

图 7.3 (7.47)式的意义

需要指出,随机变量 χ^2 的概率密度 $f(x)$ 的图形不像标准正态分布和 t 分布的概率密度的图形关于纵轴对称,但是,在图 7.3 中,画斜线的两块面积仍取为相等,都是 $\frac{\alpha}{2}$,这种作法和前面的作法一样. 这时,不能保证(7.48)式所示的置信区间在置信度为 $1-\alpha$ 的所有置信区间中长度最小.

另外,$(n-1)S^2 = \sum_{i=1}^{n}(X_i-\overline{X})^2$,所以(7.48)式又可写为

$$\left(\frac{\sum_{i=1}^{n}(X_i-\overline{X})^2}{\chi^2_{\frac{\alpha}{2}}(n-1)}, \frac{\sum_{i=1}^{n}(X_i-\overline{X})^2}{\chi^2_{1-\frac{\alpha}{2}}(n-1)}\right). \tag{7.49}$$

例 4 抽取某自动车床加工的零件 16 个,测量长度如下(单位:毫米):

12.15,12.12,12.01,12.08,12.09,12.16,12.03,12.01,

$$12.06, 12.13, 12.07, 12.11, 12.08, 12.01, 12.03, 12.06.$$

设零件长度服从正态分布,试对零件长度的方差进行区间估计,置信度为 0.95.

解 $\alpha = 0.05, n = 16$. 由附表 4 查到 $\chi^2_{\frac{\alpha}{2}}(n-1) = \chi^2_{0.025}(15) = 27.488$, $\chi^2_{1-\frac{\alpha}{2}}(n-1) = \chi^2_{0.975}(15) = 6.262$, 计算得到, $\bar{x} = 12.075$, $\sum_{i=1}^{16}(x_i - \bar{x})^2 = 0.0366$, 由 (7.49) 式, 得到 σ^2 的置信度为 0.95 的置信区间为 $(0.0013, 0.0058)$.

2. 两个总体 $X \sim N(\mu_1, \sigma_1^2), Y \sim N(\mu_2, \sigma_2^2)$ 的方差比 $\frac{\sigma_1^2}{\sigma_2^2}$ 的置信区间

对总体 $X \sim N(\mu_1, \sigma_1^2)$, 抽取容量为 n_1 的样本 $X_1, X_2, \cdots, X_{n_1}$, 对总体 $Y \sim N(\mu_2, \sigma_2^2)$, 抽取容量为 n_2 的样本 $Y_1, Y_2, \cdots, Y_{n_2}$, 并且设 X 与 Y 相互独立. 对给定的置信度 $1-\alpha$, 方差比 $\frac{\sigma_1^2}{\sigma_2^2}$ 的置信度为 $1-\alpha$ 的置信区间是指由两个样本构成的两个统计量 $\underline{\theta}, \bar{\theta}$ 形成的区间 $(\underline{\theta}, \bar{\theta})$, 满足

$$P\left\{\underline{\theta} < \frac{\sigma_1^2}{\sigma_2^2} < \bar{\theta}\right\} = 1-\alpha. \tag{7.50}$$

这里, 仍然只考虑未知期望 μ_1 和 μ_2 的情况.

根据定理 6.5,

$$F = \frac{S_1^2/\sigma_1^2}{S_2^2/\sigma_2^2} \sim F(n_1-1, n_2-1), \tag{7.51}$$

按照 F 分布上侧分位数的定义, 对给定的 $\alpha: 0 < \alpha < 1$,

$$P\left\{F_{1-\frac{\alpha}{2}}(n_1-1, n_2-1) < \frac{S_1^2/\sigma_1^2}{S_2^2/\sigma_2^2} < F_{\frac{\alpha}{2}}(n_1-1, n_2-1)\right\} = 1-\alpha, \tag{7.52}$$

参见图 7.4. 于是

$$P\left\{\frac{S_1^2}{S_2^2} \frac{1}{F_{\frac{\alpha}{2}}(n_1-1, n_2-1)} < \frac{\sigma_1^2}{\sigma_2^2} < \frac{S_1^2}{S_2^2} \frac{1}{F_{1-\frac{\alpha}{2}}(n_1-1, n_2-1)}\right\} = 1-\alpha,$$

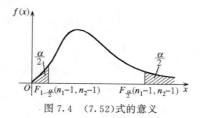

图 7.4 (7.52) 式的意义

得到 $\frac{\sigma_1^2}{\sigma_2^2}$ 的一个置信度为 $1-\alpha$ 的置信区间

$$\left(\frac{S_1^2}{S_2^2} \cdot \frac{1}{F_{\frac{\alpha}{2}}(n_1-1, n_2-1)}, \frac{S_1^2}{S_2^2} \cdot \frac{1}{F_{1-\frac{\alpha}{2}}(n_1-1, n_2-1)}\right). \tag{7.53}$$

例 5 设两位化验员 A,B 独立地对某种化合物的含氯量用相同的方法各作 10 次测量,其测量值的样本方差分别为 $s_1^2=0.5419, s_2^2=0.6065$. 设 σ_1^2, σ_2^2 分别为 A,B 所测量的测量值总体的方差,总体均为正态总体. 求方差比 $\dfrac{\sigma_1^2}{\sigma_2^2}$ 的置信度为 0.95 的置信区间.

解 $\alpha=0.05, n_1=n_2=10$,由附表 5 查出 $F_{\frac{\alpha}{2}}(n_1-1,n_2-1)=F_{0.025}(9,9)=4.03$, $F_{1-\frac{\alpha}{2}}(n_1-1,n_2-1)=F_{0.975}(9,9)=\dfrac{1}{4.03}=0.248$. 由 (7.53) 式得到 $\dfrac{\sigma_1^2}{\sigma_2^2}$ 的置信度为 0.95 的置信区间为 $(0.222, 3.601)$. 由于该置信区间包含 1,可以认为 σ_1^2, σ_2^2 之间没有显著差别.

如果置信区间的左端点大于 1,则可以认为 $\sigma_1^2 > \sigma_2^2$;如果置信区间的右端点小于 1,则可以认为 $\sigma_1^2 < \sigma_2^2$.

*四、单侧置信区间

上面讨论的都是求未知参数 θ 的双侧置信区间 $(\underline{\theta}, \overline{\theta})$. 但在某些实际问题中,例如,对于产品的使用寿命,希望平均寿命长,我们所关心的是平均寿命 θ 的下限;与之相反,在考虑产品的次品率时,所关心的则是次品率 p 的上限. 这就引出了单侧置信区间的概念.

定义 7.4 设 θ 是总体 X 的分布函数 $F(x,\theta)$ 中的一个未知参数,对于给定 $\alpha(0<\alpha<1)$,若由样本确定的统计量 $\underline{\theta}=\underline{\theta}(X_1,X_2,\cdots,X_n)$ 满足
$$P\{\theta > \underline{\theta}\} = 1-\alpha, \tag{7.54}$$
则称随机区间 $(\underline{\theta}, \infty)$ 是 θ 的置信度为 $1-\alpha$ 的**单侧置信区间**,称 $\underline{\theta}$ 为**单侧置信下限**. 若由样本确定的统计量 $\overline{\theta}=\overline{\theta}(X_1,X_2,\cdots,X_n)$ 满足
$$P\{\theta < \overline{\theta}\} = 1-\alpha, \tag{7.55}$$
则称随机区间 $(-\infty, \overline{\theta})$ 是 θ 的置信度为 $1-\alpha$ 的**单侧置信区间**,称 $\overline{\theta}$ 为**单侧置信上限**.

求单侧置信区间的方法与求双侧置信区间的方法类似,下面仅以求单个正态总体 $X\sim N(\mu,\sigma^2)$ 的期望 μ (未知方差 σ^2 时)的单侧置信区间为例说明之.

根据 (7.31) 式,按照 t 分布上侧分位数的定义,可得
$$P\left\{\frac{\overline{X}-\mu}{\sqrt{S^2/n}} < t_\alpha(n-1)\right\} = 1-\alpha, \tag{7.56}$$
于是
$$P\left\{\mu > \overline{X}-t_\alpha(n-1)\sqrt{\frac{S^2}{n}}\right\} = 1-\alpha,$$
得到 μ 的置信度为 $1-\alpha$ 的单侧置信区间为
$$\left(\overline{X}-t_\alpha(n-1)\sqrt{\frac{S^2}{n}}, \infty\right). \tag{7.57}$$

同样,

$$P\left\{\frac{\overline{X}-\mu}{\sqrt{S^2/n}} > -t_\alpha(n-1)\right\} = 1-\alpha, \tag{7.58}$$

于是

$$P\left\{\mu < \overline{X} + t_\alpha(n-1)\sqrt{\frac{S^2}{n}}\right\} = 1-\alpha,$$

得到 μ 的置信度为 $1-\alpha$ 的单侧置信区间为

$$\left(-\infty, \overline{X} + t_\alpha(n-1)\sqrt{\frac{S^2}{n}}\right). \tag{7.59}$$

习 题 7.3

一、单项选择题

1. 若总体 $X \sim N(\mu, \sigma^2)$，其中 σ^2 已知，当样本容量 n 保持不变时，如果置信度 $1-\alpha$ 变小，则 μ 的置信区间（　　）.

(A) 长度变大；　　(B) 长度变小；　　(C) 长度不变；　　(D) 长度不一定不变.

2. 若总体 $X \sim N(\mu, \sigma^2)$，其中 σ^2 已知，当置信度 $1-\alpha$ 保持不变时，如果样本容量 n 增大，则 μ 的置信区间（　　）.

(A) 长度变大；　　(B) 长度变小；　　(C) 长度不变；　　(D) 长度不一定不变.

二、其他类型题

1. 随机地从一批钉子中抽取 16 个，测得钉子长度为（单位：厘米）：

2.14, 2.10, 2.13, 2.15, 2.13, 2.12, 2.13, 2.10,

2.15, 2.12, 2.14, 2.10, 2.13, 2.11, 2.14, 2.11.

设钉长服从正态分布，求总体期望 μ 的置信度为 0.90 的置信区间：

(1) 若已知 $\sigma = 0.01$ 厘米；　　(2) 若未知 σ.

2. 随机地从甲批导线中抽取 4 根，从乙批导线中抽取 5 根，测得电阻为（单位：欧姆）：

甲批导线：0.143, 0.142, 0.143, 0.137,

乙批导线：0.140, 0.142, 0.136, 0.138, 0.140.

设测量数据分别服从正态分布 $N(\mu_1, \sigma^2), N(\mu_2, \sigma^2)$，并且两个总体相互独立，求 $\mu_1 - \mu_2$ 的置信度为 0.95 的置信区间.

3. 从正态总体 X 中抽取容量为 14 的样本，观察值为

11, 13, 12, 12, 13, 16, 11, 11, 15, 12, 12, 13, 11, 11.

求 σ^2 的置信度为 0.90 的置信区间.

4. 研究由甲厂和乙厂所生产的灯泡的使用寿命，分别抽取甲厂、乙厂生产的灯泡 18 个和 13 个，测得样本方差分别为 $s_1^2 = 0.34$ 小时^2, $s_2^2 = 0.29$ 小时^2. 设由甲厂、乙厂生产的灯泡的寿命分别服从正态分布 $N(\mu_1, \sigma_1^2), N(\mu_2, \sigma_2^2)$，并且两个总体相互独立，求方差比 $\frac{\sigma_1^2}{\sigma_2^2}$ 的置信度为 0.90 的置信区间.

第八章 假设检验

在实际中,经常遇到要求回答是与否的问题.例如,某种产品的次品率低于5%吗?某种产品的使用寿命服从指数分布吗?其中有些问题,根据试验的结果,可以准确地给出是与否的回答.但对大多数问题,由于试验结果受随机因素的影响,或者尚未完全掌握事物的规律,从而具有某种不确定性,不能给出完全确定的回答,只能给出有一定可信程度的回答.假设检验提供了处理这类问题的科学方法.

使用假设检验方法处理的问题可依照问题的性质分为若干种,其中重要的两种是:参数的假设检验和分布函数的假设检验,这也是本章讨论的内容.

§8.1 假设检验及其方法

一、假设检验的例子

例1 某车间用一台包装机包装白糖,每袋白糖的额定标准为净重0.5千克.根据长期经验知该包装机包装的白糖重量服从正态分布,其标准差 $\sigma=0.015$ 千克.为检验包装机的工作是否正常,从某天它所包装的糖中随机地抽取9袋,称得每袋糖的重量为(单位:千克):

$$0.497, 0.506, 0.518, 0.524, 0.488, 0.511, 0.510, 0.515, 0.512,$$

问这天包装机的工作是否正常?

包装机工作正常时,所包装的糖也不会恰好每袋重都是额定标准0.5千克,上下总有一些波动.若设这天包装机所包装的每袋糖的重量为 X,则 X 是一随机变量,并且已知 $X \sim N(\mu, 0.015^2)$. 如果这天包装机的工作正常,即使每袋糖重有波动,也应在额定标准0.5千克附近波动,即随机变量 X 的期望 $\mu=0.5$;否则,认为包装机的工作不正常.这样,问题转化为判断是否 $\mu=0.5$.

例2 在针织品的漂白工艺过程中,要考虑温度对针织品断裂强力的影响.为了比较70℃和80℃的影响有无差别,在这两个温度下,分别重复做了8次试验,得到的数据如下(单位:千克):

70℃时的断裂强力

$$20.5, 18.8, 19.8, 20.9, 21.5, 19.5, 21.0, 21.2;$$

80℃时的断裂强力

$$17.7, 20.3, 20.0, 18.8, 19.0, 20.1, 20.2, 19.1.$$

设断裂强力服从正态分布,且方差不变,问 70℃时的断裂强力与 80℃时的断裂强力有没有显著差别?

如果设在 70℃和 80℃时的断裂强力分别为 X 和 Y,则 $X \sim N(\mu_1, \sigma^2)$, $Y \sim N(\mu_2, \sigma^2)$. 要考察 70℃时的断裂强力和 80℃时的断裂强力有没有显著差别,只要看看这两个温度下断裂强力的期望 μ_1 和 μ_2 是否相等即可,因此,问题转化为判断是否 $\mu_1 = \mu_2$.

例 3 某灯泡厂每天生产灯泡 1 万只,如果灯泡的使用寿命不超过 1000 小时,该灯泡即为次品. 按规定,次品率不得超过 1%. 现从该厂某天生产的灯泡中任意抽取 50 只进行测试,发现 1 只次品,问这天生产的灯泡是否合格?

设灯泡的使用寿命为 X, 次品率为 p, 则 $p = P\{X \leqslant 1000\}$, 于是, 此问题实际上是判断是否 $p \leqslant 0.01$.

例 4 在某条公路上观察汽车通过的频繁情况. 取 15 秒为一个时间单位,记下过路汽车的辆数. 现连续观察 200 个时间单位(即共观察 50 分钟), 得数据如表 8.1 所示. 问在单位时间里通过公路的汽车辆数的分布是否可以看成泊松分布?

表 8.1 例 4 的数据

汽车的辆数	0	1	2	3	4	≥5
时间单位的个数	92	68	28	11	1	0

用 X 表示单位时间里通过公路的汽车辆数,则问题转化为判断是否 $X \sim P(\lambda)$.

上述 4 个例子都是假设检验的问题, 要通过样本观察值来判断某个假设是否对, 其中, 前 3 个问题是关于总体参数的假设检验问题, 假设分别是 $\mu = 0.5$, $\mu_1 = \mu_2$ 和 $p \leqslant 0.01$; 最后一个问题是关于总体分布的假设检验问题, 假设为 $X \sim P(\lambda)$.

在假设检验问题中, 如果涉及到的随机变量只有一个, 则称为一个总体的检验问题, 例如例 1、例 3 和例 4. 如果涉及到的随机变量有两个, 则称为两个总体的检验问题, 例如例 2. 当然, 也有 3 个或更多个总体的检验问题.

二、假设检验的基本方法

尽管具体的假设检验问题种类很多, 但进行假设检验的基本方法却相同.

进行假设检验的基本方法类似于数学证明中的反证法, 但是带有概率性质. 具体地说, 为了检验一个假设是否成立, 先假定这个假设成立, 在此前提之下进行推导, 看会得到什么结果. 如果导致了一个不合理现象的出现, 则表明假定该假设成立不正确, 即原假设不能成立, 此时, 拒绝这个假设; 如果没有导致不合理现象的出现, 则接受这个假设. 其中"不合理现象"的标准是根据人们在实践中广泛采用的一个原则给出的: 人们认为小概率事件在一次试验中几乎是不可能发生的, 如果发生了, 则认为是不合理现象. 这时, 对假定原假设成立产生怀疑.

这样, 在进行假设检验时, 如果在假定该假设成立的前提下, 在一次试验中一个小概率事件发生,即不合理现象出现,则要拒绝原假设;否则,接受原假设.

当然,小概率事件在一次试验中只是几乎不可能发生,而不是绝对不可能发生.因此,进行假设检验的基本方法与数学证明中的反证法有重大区别.

概率小到什么程度的事件才算作小概率事件,没有统一的标准,通常把概率不超过 0.05 的事件算作小概率事件.当然,这是一般的标准.具体确定时还要根据实际问题而定.记小概率事件的概率为 α,α 是一个小正数.

综上所述,假设检验的基本方法是:先假定所要检验的假设(称为原假设)成立,在此前提之下,根据给定的 α 值,使用样本构造概率等于(或小于)α 的小概率事件.然后,根据一次试验的结果,即样本观察值,看看上述小概率事件在此次试验中是否发生,如果发生,则拒绝原假设;否则,接受原假设.

下面结合例 1 把上述方法具体化.在例 1 中,设包装机所包装的每袋白糖的重量 $X \sim N(\mu, 0.015^2)$,要检验的假设是 $\mu=0.5$.按照假设检验的基本方法,先假定 $\mu=0.5$,在此前提下,根据给定的 α 值,使用样本 $X_1, X_2, \cdots, X_n$ 构造小概率事件.由于假设涉及到总体 X 的期望 μ,因此想到可否借助于样本平均值 $\overline{X}$ 这个统计量,因为 $\overline{X}$ 是 μ 的无偏估计量,$\overline{X}$ 的观察值的大小在一定程度上反映 μ 的大小.因此,当假设 $\mu=0.5$ 成立时,$|\overline{X}-0.5|$ 一般不应过大,过大应为小概率事件.为了给出 $|\overline{X}-0.5|$ 大到什么程度才是小概率事件的界限,需要知道 $\overline{X}-0.5$ 的分布.由于 $X \sim N(\mu, 0.015^2)$,根据定理 6.1,$\overline{X} \sim N\left(\mu, \dfrac{0.015^2}{n}\right)$.此时,由于假定 $\mu=0.5$,样本容量 $n=9$,所以

$$\overline{X} \sim N\left(0.5, \frac{0.015^2}{9}\right), \tag{8.1}$$

于是
$$\frac{\overline{X}-0.5}{\sqrt{0.015^2/9}} \sim N(0,1). \tag{8.2}$$

注意到,衡量 $|\overline{X}-0.5|$ 的大小可以归结为衡量 $\dfrac{|\overline{X}-0.5|}{\sqrt{0.015^2/9}}$ 的大小,因此,对给定的 α 值,根据

$$P\left\{\frac{|\overline{X}-0.5|}{\sqrt{0.015^2/9}} \geqslant k\right\} \leqslant \alpha, \tag{8.3}$$

确定出正数 k 的值,得到的事件"$\dfrac{|\overline{X}-0.5|}{\sqrt{0.015^2/9}} \geqslant k$"的概率不超过 α,从而为小概率事件.根据 (8.2) 式,使用 $\dfrac{\overline{X}-0.5}{\sqrt{0.015^2/9}}$ 的分布,即可确定 k 的值.为了简化计算,可将 (8.3) 式中的"$\leqslant$"取为等号

$$P\left\{\frac{|\overline{X}-0.5|}{\sqrt{0.015^2/9}} \geqslant k\right\} = \alpha. \tag{8.4}$$

使用标准正态分布的上侧分位数,可得 $k=u_{\frac{\alpha}{2}}$.因此,由样本观察值 $x_1, x_2, \cdots, x_n$ 计算出 $\overline{x}$,

当 $\dfrac{|\bar{x}-0.5|}{\sqrt{0.015^2/9}} \geqslant u_{\frac{\alpha}{2}}$ 时,拒绝假设 $\mu=0.5$;反之,则接受假设 $\mu=0.5$.

对例 1,根据样本观察值计算出的 $\bar{x}=0.509$.若取 $\alpha=0.05$,则 $u_{\frac{\alpha}{2}}=u_{0.025}=1.96$,这时 $\dfrac{|\bar{x}-0.5|}{\sqrt{0.015^2/9}}=1.8<1.96$,因此,接受假设 $\mu=0.5$,即认为这天包装机的工作正常.

三、基本概念

称 α 为**检验水平**或**显著性水平**.所提出的假设用 H_0 表示,称 H_0 为**原假设**或**零假设**,并把原假设的对立假设用 H_1 表示,称 H_1 为**备择假设**.这样,例 1 的假设检验问题可以说成:在显著性水平 α 下,检验假设

$$H_0: \mu = 0.5, \quad H_1: \mu \neq 0.5.$$

构造小概率事件时使用的统计量称之为**检验统计量**.当检验统计量取某个区域中的值时,拒绝原假设 H_0,则称此区域为 H_0 的**拒绝域**,拒绝域通常是区间,拒绝域的边界点称为**临界点**.例如,在例 1 中,检验统计量是 $\dfrac{\bar{X}-0.5}{\sqrt{0.015^2/9}}$,拒绝域是 $\dfrac{|\bar{X}-0.5|}{\sqrt{0.015^2/9}} \geqslant u_{\frac{\alpha}{2}}$,临界点是 $\pm u_{\frac{\alpha}{2}}$.

当拒绝 H_0 时,表示接受 H_1;当接受 H_0 时,表示拒绝 H_1.

四、两类错误

使用上面的方法进行假设检验时,有可能会作出错误的判断.如前所述,在一次试验中,小概率事件不是绝对不可能发生.因此,即使原假设 H_0 成立时,在此前提下,使用样本构成的小概率事件在一次试验中也有可能发生.这时,按照假设检验的基本方法,应该拒绝原假设 H_0,从而犯了"以真为假"的错误,也称这类错误为**第一类错误**.犯这类错误的概率记为 $P\{拒绝\ H_0 | H_0\ 成立\}$,这是条件概率.显然,

$$P\{拒绝\ H_0 | H_0\ 成立\} \leqslant \alpha, \tag{8.5}$$

这里 α 是检验水平,也称 α 为犯第一类错误的概率.

还会犯另一类"以假为真"的错误,即原假设 H_0 本来不成立,但检验结果却是接受 H_0,称这类错误为**第二类错误**,犯这类错误的概率记为 β:

$$P\{接受\ H_0 | H_0\ 不成立\} = \beta. \tag{8.6}$$

进行假设检验时犯错误的根本原因是使用随机抽样法,即通过样本推断总体的性质.

在进行假设检验时,当然希望犯这两类错误的概率越小越好,即 α,β 越小越好.但由进一步的讨论可知,通常,当样本容量 n 固定时,α,β 不可能同时减小.减小 α 时,β 会增大;减小 β 时,α 会增大.要使 α,β 都减小,必须增加样本容量 n.

在进行假设检验时,一般总是控制犯第一类错误的概率,使它不超过给定的正数 α,而不控制犯第二类错误的概率.这样的假设检验问题称之为**显著性检验问题**,称 α 为**显著性水**

平. 对显著性检验问题,若结论是拒绝 H_0,这样的结论是可靠的,因为能讲清楚得到的结论是错误的概率(即犯第一类错误的概率)是多大;若结论是接受 H_0,则这样的结论是不可靠的,因为不能讲清楚得到的结论是错误的概率(即犯第二类错误的概率)是多大,这时,或者结合实际问题的背景对得到的结论进行判断,或者多作几次抽样,重新进行假设检验,由多次检验的结果作出判断.

至于 α 取多大才算合适,统计理论本身对如何选取 α 无能为力. 要结合实际问题确定 α 的大小,主要取决于犯第一类错误所造成后果的严重性. 如果后果相对严重,则应取 α 小一些;如果后果相对不严重,则可取 α 大一些. 一般常取 $\alpha=0.05$ 或 0.01.

五、关于参数的假设检验问题的处理步骤

(1) 根据实际问题的要求,提出原假设 H_0 和备择假设 H_1;
(2) 确定显著性水平 α 和样本容量 n;
(3) 确定检验统计量(当 H_0 成立时,该统计量的分布为已知)和拒绝域的形式;
(4) 按 $P\{拒绝 H_0 | H_0 成立\}=\alpha$ 求出拒绝域;
(5) 抽样,根据样本观察值确定接受还是拒绝 H_0.

§8.2 正态总体期望和方差的假设检验

由于正态随机变量经常出现,因此,主要介绍关于正态总体期望和方差的假设检验问题. 当涉及两个正态总体时,均假设它们相互独立,所用样本的符号同区间估计.

一、正态总体期望的假设检验

1. 单个总体 $X \sim N(\mu, \sigma^2)$ 期望 μ 的检验

检验假设

$$H_0: \mu = \mu_0, \quad H_1: \mu \neq \mu_0,$$

μ_0 是已知数. 分为已知方差 σ^2 和未知方差 σ^2 两种情况讨论.

第一种情况 已知方差 σ^2.

§8.1 的例 1 就是这种情况,$\mu_0=0.5, \sigma^2=0.015^2$. 一般,检验统计量为

$$U = \frac{\overline{X} - \mu_0}{\sqrt{\sigma^2/n}}, \tag{8.7}$$

当 H_0 成立时,$U \sim N(0,1)$,拒绝域为

$$|U| = \frac{|\overline{X} - \mu_0|}{\sqrt{\sigma^2/n}} \geqslant u_{\frac{\alpha}{2}}. \tag{8.8}$$

由于使用的检验统计量 U 在 H_0 成立时服从标准正态分布,因此,这种检验方法称为 U 检验法.

第二种情况 未知方差 σ^2.

因为样本方差 S^2 是 σ^2 的无偏估计量,故在(8.7)式中用 S^2 代替 σ^2,得到检验统计量

$$t = \frac{\overline{X} - \mu_0}{\sqrt{S^2/n}}, \tag{8.9}$$

当 H_0 成立时,根据定理 6.3,$t \sim t(n-1)$.

与第一种情况类似,当 H_0 成立时,$|t|$ 不应过大. $|t|$ 过大时,则应拒绝 H_0. 依据

$$P\{\text{拒绝 } H_0 | H_0 \text{ 成立}\} = P\left\{\frac{|\overline{X} - \mu_0|}{\sqrt{S^2/n}} \geqslant k \mid \mu = \mu_0\right\} = \alpha,$$

和 t 分布的上侧分位数的定义,可得 $k = t_{\frac{\alpha}{2}}(n-1)$,从而拒绝域为

$$|t| = \frac{|\overline{X} - \mu_0|}{\sqrt{S^2/n}} \geqslant t_{\frac{\alpha}{2}}(n-1). \tag{8.10}$$

由于使用的检验统计量 t 在 H_0 成立时服从 t 分布,因此,这种检验方法称为 **t 检验法**.

例1 5个人彼此独立地测量同一块土地,分别测得其面积为(单位:平方千米):

$$1.27, 1.24, 1.21, 1.28, 1.23.$$

设测量值服从正态分布,试根据这些数据检验假设 H_0:这块土地的实际面积为 1.23 平方千米,取 $\alpha = 0.05$.

解 设这块土地的测量面积为 X,$X \sim N(\mu, \sigma^2)$,本题是在显著性水平 $\alpha = 0.05$ 下,检验假设

$$H_0: \mu = 1.23, \quad H_1: \mu \neq 1.23.$$

由于未知方差 σ^2,使用 t 检验法.计算得到 $\overline{x} = 1.246$,$s^2 = 0.00083$,$\frac{\overline{x} - \mu_0}{\sqrt{s^2/n}} = \frac{1.246 - 1.23}{\sqrt{0.00083/5}} = 1.241$. 查附表 3 得到 $t_{\frac{\alpha}{2}}(n-1) = t_{0.025}(4) = 2.7764$. 由于 $1.241 < 2.7764$,因此,接受假设 H_0,即可以认为这块土地的实际面积为 1.23 平方千米.

2. 两个总体 $X \sim N(\mu_1, \sigma_1^2)$,$Y \sim N(\mu_2, \sigma_2^2)$ 期望差 $\mu_1 - \mu_2$ 的检验

检验假设

$$H_0: \mu_1 - \mu_2 = 0, \quad H_1: \mu_1 - \mu_2 \neq 0,$$

分为已知方差和未知方差两种情况讨论.

第一种情况 已知方差 σ_1^2 和 σ_2^2.

使用检验统计量

$$U = \frac{\overline{X} - \overline{Y}}{\sqrt{\frac{\sigma_1^2}{n_1} + \frac{\sigma_2^2}{n_2}}}, \tag{8.11}$$

由于 $\frac{(\overline{X} - \overline{Y}) - (\mu_1 - \mu_2)}{\sqrt{\frac{\sigma_1^2}{n_1} + \frac{\sigma_2^2}{n_2}}} \sim N(0,1)$,当 H_0 成立时,$U \sim N(0,1)$.

与单个总体已知方差的情况相类似,可得拒绝域为

$$\frac{|\overline{X}-\overline{Y}|}{\sqrt{\frac{\sigma_1^2}{n_1}+\frac{\sigma_2^2}{n_2}}} \geqslant u_{\frac{\alpha}{2}}. \tag{8.12}$$

这种检验方法也是 U 检验法.

例 2 在两种工艺条件下各纺得细纱,其强力分别服从 $\sigma_1=28$ 克和 $\sigma_2=28.5$ 克的正态分布. 现各抽取容量为 100 的样本,由样本观察值得到 $\bar{x}=280$ 克,$\bar{y}=286$ 克. 问这两种工艺条件下细纱的平均强力有无差异? 取 $\alpha=0.05$.

解 设两种工艺条件下细纱的强力分别为 X 和 Y,则 $X\sim N(\mu_1,\sigma_1^2),Y\sim N(\mu_2,\sigma_2^2)$, $\sigma_1^2=28^2,\sigma_2^2=28.5^2$. 本题是在水平 $\alpha=0.05$ 下,检验假设

$$H_0: \mu_1-\mu_2=0, \quad H_1: \mu_1-\mu_2\neq 0.$$

拒绝域如 (8.12) 式所示. 计算得到 $\dfrac{\bar{x}-\bar{y}}{\sqrt{\frac{\sigma_1^2}{n_1}+\frac{\sigma_2^2}{n_2}}}=\dfrac{280-286}{\sqrt{\frac{28^2+28.5^2}{100}}}=-1.50, u_{\frac{\alpha}{2}}=u_{0.025}=1.96$. $|-1.50|<1.96$,因此,接受 H_0,即认为这两种工艺条件下细纱的强力没有差异.

第二种情况 未知方差 σ_1^2 和 σ_2^2,这时,要求 $\sigma_1^2=\sigma_2^2=\sigma^2$.

使用检验统计量

$$t=\frac{\overline{X}-\overline{Y}}{S_0\sqrt{\frac{1}{n_1}+\frac{1}{n_2}}}, \tag{8.13}$$

式中

$$S_0^2=\frac{(n_1-1)S_1^2+(n_2-1)S_2^2}{n_1+n_2-2}. \tag{8.14}$$

根据定理 6.4,

$$\frac{(\overline{X}-\overline{Y})-(\mu_1-\mu_2)}{S_0\sqrt{\frac{1}{n_1}+\frac{1}{n_2}}}\sim t(n_1+n_2-2),$$

因此,当 H_0 成立时,$t\sim t(n_1+n_2-2)$.

与单个总体未知方差的情况相类似,可得拒绝域为

$$\frac{|\overline{X}-\overline{Y}|}{S_0\sqrt{\frac{1}{n_1}+\frac{1}{n_2}}}\geqslant t_{\frac{\alpha}{2}}(n_1+n_2-2). \tag{8.15}$$

这种检验方法也是 t 检验法.

例 3 对 §8.1 的例 2 进行检验,取 $\alpha=0.05$.

解 用 X,Y 分别表示 70℃ 和 80℃ 时的断裂强力,则 $X\sim N(\mu_1,\sigma^2),Y\sim N(\mu_2,\sigma^2)$. 本题是在水平 $\alpha=0.05$ 下,检验假设

$$H_0: \mu_1-\mu_2=0, \quad H_1: \mu_1-\mu_2\neq 0.$$

拒绝域如(8.15)式所示. 计算得到, $\bar{x}=20.4, \bar{y}=19.4, s_0=0.926$, $\dfrac{\bar{x}-\bar{y}}{s_0\sqrt{\dfrac{1}{n_1}+\dfrac{1}{n_2}}} = \dfrac{20.4-19.4}{0.926\times\sqrt{\dfrac{1}{8}+\dfrac{1}{8}}} = 2.160$. 由附表 3 查出 $t_{\frac{\alpha}{2}}(n_1+n_2-2)=t_{0.025}(14)=2.1448$. 由于 $2.160 > 2.1448$, 因此, 拒绝 H_0, 即 70℃时的断裂强力和 80℃时的断裂强力有区别.

二、正态总体方差的假设检验

1. 单个总体 $X \sim N(\mu,\sigma^2)$ 方差 σ^2 的检验

检验假设
$$H_0: \sigma^2 = \sigma_0^2, \quad H_1: \sigma^2 \neq \sigma_0^2,$$

σ_0 是已知数. 同样, 可以分为已知期望和未知期望两种情况, 常用的是未知期望的情况, 下面讨论它.

首先假定假设 H_0 成立. 由于涉及到总体 X 的方差 σ^2, 使用 σ^2 的无偏估计量 S^2 构造检验统计量. 考虑比值 $\dfrac{S^2}{\sigma_0^2}$, 如果 $\dfrac{S^2}{\sigma_0^2}$ 比 1 过大或过小, 则表明 S^2 和 σ_0^2 相差甚多, 但这在 H_0 成立的前提下, 应是小概率事件. 为了数学上处理方便, 使用检验统计量

$$\chi^2 = \dfrac{(n-1)S^2}{\sigma_0^2}, \tag{8.16}$$

当 H_0 成立时, 根据定理 6.2, $\chi^2 \sim \chi^2(n-1)$.

如上所说, 拒绝域的形式应为 $\dfrac{(n-1)S^2}{\sigma_0^2} \leq k_1$ 或 $\dfrac{(n-1)S^2}{\sigma_0^2} \geq k_2$, 其中 k_1 和 k_2 的值由下式确定:

$$P\{拒绝 H_0 | H_0 成立\}$$
$$= P\left\{\dfrac{(n-1)S^2}{\sigma_0^2} \leq k_1 \cup \dfrac{(n-1)S^2}{\sigma_0^2} \geq k_2 \,\Big|\, \sigma^2=\sigma_0^2\right\} = \alpha,$$

上式可以写为

$$P\left\{\dfrac{(n-1)S^2}{\sigma_0^2} \leq k_1 \,\Big|\, \sigma^2=\sigma_0^2\right\} + P\left\{\dfrac{(n-1)S^2}{\sigma_0^2} \geq k_2 \,\Big|\, \sigma^2=\sigma_0^2\right\} = \alpha,$$

为了计算方便, 取

$$P\left\{\dfrac{(n-1)S^2}{\sigma_0^2} \leq k_1 \,\Big|\, \sigma^2=\sigma_0^2\right\} = P\left\{\dfrac{(n-1)S^2}{\sigma_0^2} \geq k_2 \,\Big|\, \sigma^2=\sigma_0^2\right\} = \dfrac{\alpha}{2}.$$

根据 χ^2 分布的上侧分位数的定义, 可得 $k_1=\chi^2_{1-\frac{\alpha}{2}}(n-1), k_2=\chi^2_{\frac{\alpha}{2}}(n-1)$, 从而拒绝域为

$$\dfrac{(n-1)S^2}{\sigma_0^2} \leq \chi^2_{1-\frac{\alpha}{2}}(n-1) \text{ 或 } \dfrac{(n-1)S^2}{\sigma_0^2} \geq \chi^2_{\frac{\alpha}{2}}(n-1). \tag{8.17}$$

由于使用的检验统计量 χ^2 在 H_0 成立时服从 χ^2 分布, 因此, 这种检验方法称为 **χ^2 检验**

法.

例 4 某厂生产的某种型号的电池,其使用寿命长期以来服从方差 $\sigma^2=5000$ 小时^2 的正态分布.今有一批这种型号的电池,从生产情况看,使用寿命波动性较大.为判断这种看法是否符合实际,从中随机抽取了 26 只电池,测出使用寿命的样本方差 $s^2=7200$ 小时^2,问根据这个数字能否断定这批电池使用寿命的波动性较以往有显著变化? 取 $\alpha=0.02$.

解 设电池的使用寿命为 X,$X\sim N(\mu,\sigma^2)$,本题在水平 $\alpha=0.02$ 下,检验假设
$$H_0:\sigma^2=5000,\quad H_1:\sigma^2\neq 5000.$$
拒绝域如(8.17)式所示,计算得到,$\dfrac{(n-1)s^2}{\sigma_0^2}=\dfrac{25\times 7200}{5000}=36$,由附表 4 查出 $\chi^2_{\frac{\alpha}{2}}(n-1)=\chi^2_{0.01}(25)=44.314$,$\chi^2_{1-\frac{\alpha}{2}}(n-1)=\chi^2_{0.99}(25)=11.524$. 由于 $11.524<36<44.314$,因此,接受 H_0,即可以认为这批电池使用寿命的波动性较以往没有显著变化.

2. 两个总体 $X\sim N(\mu_1,\sigma_1^2)$,$Y\sim N(\mu_2,\sigma_2^2)$ 方差齐性(即方差相等)的检验

检验假设
$$H_0:\sigma_1^2=\sigma_2^2,\quad H_1:\sigma_1^2\neq\sigma_2^2,$$
仍然只讨论未知期望的情况.

考虑 σ_1^2,σ_2^2 的无偏估计量 S_1^2,S_2^2. 当假设 H_0 成立时,S_1^2 和 S_2^2 的比值 $\dfrac{S_1^2}{S_2^2}$ 不应比 1 过大或过小. 如果 $\dfrac{S_1^2}{S_2^2}$ 比 1 过大或过小,表明 S_1^2 和 S_2^2 相差甚多,这在 H_0 成立的前提下,应是小概率事件. 使用检验统计量
$$F=\frac{S_1^2}{S_2^2}, \tag{8.18}$$
根据定理 6.5,$\dfrac{S_1^2/\sigma_1^2}{S_2^2/\sigma_2^2}\sim F(n_1-1,n_2-1)$,当假设 H_0 成立时,$F\sim F(n_1-1,n_2-1)$.

如上所说,拒绝域的形式为 $\dfrac{S_1^2}{S_2^2}\leqslant k_1$ 或 $\dfrac{S_1^2}{S_2^2}\geqslant k_2$,其中 k_1 和 k_2 的值由下式确定
$$P\{\text{拒绝 }H_0|H_0\text{ 成立}\}=P\left\{\left.\frac{S_1^2}{S_2^2}\leqslant k_1\cup\frac{S_1^2}{S_2^2}\geqslant k_2\,\right|\sigma_1^2=\sigma_2^2\right\}=\alpha,$$
上式可以写为
$$P\left\{\left.\frac{S_1^2}{S_2^2}\leqslant k_1\,\right|\sigma_1^2=\sigma_2^2\right\}+P\left\{\left.\frac{S_1^2}{S_2^2}\geqslant k_2\,\right|\sigma_1^2=\sigma_2^2\right\}=\alpha.$$
仍取
$$P\left\{\left.\frac{S_1^2}{S_2^2}\leqslant k_1\,\right|\sigma_1^2=\sigma_2^2\right\}+P\left\{\left.\frac{S_1^2}{S_2^2}\geqslant k_2\,\right|\sigma_1^2=\sigma_2^2\right\}=\frac{\alpha}{2},$$
根据 F 分布的上侧分位数的定义,可得 $k_1=F_{1-\frac{\alpha}{2}}(n_1-1,n_2-1)$,$k_2=F_{\frac{\alpha}{2}}(n_1-1,n_2-1)$,从而拒绝域为

$$\frac{S_1^2}{S_2^2} \leqslant F_{1-\frac{\alpha}{2}}(n_1-1, n_2-1) \quad \text{或} \quad \frac{S_1^2}{S_2^2} \geqslant F_{\frac{\alpha}{2}}(n_1-1, n_2-1). \tag{8.19}$$

由于使用的检验统计量 F 在 H_0 成立时服从 F 分布,因此,这种检验方法称为 **F 检验法**.

例 5 机床厂某天从两台机器所加工的同一种零件中,分别抽取若干个测量其尺寸,得数据如下(单位:厘米):

第一台机器:$6.2, 5.7, 6.5, 6.0, 6.3, 5.8, 5.7, 6.0, 6.0, 5.8, 6.0$;

第二台机器:$5.6, 5.8, 5.6, 6.7, 5.8, 6.0, 5.5, 5.7, 5.5$.

设零件尺寸服从正态分布,问这两台机器所加工零件尺寸的方差有无显著差异? 取 $\alpha = 0.05$.

解 设两台机器所加工的零件尺寸分别为 X, Y,$X \sim N(\mu_1, \sigma_1^2)$,$Y \sim N(\mu_2, \sigma_2^2)$. 本题是在水平 $\alpha = 0.05$ 下,检验假设

$$H_0: \sigma_1^2 = \sigma_2^2, \quad H_1: \sigma_1^2 \neq \sigma_2^2.$$

拒绝域如(8.19)式所示. 计算得到,$s_1^2 = 0.064$,$s_2^2 = 0.140$,$\frac{s_1^2}{s_2^2} = 0.4571$. 由附表 5 查出 $F_{\frac{\alpha}{2}}(n_1-1, n_2-1) = F_{0.025}(10, 8) = 4.30$,$F_{1-\frac{\alpha}{2}}(n_1-1, n_2-1) = F_{0.975}(10, 8) = \frac{1}{F_{0.025}(8, 10)} = \frac{1}{3.85} = 0.2597$. 由于 $0.2597 < 0.4571 < 4.30$,因此,接受 H_0,即认为两台机器所加工零件尺寸的方差没有显著差异.

*三、单边检验和双边检验

上面所讨论的假设检验称为双边假设检验,例如,检验假设

$$H_0: \mu = \mu_0, \quad H_1: \mu \neq \mu_0,$$

这里的备择假设包括 μ 可能大于 μ_0,也可能小于 μ_0. 但是,在有些实际问题中,例如,试验新工艺以提高产品的使用寿命,只关心总体的期望是否增大,这时需要检验假设

$$H_0: \mu = \mu_0, \quad H_1: \mu > \mu_0,$$

而不必考虑 $\mu < \mu_0$,即新工艺不会比原工艺差. 在有的实际问题中,则需要检验假设

$$H_0: \mu = \mu_0, \quad H_1: \mu < \mu_0,$$

而不必考虑 $\mu > \mu_0$. 这两种假设检验称为**单边假设检验**,前者称为**右边检验**,后者称为**左边检验**.

对总体的方差 σ^2 以及对两个总体的期望差、方差齐性的假设检验,也有相应的单边检验.

*四、区间估计和假设检验间的关系

在第七章中,我们讨论了正态总体期望和方差的区间估计问题,这里,又讨论了正态总

体期望和方差的假设检验问题,两者之间有着密切关系.下面以单个总体 $X \sim N(\mu,\sigma^2)$ 已知方差 σ^2 时对期望 μ 的区间估计和假设检验为例,说明两者间的密切关系.

在这两个问题中,都使用了服从标准正态分布的随机变量 $U=\dfrac{\overline{X}-\mu_0}{\sqrt{\sigma^2/n}}$.给定 $\alpha(0<\alpha<1)$ 后,μ 的置信度为 $1-\alpha$ 的置信区间是 $\left(\overline{X}-u_{\frac{\alpha}{2}}\sqrt{\dfrac{\sigma^2}{n}},\overline{X}+u_{\frac{\alpha}{2}}\sqrt{\dfrac{\sigma^2}{n}}\right)$,而假设检验问题

$$H_0: \mu = \mu_0, \quad H_1: \mu \neq \mu_0$$

的拒绝域是 $\dfrac{|\overline{X}-\mu_0|}{\sqrt{\sigma^2/n}} \geqslant u_{\frac{\alpha}{2}}$.两者的关系见图 8.1.

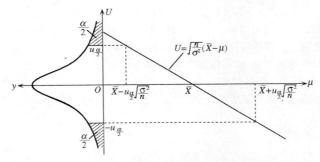

图 8.1 正态总体期望 μ 的区间估计及假设检验的关系

由图 8.1 可以看出,当 $\mu \in \left(\overline{X}-u_{\frac{\alpha}{2}}\sqrt{\dfrac{\sigma^2}{n}},\overline{X}+u_{\frac{\alpha}{2}}\sqrt{\dfrac{\sigma^2}{n}}\right)$ 时,$|U|<u_{\frac{\alpha}{2}}$,接受 H_0;当 $\mu \in \left(\overline{X}-u_{\frac{\alpha}{2}}\sqrt{\dfrac{\sigma^2}{n}},\overline{X}+u_{\frac{\alpha}{2}}\sqrt{\dfrac{\sigma^2}{n}}\right)$ 时,$|U| \geqslant u_{\frac{\alpha}{2}}$,拒绝 H_0.

从上述意义上讲,区间估计和假设检验是从不同角度描述同一问题.

上述关系虽就一特例而言,但对正态总体参数的区间估计和假设检验问题,都有类似的结论.

习 题 8.2

一、填空题

1. 林场造林若干亩,从中抽取 50 棵树,测得平均树高 9.2 米,样本方差 1.6 米^2.设树高服从正态分布,问此林场的树高与 10 米的差异是否显著? 取 $\alpha=0.05$.对该问题提出假设 H_0:_____,H_1:_____,使用_____检验法.

2. 从甲、乙两个矿山的铁矿石分别抽得容量为 5,4 的样本,测得含铁量(%)如下:

甲矿:24.3, 20.8, 23.7, 21.3, 17.4;

乙矿:18.3, 16.9, 20.2, 16.7.

设各矿山铁矿石的含铁量服从正态分布,并且方差相等,问甲、乙两矿山铁矿石的含铁量有无显著差异? 取 $\alpha=0.05$.对该问题提出假设 H_0:_____,H_1:_____,使用_____检验法.如果没有方差相等的条

件,这时应该先检验假设 H_0: _____, H_1 _____, 使用 _____ 检验法.

二、其他类型题

1. 由经验知某产品质量 $X \sim N(15, 0.05)$. 现抽取 6 个样品, 测得质量为(单位: 克):
$$14.7, 15.1, 14.8, 15.0, 15.2, 14.6.$$
设方差不变, 问平均质量是否仍为 15? 取 $\alpha = 0.05$.

2. 某机器在正常工作时, 生产的产品平均每个应为 50 克重, 从该机器生产的一批产品中抽取 9 个, 分别称得重量为(单位: 克):
$$52.1, 50.5, 51.2, 49.7, 49.5, 50.5, 58.7, 50.5, 48.3.$$
设产品重量服从正态分布, 问这批产品质量是否正常? 取 $\alpha = 0.05$.

3. 正常人的脉搏平均 72 次/分, 某医生测得 10 例慢性中毒者的脉搏为(单位: 次/分):
$$54, 67, 68, 78, 70, 66, 67, 70, 65, 69.$$
设中毒者的脉搏服从正态分布, 问中毒者和正常人的脉搏有无显著性差异? 取 $\alpha = 0.05$.

4. 某苗圃用两种育苗方案作杨树的育苗试验. 在两组育苗试验中, 已知苗高服从正态分布, 标准差分别为 20 厘米和 18 厘米. 现各抽取 60 株苗作为样本, 测得苗高的平均值为 $\bar{x} = 59.34$ 厘米, $\bar{y} = 49.16$ 厘米. 问这两种育苗方案对平均苗高的影响有无区别? 取 $\alpha = 0.05$.

5. 设总体 X 与 Y 相互独立, 均服从正态分布: $X \sim N(\mu_1, \sigma_1^2), Y \sim N(\mu_2, \sigma_2^2)$, 并且 $\sigma_1^2 = \sigma_2^2$. 其样本观察值为

X: 86, 68.5, 123, 88, 95;

Y: 102, 123, 137, 117, 104.5.

试检验这两个总体的期望 μ_1 和 μ_2 是否相等. 取 $\alpha = 0.05$.

6. 从正态总体 $X \sim N(\mu, \sigma^2)$ 中随机地抽取容量为 8 的样本, 得 $\bar{x} = 61, \sum_{i=1}^{8}(x_i - \bar{x})^2 = 652.8$. 试检验假设
$$H_0: \sigma^2 = 32, \quad H_1: \sigma^2 \neq 32.$$
取 $\alpha = 0.05$.

7. 从两个相互独立的正态总体 X 与 Y 中分别抽取容量为 9 和 11 的样本, 算得
$$\sum_{i=1}^{9}(x_i - \bar{x})^2 = 146, \quad \sum_{i=1}^{11}(y_i - \bar{y})^2 = 45,$$
试检验这两个总体的方差是否相等. 取 $\alpha = 0.05$.

8. 测得两批电子器材样本的电阻分别为(单位: 欧姆):

第一批: 0.140, 0.138, 0.143, 0.142, 0.144, 0.137;

第二批: 0.135, 0.140, 0.142, 0.136, 0.138, 0.140.

设两批器材的电阻分别服从 $N(\mu_1, \sigma_1^2)$ 和 $N(\mu_2, \sigma_2^2)$.

(1) 检验假设 $H_0: \sigma_1^2 = \sigma_2^2, H_1: \sigma_1^2 \neq \sigma_2^2$;

(2) 检验假设 $H_0': \mu_1 = \mu_2, H_1': \mu_1 \neq \mu_2$.

取 $\alpha = 0.05$.

§8.3 总体分布的假设检验

在上一节介绍的参数的假设检验, 都是针对正态总体而言的. 在这一节里, 我们讨论怎

样确定一个总体是正态总体,更一般地,怎样确定总体 X 的分布函数是某个给定的函数 $F(x)$,即根据抽样的结果检验假设

H_0:总体 X 的分布函数是 $F(x)$,
H_1:总体 X 的分布函数不是 $F(x)$. (8.20)

这就是总体分布的假设检验问题.(8.20)式中的备择假设 H_1 可不必写出.

如果 X 是离散型随机变量,则检验假设

H_0:总体 X 的概率分布为 $P\{X=x_k\}=p_k(k=1,2,\cdots)$. (8.21)

如果 X 是连续型随机变量,则检验假设

H_0:总体 X 的概率密度为 $f(x)$. (8.22)

(8.21)式中的 $p_k(k=1,2,\cdots)$ 和 (8.22)式中的 $f(x)$ 均已知.

进行总体分布假设检验的方法很多,常用的有 χ^2 检验法、EDF(经验分布函数)检验法、偏度峰度检验法等,下面介绍 χ^2 检验法.

一、χ^2 检验法

将随机试验的可能结果的全体 Ω 分为 m 个两两互不相容的事件 $A_1, A_2, \cdots, A_m$:

$$A_1 \cup A_2 \cup \cdots \cup A_m = \Omega, \quad A_i A_j = \Phi \ (i \neq j),$$

然后,在假设 H_0 成立的前提下,计算

$$p_i = P(A_i) \quad (i=1,2,\cdots,m), \tag{8.23}$$

称 p_i 为**理论值**.

对抽取的样本 $X_1, X_2, \cdots, X_n$,看作是进行 n 次试验的结果.在这 n 次试验中,事件 A_i 出现的频率可以知道,记为 $\dfrac{f_i}{n}$,其中 f_i 是 n 次试验中事件 A_i 发生的次数$(i=1,2,\cdots,m)$. $\dfrac{f_i}{n}$ 与理论值 p_i 之间往往不一样,但通常,如果 H_0 成立,并且试验次数很多时,$\dfrac{f_i}{n}$ 与 p_i 之间的差异不应该很大.基于这种想法,使用检验统计量

$$\chi^2 = \sum_{i=1}^{m} \frac{(f_i - np_i)^2}{np_i}, \tag{8.24}$$

如果 χ^2 的值过大,则应拒绝 H_0. 称 χ^2 为**皮尔逊**(Pearson)**χ^2 统计量**,简称为 **χ^2 统计量**.

(8.24)式中的

$$\frac{(f_i - np_i)^2}{np_i} = \frac{\left(\dfrac{f_i}{n} - p_i\right)^2}{\dfrac{p_i}{n}} \quad (i=1,2,\cdots,m),$$

其中 $\dfrac{f_i}{n} - p_i$ 是频率 $\dfrac{f_i}{n}$ 与理论值 p_i 之间的差异,取其平方是避免在相加时正负抵消.除以 $\dfrac{p_i}{n}$ 是为了平衡各 $\left(\dfrac{f_i}{n} - p_i\right)^2$ 的值的大小,并为了求出 χ^2 的分布.

定理 8.1 若 n 充分大($n \geqslant 50$),则当 H_0 成立时,χ^2 统计量近似服从自由度为 $m-1$ 的 χ^2 分布.

定理 8.1 的证明从略.

当假设 H_0 中 X 的分布函数 $F(x)$ 含有 r 个未知参数 $\theta_1, \theta_2, \cdots, \theta_r$ 时,应先对它们进行估计,才能计算理论值 p_i,一般使用极大似然估计法估计它们,得到估计量 $\hat{\theta}_1, \hat{\theta}_2, \cdots, \hat{\theta}_r$. 根据 $\hat{\theta}_1, \hat{\theta}_2, \cdots, \hat{\theta}_r$ 计算出的理论值记为 $\hat{p}_i (i=1,2,\cdots,m)$,这时(8.24)式成为

$$\chi^2 = \sum_{i=1}^{m} \frac{(f_i - n\hat{p}_i)^2}{n\hat{p}_i}. \tag{8.25}$$

定理 8.2 若 n 充分大($n \geqslant 50$),则当 H_0 成立时,(8.25)式所示的 χ^2 统计量近似服从自由度为 $m-r-1$ 的 χ^2 分布.

定理 8.2 的证明从略.

如前所述,拒绝域的形式为 $\chi^2 \geqslant k$,k 值由下式确定:

$$P\{拒绝 H_0 | H_0 成立\} = P\{\chi^2 \geqslant k | H_0 成立\} = \alpha, \tag{8.26}$$

α 为检验水平.

由 χ^2 分布的上侧分位数的定义,可得 $k = \chi_\alpha^2(m-r-1)$,从而拒绝域为

$$\chi^2 \geqslant \chi_\alpha^2(m - r - 1). \tag{8.27}$$

在具体计算时,n 要充分大($n \geqslant 50$). 同时,np_i(或 $n\hat{p}_i$)($i=1,2,\cdots,m$)不宜过小,一般要求不小于 5. 如果 np_i(或 $n\hat{p}_i$)不符合上述要求,可适当合并 A_i 以满足要求. m 的大小与 n 有关,当 n 较小时,m 也应小一些;当 n 较大时,m 也应大一些. 例如,当 $n=100$ 时,可取 $m=12$.

二、X 是连续型随机变量总体分布的假设检验

设 $X_1, X_2, \cdots, X_n$ 是 X 的容量为 n 的样本. 在实轴上取 $m-1$ 个点:$a_1, a_2, \cdots, a_{m-1}$($a_1 < a_2 < \cdots < a_{m-1}$),把整个实轴分为 m 段,第一段 $(-\infty, a_1]$,第二段 $(a_1, a_2]$,$\cdots$,第 m 段 (a_{m-1}, ∞),即为相应的 $A_1, A_2, \cdots, A_m$. 若假设 H_0 成立((8.20)式或(8.22)式),则可计算出理论值 p_i(或 $\hat{p}_i$)

$$p_i = P(A_i) = P\{a_{i-1} < X \leqslant a_i\} = F(a_i) - F(a_{i-1}) \quad (i=1,2,\cdots,m), \tag{8.28}$$

或者

$$p_i = \int_{a_{i-1}}^{a_i} f(x) dx \quad (i=1,2,\cdots,m), \tag{8.29}$$

其中 $a_0 = -\infty, a_m = \infty$. 再计算出 $X_1, X_2, \cdots, X_n$ 这 n 个值落入第 i 段 $(a_{i-1}, a_i]$ 内的个数 f_i,可得到 A_i 出现的频率 $\frac{f_i}{n}$ ($i=1,2,\cdots,m$),从而可以使用 χ^2 检验法进行检验.

例 1 某厂生产滚珠,随机抽取 50 个滚珠,测量直径为(单位:毫米):

15.0,15.8,15.2,15.1,15.9,14.7,14.8,15.5,15.6,15.3,15.1,15.3,15.0,
15.6,15.7,14.8,14.5,14.2,14.9,14.9,15.2,15.0,15.3,15.6,15.1,14.9,
14.2,14.6,15.8,15.2,15.9,15.2,15.0,14.9,14.8,14.5,15.1,15.5,15.5,
15.1,15.1,15.0,15.3,14.7,14.5,15.5,15.0,14.7,14.6,14.2.

问滚珠直径是否服从正态分布? 取 $\alpha=0.05$.

解 设滚珠直径为 X,本题是在水平 $\alpha=0.05$ 下,检验假设

$$H_0: X \sim N(\mu,\sigma^2),$$

其中有两个未知参数 $\mu,\sigma^2,r=2$.

首先使用极大似然估计法估计 μ 和 σ^2. 由 §7.1 的例 5, μ 和 σ^2 的极大似然估计量分别为样本平均值 $\overline{X}$ 和 $\frac{1}{n}\sum_{i=1}^{n}(X_i-\overline{X})^2$. 由样本观察值可得 μ 和 σ^2 的估计值分别为

$$\hat{\mu}=\overline{x}=15.1, \quad \hat{\sigma}^2=\frac{1}{n}\sum_{i=1}^{n}(x_i-\overline{x})^2=0.1837.$$

此时 $n=50$,可取 $m=7$,即在实轴上取 6 个点 $a_1<a_2<a_3<a_4<a_5<a_6$,把实轴分为 7 段. 由于样本观察值的 50 个数据中最小的数是 14.2,最大的数是 15.9,可将 a_1,a_2,a_3,a_4,a_5,a_6 这 6 个点等距地放在左端点比 14.2 稍小、右端点比 15.9 稍大的一个区间里,例如区间 $(14.05,16.15)$,这样,$a_1=14.35,a_2=14.65,a_3=14.95,a_4=15.25,a_5=15.55,a_6=15.85$,分点小数位数应比样本观察值小数位数多一位. 于是,实轴被分为 7 段:
$(-\infty,14.35],(14.35,14.65],(14.65,14.95],(14.95,15.25],(15.25,15.55],(15.55,15.85],(15.85,\infty)$.

当假设 H_0 成立时,可以计算出理论值 $\hat{p}_1,\hat{p}_2,\cdots,\hat{p}_7$. 用 $F_1(y)$ 表示正态分布 $N(15.1,0.1837)$ 的分布函数(以和准确参数的分布函数 $F(x)$ 相区别),则

$\hat{p}_1=F_1(a_1),$ $\qquad \hat{p}_2=F_1(a_2)-F_1(a_1),$ $\qquad \hat{p}_3=F_1(a_3)-F_1(a_2),$
$\hat{p}_4=F_1(a_4)-F_1(a_3),$ $\qquad \hat{p}_5=F_1(a_5)-F_1(a_4),$ $\qquad \hat{p}_6=F_1(a_6)-F_1(a_5),$
$\hat{p}_7=1-F_1(a_6).$

设随机变量 $Y\sim N(15.1,0.1837)$,则

$$F_1(y)=P\{Y\leqslant y\}=\Phi\left(\frac{y-15.1}{\sqrt{0.1837}}\right),$$

因此

$$F_1(a_1)=F_1(14.35)=\Phi(-1.7499)=0.0401,$$
$$F_1(a_2)=F_1(14.65)=\Phi(-1.0499)=0.1469,$$
$$F_1(a_3)=F_1(14.95)=\Phi(-0.3500)=0.3632,$$
$$F_1(a_4)=F_1(15.25)=\Phi(0.3500)=0.6368,$$
$$F_1(a_5)=F_1(15.55)=\Phi(1.0499)=0.8531,$$
$$F_1(a_6)=F_1(15.85)=\Phi(1.7499)=0.9599.$$

于是

$$\hat{p}_1 = 0.0401, \quad \hat{p}_2 = 0.1068, \quad \hat{p}_3 = 0.2163,$$
$$\hat{p}_4 = 0.2736, \quad \hat{p}_5 = 0.2163, \quad \hat{p}_6 = 0.1068,$$
$$\hat{p}_7 = 0.0401.$$

计算检验统计量 χ^2 的值,如表 8.2 所示. 将 $n\hat{p}_1$ 并入 $n\hat{p}_2$, $n\hat{p}_7$ 并入 $n\hat{p}_6$, 这是由于 $n\hat{p}_1$ 和 $n\hat{p}_7$ 均小于 5. 把表 8.2 中最右一列数相加, 得到 $\chi^2 = 1.3044$.

表 8.2 计算检验统计量 χ^2 的值

A_i	f_i	$\hat{p}_i$	$n\hat{p}_i$	$f_i - n\hat{p}_i$	$\dfrac{(f_i - n\hat{p}_i)^2}{n\hat{p}_i}$
A_1	3	0.0401	2.005 ⎫		
A_2	5	0.1068	5.340 ⎭	0.655	0.0584
A_3	10	0.2163	10.815	-0.815	0.0614
A_4	16	0.2736	13.680	2.320	0.3935
A_5	8	0.2163	10.815	-2.815	0.7327
A_6	6	0.1068	5.340 ⎫	0.655	0.0584
A_7	2	0.0401	2.005 ⎭		
χ^2					1.3044

由于估计了两个未知参数 μ 和 σ^2,即 $r=2$. 并组后 m 值由 7 减到 5, $m-r-1=5-2-1=2$, 由附表 4 查出 $\chi_\alpha^2(m-r-1) = \chi_{0.05}^2(2) = 5.991$. 由于 $1.3044 < 5.991$, 因此,接受 H_0, 即可以认为滚珠直径基本服从正态分布 $N(15.1, 0.1837)$.

三、X 是离散型随机变量总体分布的假设检验

当 X 是离散型随机变量时, 计算将更为简单, 下面用一个例子说明.

例 2 对 §8.1 的例 4 进行检验, 取 $\alpha = 0.10$.

解 设单位时间里通过公路的汽车辆数为 X, 则 X 是离散型随机变量. 本题是在水平 $\alpha = 0.10$ 下, 检验假设

$$H_0: X \sim P(\lambda),$$

其中有一个未知参数 λ, $r=1$.

首先使用极大似然估计法估计 λ. 由习题 7.1 的第 1 题的结论, λ 的极大似然估计量 $\hat{\lambda} = \overline{X}$, 从而

$$\hat{\lambda} = \bar{x} = \frac{1}{200} \times (0 \times 92 + 1 \times 68 + 2 \times 28 + 3 \times 11 + 4 \times 1 + 5 \times 0) = 0.8.$$

由于 X 只可能取 6 个值: $0, 1, 2, 3, 4, \geqslant 5$, 并且取每个值的频数已知, 这样 $m=6$, $A_1 = $ "$X=0$", $A_2 = $ "$X=1$", $A_3 = $ "$X=2$", $A_4 = $ "$X=3$", $A_5 = $ "$X=4$", $A_6 = $ "$X \geqslant 5$".

当假设 H_0 成立时, 可以计算出理论值 $\hat{p}_1, \hat{p}_2, \cdots, \hat{p}_6$. 设随机变量 $Y \sim P(0.8)$, 由附表 1 查出

$\hat{p}_1 = P\{Y=0\} = 0.4493,$ $\quad \hat{p}_2 = P\{Y=1\} = 0.3595,$ $\quad \hat{p}_3 = P\{Y=2\} = 0.1438,$

$\hat{p}_4 = P\{Y=3\} = 0.0383,$ $\quad \hat{p}_5 = P\{Y=4\} = 0.0077,$ $\quad \hat{p}_6 = P\{Y \geqslant 5\} = 0.0014.$

计算检验统计量 χ^2 的值,如表 8.3 所示.将 $n\hat{p}_5$ 和 $n\hat{p}_6$ 并入 $n\hat{p}_4$,这是因为 $n\hat{p}_6$ 小于 5,并入 $n\hat{p}_5$ 后仍小于 5.把表 8.3 中最右一列数相加,得到 $\chi^2 = 0.9525$.

表 8.3 计算检验统计量 χ^2 的值

A_i	f_i	$\hat{p}_i$	$n\hat{p}_i$	$f_i - n\hat{p}_i$	$\dfrac{(f_i - n\hat{p}_i)^2}{n\hat{p}_i}$
A_1	92	0.4493	89.86	2.14	0.0510
A_2	68	0.3595	71.90	−3.90	0.2115
A_3	28	0.1438	28.76	−0.76	0.0201
A_4	11	0.0383	7.66	2.52	0.6699
A_5	1	0.0077	1.54		
A_6	0	0.0014	0.28		
χ^2					0.9525

由于估计了一个未知参数 λ,即 $r=1$.并组后 m 值由 6 减至 4,$m-r-1=4-1-1=2$,由附表 4 查出 $\chi_\alpha^2(m-r-1) = \chi_{0.10}^2(2) = 4.605$.由于 $0.9525 < 4.605$,因此,接受 H_0,即可以认为单位时间通过公路的汽车辆数服从参数为 0.8 的泊松分布.

χ^2 检验法的优点是应用面广,缺点是功效不够高.

习 题 8.3

1. 在一批灯泡中抽取 300 只作寿命试验,其结果如下:

寿命 t(小时)	$t<100$	$100 \leqslant t < 200$	$200 \leqslant t < 300$	$t \geqslant 300$
灯泡数	121	78	43	58

试检验假设

H_0:灯泡寿命服从指数分布:

$$f(t) = \begin{cases} 0.005 e^{-0.005t}, & t \geqslant 0, \\ 0, & t < 0. \end{cases}$$

取 $\alpha = 0.05$.

2. 在一个正 20 面体的 20 个面上,分别标以数字 0,1,2,3,4,5,6,7,8,9,每个数字都在两个面上标出.为检验该 20 面体的均匀性,共作 800 次投掷试验,每个数字朝正上方的次数如下:

数字	0	1	2	3	4	5	6	7	8	9
次数	74	92	83	79	80	73	77	75	76	91

问该 20 面体是否均称?取 $\alpha = 0.05$.(提示:H_0:每个数字朝正上方的概率都是 $\dfrac{1}{10}$.)

*第九章 回归分析与方差分析

回归分析与方差分析是数理统计的两个分支,在数理统计理论中以及在解决实际问题时,它们有着非常重要的用途.本章对这两个分支的最基本的内容:一元线性回归及单因素试验的方差分析作简单介绍.

§9.1 一元线性回归

在客观世界中,普遍存在着变量之间的关系.通常,变量之间的关系可以分为确定性关系和非确定性关系两类.确定性关系的特点是指变量之间的关系可以用函数关系表达,例如,圆的面积和半径两个变量之间的关系可以表示为 $S=\pi r^2$.非确定性关系则不然,变量之间的关系不能用函数关系表达,例如,一个人的血压与年龄两个变量之间,存在着一定关系,通常,年龄越大,血压也就越高,但是,它们之间的关系不能用函数关系准确地表达出来.此外,还有人的身高与体重之间的关系,气温、降水量与农作物产量之间的关系等都是这种情况.变量之间的非确定性关系通常称为**相关关系**,其中有的变量是随机变量.

在很多问题中,可以使用经验公式近似表示变量之间的相关关系,即使用统计的方法,从大量的试验中,找出隐藏在上述相关关系后面的统计规律性.这类统计规律性称之为**回归关系**,有关回归关系的理论和计算称为**回归分析**,它是数理统计的重要分支,在实际中有着非常广泛的应用.

将变量分为自变量和因变量,这里仅考虑只有一个因变量的情况.如果自变量也只有一个,即讨论两个变量之间的回归关系,这样的问题称为**一元回归问题**.当自变量的个数多于一个时,相应的问题称为**多元回归问题**.在一元回归问题和多元回归问题中,又以**线性回归**最为重要和实用,我们讨论一元线性回归.

在一元线性回归问题中,一个变量是自变量,一个变量是因变量,两个变量之间的相关关系可以用自变量的线性函数来描述.一般,自变量的取值可以人为控制,例如,在血压与年龄两个变量的相关关系中,血压随年龄而变化,即年龄是自变量.在试验中,可以人为控制参加试验人的年龄.这样,自变量是普通变量,用 x 表示.因变量是随机变量,用 Y 表示.一元线性回归问题,就是寻找某个 x 的线性函数,用它来描述 x,Y 之间的相关关系.

一、一元线性回归模型

对于 x 的每一个确定值,由于 Y 是随机变量,因此,Y 按其分布取值.若 Y 的期望 $E(Y)$ 存在,则 $E(Y)$ 是 x 的函数.因为 $E(Y)$ 的大小能在一定程度上反映 Y 取值的大小,所以,如

果能设法估计出 $E(Y)$,则在一定条件下,就能解决如下问题:在给定的置信度下,估计出当 x 取某一定值时,随机变量 Y 的取值情况.

为了估计 $E(Y)$,当然要使用样本.对自变量 x 取定的一组不完全相同的值 $x_1,x_2,\cdots,x_n$,作独立试验,对应于 x_i 的试验值为 y_i.由于对任何 x_i,试验之前是不能精确地预言 y_i 一定取什么值,因此,把 y_i 看成随机变量 Y_i 的取值.这样,得到 n 对试验数据

$$(x_1,Y_1),(x_2,Y_2),\cdots,(x_n,Y_n),\tag{9.1}$$

其中 $Y_i(i=1,2,\cdots,n)$ 是随机变量.(9.1)式是一个容量为 n 的样本.经过具体试验以后,得到该样本的观察值

$$(x_1,y_1),(x_2,y_2),\cdots,(x_n,y_n).\tag{9.2}$$

现要使用样本(9.1)估计 $E(Y)$,首先需要推测 $E(Y)$ 的形式.在有些问题中,可以由专业知识或经验得知 $E(Y)$ 的形式.如果对有的问题,作不到这一点,则可以使用样本观察值(9.2),在直角坐标中描出它们相应的坐标点,这种图称为散点图.由散点图可以粗略地看出 $E(Y)$ 的形式.

例 1 在硝酸钠的溶解度试验中,测得在不同温度下,溶解于 100 份水中的硝酸钠份数的数据见表 9.1.

表 9.1 溶解于 100 份水中的硝酸钠份数

温度 $x/℃$	0	4	10	15	21	29	36	51	68
份数 y	66.7	71.0	76.3	80.6	85.7	92.9	99.4	113.6	125.1

自变量是温度 x,它是普通变量;因变量是溶解于水中的硝酸钠的份数 Y,它是随机变量,本例中的数值 y 是样本观察值.由这些试验数据画出的散点图见图 9.1.由图 9.1 可以看出,作为 x 的函数,$E(Y)$ 大致具有线性函数 $a+bx$ 的形式,因为 9 个点基本上分布在某条直线的附近.这样,例 1 中,随机变量 Y 与普通变量 x 之间的相关关系问题是一元线性回归问题.

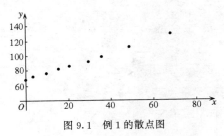

图 9.1 例 1 的散点图

对一元线性回归问题,可作如下假设:对 x 在某区间内的每一值有

$$Y \sim N(a+bx,\sigma^2),\tag{9.3}$$

其中的 a,b 和 σ^2 都是不依赖于 x 的未知参数.于是,可得一元线性回归模型

$$\begin{cases} Y = a + bx + \varepsilon, \\ \varepsilon \sim N(0, \sigma^2), \end{cases} \tag{9.4}$$

其中 a, b, σ^2 是不依赖于 x 的未知参数，ε 是随机误差. 因此,

$$\begin{cases} Y_i = a + bx_i + \varepsilon_i, \\ \varepsilon_i \sim N(0, \sigma^2), \quad (i = 1, 2, \cdots, n). \\ \varepsilon_i \text{ 相互独立} \end{cases} \tag{9.5}$$

由(9.5)式知

$$Y_i \sim N(a + bx_i, \sigma^2) \quad (i = 1, 2, \cdots, n) \tag{9.6}$$

对于一元线性回归模型(9.4)式或(9.5)式，需要解决以下几个问题：

(1) 参数估计：估计未知参数 a, b, σ^2;

(2) 显著性检验：检验用线性函数描述 x, Y 之间关系的准确程度；

(3) 预测：对异于 $x_1, x_2, \cdots, x_n$ 的值 x_0，预测相应的 Y_0 的取值范围.

进一步，还可做模型检验，即检验对模型做的假设是否成立. 对此，这里不作讨论.

二、参数 a, b, σ^2 的估计

估计参数 a, b, σ^2 的方法很多，下面用极大似然估计法估计它们.

由(9.6)式知，似然函数

$$L(a, b, \sigma^2) = \prod_{i=1}^{n} \frac{1}{\sqrt{2\pi}\sigma} e^{-\frac{(y_i - a - bx_i)^2}{2\sigma^2}} = \left(\frac{1}{\sqrt{2\pi\sigma^2}}\right)^n e^{-\frac{1}{2\sigma^2}\sum_{i=1}^{n}(y_i - a - bx_i)^2}, \tag{9.7}$$

取对数

$$\ln L(a, b, \sigma^2) = -\frac{n}{2}\ln 2\pi - \frac{n}{2}\ln \sigma^2 - \frac{1}{2\sigma^2}\sum_{i=1}^{n}(y_i - a - bx_i)^2,$$

分别对 a, b, σ^2 求偏导数，并令偏导数等于零，得到 a, b, σ^2 的极大似然估计 $\hat{a}, \hat{b}, \hat{\sigma}^2$ 满足的方程组

$$\begin{cases} \frac{\partial \ln L}{\partial a} = \frac{1}{\sigma^2}\sum_{i=1}^{n}(y_i - a - bx_i) = 0, \\ \frac{\partial \ln L}{\partial b} = \frac{1}{\sigma^2}\sum_{i=1}^{n}(y_i - a - bx_i)x_i = 0, \\ \frac{\partial \ln L}{\partial \sigma^2} = -\frac{n}{2\sigma^2} + \frac{1}{2\sigma^4}\sum_{i=1}^{n}(y_i - a - bx_i)^2 = 0. \end{cases}$$

化简为

$$\begin{cases} na + \left(\sum_{i=1}^{n} x_i\right)b = \sum_{i=1}^{n} y_i, \\ \left(\sum_{i=1}^{n} x_i\right)a + \left(\sum_{i=1}^{n} x_i^2\right)b = \sum_{i=1}^{n} x_i y_i, \\ \sum_{i=1}^{n}(y_i - a - bx_i)^2 - n\sigma^2 = 0. \end{cases} \tag{9.8}$$

方程组(9.8)中前两个方程里只含有未知参数 a,b，称之为**正规方程组**，由正规方程组可以解出 $\hat{a},\hat{b}$. 事实上，由第一个方程可得

$$a = \frac{1}{n}\sum_{i=1}^{n} y_i - \frac{b}{n}\sum_{i=1}^{n} x_i = \bar{y} - b\bar{x}, \tag{9.9}$$

其中 $\bar{x} = \frac{1}{n}\sum_{i=1}^{n} x_i$，$\bar{y} = \frac{1}{n}\sum_{i=1}^{n} y_i$. 代入方程组(9.8)的第二个方程，注意到 $\sum_{i=1}^{n} x_i = n\bar{x}$，得到

$$n\bar{x}(\bar{y} - b\bar{x}) + \left(\sum_{i=1}^{n} x_i^2\right) b = \sum_{i=1}^{n} x_i y_i,$$

解得

$$\hat{b} = \frac{\sum_{i=1}^{n} x_i y_i - n\bar{x}\bar{y}}{\sum_{i=1}^{n} x_i^2 - n\bar{x}^2}, \tag{9.10}$$

代入(9.9)，得到

$$\hat{a} = \bar{y} - \hat{b}\bar{x}. \tag{9.11}$$

最后，将 $\hat{a},\hat{b}$ 代入方程组(9.8)的第三个方程，得到

$$\hat{\sigma}^2 = \frac{1}{n}\sum_{i=1}^{n}(y_i - \hat{a} - \hat{b}x_i)^2 = \frac{1}{n}\sum_{i=1}^{n}(y_i - \hat{y}_i)^2, \tag{9.12}$$

其中

$$\hat{y}_i = \hat{a} + \hat{b}x_i \quad (i = 1, 2, \cdots, n). \tag{9.13}$$

由于

$$\sum_{i=1}^{n}(x_i - \bar{x})(y_i - \bar{y}) = \sum_{i=1}^{n} x_i y_i - \bar{y}\sum_{i=1}^{n} x_i - \bar{x}\sum_{i=1}^{n} y_i + \sum_{i=1}^{n} \bar{x}\bar{y}$$

$$= \sum_{i=1}^{n} x_i y_i - n\bar{x}\bar{y} - n\bar{x}\bar{y} + n\bar{x}\bar{y} = \sum_{i=1}^{n} x_i y_i - n\bar{x}\bar{y},$$

$$\sum_{i=1}^{n}(x_i - \bar{x})^2 = \sum_{i=1}^{n} x_i^2 - 2\bar{x}\sum_{i=1}^{n} x_i + \sum_{i=1}^{n}\bar{x}^2 = \sum_{i=1}^{n} x_i^2 - 2n\bar{x}^2 + n\bar{x}^2 = \sum_{i=1}^{n} x_i^2 - n\bar{x}^2,$$

于是由(9.10)式可得 $\hat{b}$ 的另一表达式

$$\hat{b} = \frac{\sum_{i=1}^{n}(x_i - \bar{x})(y_i - \bar{y})}{\sum_{i=1}^{n}(x_i - \bar{x})^2}. \tag{9.14}$$

此外，(9.10)式还可以写为

$$\hat{b} = \frac{n\sum_{i=1}^{n} x_i y_i - \left(\sum_{i=1}^{n} x_i\right)\left(\sum_{i=1}^{n} y_i\right)}{n\sum_{i=1}^{n} x_i^2 - \left(\sum_{i=1}^{n} x_i\right)^2}. \tag{9.15}$$

$\hat{b}$ 的表达式(9.10)式和(9.15)式用于由试验数据 $(x_i, y_i)(i = 1, 2, \cdots, n)$ 计算 $\hat{b}$ 的数值，

(9.14)式多用于理论研究上.

b, a, σ^2 的极大似然估计量分别为

$$\hat{b} = \frac{\sum_{i=1}^{n} x_i Y_i - n\bar{x}\bar{Y}}{\sum_{i=1}^{n} x_i^2 - n\bar{x}^2} = \frac{\sum_{i=1}^{n}(x_i - \bar{x})(Y_i - \bar{Y})}{\sum_{i=1}^{n}(x_i - \bar{x})^2} = \frac{n\sum_{i=1}^{n} x_i Y_i - \left(\sum_{i=1}^{n} x_i\right)\left(\sum_{i=1}^{n} Y_i\right)}{n\sum_{i=1}^{n} x_i^2 - \left(\sum_{i=1}^{n} x_i\right)^2}, \quad (9.16)$$

$$\hat{a} = \bar{Y} - \hat{b}\bar{x}, \quad (9.17)$$

$$\hat{\sigma}^2 = \frac{1}{n}\sum_{i=1}^{n}(Y_i - \hat{Y}_i)^2, \quad (9.18)$$

其中

$$\hat{Y}_i = \hat{a} + \hat{b}x_i \quad (i = 1, 2, \cdots, n). \quad (9.19)$$

可以证明,$E(\hat{a}) = a, E(\hat{b}) = b$,即 $\hat{a}, \hat{b}$ 分别是 a, b 的无偏估计量,而 σ^2 的无偏估计量不是 $\hat{\sigma}^2$,而是 $\dfrac{1}{n-2}\sum_{i=1}^{n}(Y_i - \hat{Y}_i)^2$.

记

$$\hat{Y} = \hat{a} + \hat{b}x, \quad (9.20)$$

用 $\hat{Y}$ 作为 $E(Y) = a + bx$ 的估计,称(9.20)式为 Y 关于 x 的**线性回归方程**,称其图形为**回归直线**. 由(9.17)式可知,点 $(\bar{x}, \bar{Y})$ 在回归直线上.

设

$$Q(a, b) = \sum_{i=1}^{n}[y_i - (a + bx_i)]^2, \quad (9.21)$$

则

$$\frac{\partial Q(a,b)}{\partial a} = -2\sum_{i=1}^{n}(y_i - a - bx_i), \quad \frac{\partial Q(a,b)}{\partial b} = -2\sum_{i=1}^{n}(y_i - a - bx_i)x_i.$$

从而,$\hat{a}, \hat{b}$ 作为正规方程组的解,满足方程组

$$\begin{cases} \dfrac{\partial Q(a,b)}{\partial a} = 0, \\ \dfrac{\partial Q(a,b)}{\partial b} = 0. \end{cases}$$

根据偏导数等于零的意义可知

$$Q(\hat{a}, \hat{b}) = \min_{a,b} Q(a, b), \quad (9.22)$$

即

$$\sum_{i=1}^{n}[y_i - (\hat{a} + \hat{b}x_i)]^2 = \min_{a,b}\sum_{i=1}^{n}[y_i - (a + bx_i)]^2. \quad (9.23)$$

(9.23)式的几何意义如下:试验数据 $(x_1, y_1), (x_2, y_2), \cdots, (x_n, y_n)$ 对应着平面上的 n 个点,于是对于平面上任意一条直线 $l: y = a + bx$,用数量 $[y_i - (a + bx_i)]^2 = |y_i - (a + bx_i)|^2$ 刻画点 (x_i, y_i) 到直线 l 的远近程度,见图 9.2. 其中 $|y_i - (a + bx_i)|$ 是点 (x_i, y_i) 沿着平行于 y

轴的方向到直线 l 的铅直距离,即图 9.2 中的实线段的长度. 由于 $|y_i-(a+bx_i)|$ 的大小和其平方 $|y_i-(a+bx_i)|^2 = [y_i-(a+bx_i)]^2$ 的大小在变化上一致,而在数学上,使用 $[y_i-(a+bx_i)]^2$ 比使用绝对值 $|y_i-(a+bx_i)|$ 方便得多. 因此,可以用 $Q(a,b)$ 的大小定量描述直线 l 与这 n 个点的总的接近程度,其值大小与直线 l 有关. 由于直线 l 由 a,b 决定,因此,可以写成 a,b 的函数 $Q(a,b)$. 由(9.23)式可

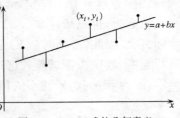

图 9.2 (9.23)式的几何意义

知,回归直线 $\hat{y}=\hat{a}+\hat{b}x$ 是平面上的所有直线中,在上述意义之下,与这 n 个已知点最接近的一条直线.

确定 $\hat{a},\hat{b}$,使其满足(9.22)式或(9.23)式,这种方法称为**最小二乘法**. 最小二乘法是一种有着广泛应用的重要方法,在确定经验公式时也常常使用它. 在假设的一元线性回归模型中,使用极大似然估计法和使用最小二乘法得到的 $\hat{a},\hat{b}$ 是相同的. 如果没有一元线性回归模型的假设,即没有假设 $Y_i \sim N(a+bx_i, \sigma^2)$ $(i=1,2,\cdots,n)$,这时,不能使用极大似然估计法估计 a,b,但仍可使用最小二乘法估计 a,b.

例2 设例 1 中的随机变量 Y 符合(9.4)式,求 Y 关于 x 的线性回归方程.

解 已知 $n=9$. 使用(9.15)式计算 $\hat{b}$,为此先列表 9.2.

表 9.2 例 2 数据表

i	x_i	y_i	x_i^2	y_i^2	$x_i y_i$
1	0	66.7	0	4448.89	0
2	4	71.0	16	5041.00	284.0
3	10	76.3	100	5821.69	763.0
4	15	80.6	225	6496.36	1209.0
5	21	85.7	441	7344.49	1799.7
6	29	92.9	841	8630.41	2694.1
7	36	99.4	1296	9880.36	3578.4
8	51	113.6	2601	12904.96	5793.6
9	68	125.1	4624	15650.01	8506.8
$\sum$	234	811.3	10144	76218.17	24628.6

于是 $\hat{b} = \dfrac{9 \times 24628.6 - 234 \times 811.3}{9 \times 10144 - 234^2} = 0.8706, \hat{a} = \bar{y} - \hat{b}\bar{x} = \dfrac{1}{n}\sum\limits_{i=1}^{n}y_i - \hat{b}\dfrac{1}{n}\sum\limits_{i=1}^{n}x_i = \dfrac{1}{9} \times 811.3 - 0.8706 \times \dfrac{1}{9} \times 234 = 67.5088$. 线性回归方程为 $\hat{y} = 67.5088 + 0.8706x$.

表 9.2 中 y_i^2 的一列数,在求线性回归方程时不使用,将在下面用到.

三、显著性检验

在以上讨论中,是在假设(9.4)式或(9.5)式成立的条件下进行的,也即假设 $E(Y)$ 具有形式 $a+bx$,但这种假设可能符合实际,也可能不符合实际. 当这种假设符合实际时,得到的

线性回归方程具有一定实际意义.当这种假设不符合实际时,也即当 Y 与 x 之间没有线性相关关系时,也能从样本 $(x_1,Y_1),(x_2,Y_2),\cdots,(x_n,Y_n)$ 求得线性回归方程,这样的方程毫无实际意义.因此,必须对 $E(Y)$ 是否具有形式 $a+bx$ 进行检验.可以首先根据专业知识或经验进行判断,其次根据试验数据运用假设检验的方法判断.通常,若上述假设符合实际,b 不应为零,因为若 $b=0$,Y 就不依赖于 x 了.因此,可以检验假设

$$H_0: b=0, \quad H_1: b\neq 0. \tag{9.24}$$

对上述假设进行检验的方法有 t 检验法、F 检验法和相关系数检验法等,这里仅介绍 t 检验法.

定理 9.1
$$\hat{b}\sim N\left(b,\frac{\sigma^2}{\sum_{i=1}^{n}(x_i-\bar{x})^2}\right), \tag{9.25}$$

$$\frac{S_e}{\sigma^2}\sim \chi^2(n-2), \tag{9.26}$$

并且 $\hat{b}$ 与 S_e 相互独立,其中

$$S_e=\sum_{i=1}^{n}(Y_i-\hat{Y}_i)^2. \tag{9.27}$$

定理 9.1 的证明从略.

根据定理 9.1 和 t 分布的定义可知

$$\frac{\hat{b}-b}{\sqrt{\sigma^2/\sum_{i=1}^{n}(x_i-\bar{x})^2}}\Bigg/\sqrt{\frac{S_e}{(n-2)\sigma^2}}\sim t(n-2),$$

化简后得到

$$(\hat{b}-b)\sqrt{\frac{(n-2)\sum_{i=1}^{n}(x_i-\bar{x})^2}{S_e}}\sim t(n-2).$$

当 H_0 成立时,

$$\hat{b}\sqrt{\frac{(n-2)\sum_{i=1}^{n}(x_i-\bar{x})^2}{S_e}}\sim t(n-2), \tag{9.28}$$

则对给定的显著性水平 α,拒绝域为

$$|\hat{b}|\sqrt{\frac{(n-2)\sum_{i=1}^{n}(x_i-\bar{x})^2}{S_e}}\geq t_{\frac{\alpha}{2}}(n-2). \tag{9.29}$$

当接受 H_0 时,认为回归效果不显著,线性回归方程意义不大.当拒绝 H_0 时,认为回归效果显著,线性回归方程有一定的意义.

下面推导计算 S_e 的公式:

$$S_e = \sum_{i=1}^n Y_i^2 - \frac{1}{n}\Big(\sum_{i=1}^n Y_i\Big)^2 - \hat{b}^2 \sum_{i=1}^n x_i^2 + \frac{\hat{b}^2}{n}\Big(\sum_{i=1}^n x_i\Big)^2. \tag{9.30}$$

由(9.27)式,得到

$$S_e = \sum_{i=1}^n (Y_i - \hat{a} - \hat{b}x_i)^2 = \sum_{i=1}^n [Y_i - (\overline{Y} - \hat{b}\overline{x}) - \hat{b}x_i]^2$$

$$= \sum_{i=1}^n [(Y_i - \overline{Y}) - \hat{b}(x_i - \overline{x})]^2$$

$$= \sum_{i=1}^n (Y_i - \overline{Y})^2 - 2\hat{b}\sum_{i=1}^n (x_i - \overline{x})(Y_i - \overline{Y}) + \hat{b}^2 \sum_{i=1}^n (x_i - \overline{x})^2.$$

利用(9.16)式,$\sum_{i=1}^n (x_i - \overline{x})(Y_i - \overline{Y}) = \hat{b}\sum_{i=1}^n (x_i - \overline{x})^2$,于是

$$S_e = \sum_{i=1}^n (Y_i - \overline{Y})^2 - \hat{b}^2 \sum_{i=1}^n (x_i - \overline{x})^2 = \sum_{i=1}^n Y_i^2 - n\overline{Y}^2 - \hat{b}^2\Big(\sum_{i=1}^n x_i^2 - n\overline{x}^2\Big)$$

$$= \sum_{i=1}^n Y_i^2 - \frac{1}{n}\Big(\sum_{i=1}^n Y_i\Big)^2 - \hat{b}^2 \sum_{i=1}^n x_i^2 + \frac{\hat{b}^2}{n}\Big(\sum_{i=1}^n x_i\Big)^2.$$

例 3 检验例 2 中的回归效果是否显著,取 $\alpha = 0.05$.

解 由例 2 知 $\hat{b} = 0.8706$.由表 9.2 可得

$$\sum_{i=1}^n (x_i - \overline{x})^2 = \sum_{i=1}^n x_i^2 - n\overline{x}^2 = \sum_{i=1}^n x_i^2 - \frac{1}{n}\Big(\sum_{i=1}^n x_i\Big)^2$$

$$= 10144 - \frac{1}{9} \times 234^2 = 4060,$$

$$s_e = 76218.17 - \frac{1}{9} \times 811.3^2 - 0.8706^2 \times 10144 + \frac{1}{9} \times 0.8706^2 \times 234^2$$

$$= 6.7281,$$

$$|\hat{b}|\sqrt{\frac{(n-2)\sum_{i=1}^n (x_i - \overline{x})^2}{s_e}} = 0.8706 \times \sqrt{\frac{7 \times 4060}{6.7281}} = 56.5828.$$

由附表 3 查出 $t_{\frac{\alpha}{2}}(n-2) = t_{0.025}(7) = 2.3646$.由于 $56.5828 > 2.3646$,因此拒绝 H_0,即认为回归效果显著.

取 $\alpha = 0.01$ 时,$t_{0.005}(7) = 3.4995 < 56.5828$,这时可以认为回归效果高度显著.

四、预测

对于给定的 x_0(与 $x_1, x_2, \cdots, x_n$ 均相异),设 Y_0 是在 $x = x_0$ 处对随机变量 Y 的试验结

果. 由线性回归方程可计算出

$$\hat{Y}_0 = \hat{a} + \hat{b}x_0 \tag{9.31}$$

作为对 Y_0 的预测值. 同时, 对给定的 α: $0<\alpha<1$, 确定 $\delta>0$, 使得

$$P\{\hat{Y}_0 - \delta < Y_0 < \hat{Y}_0 + \delta\} = 1 - \alpha, \tag{9.32}$$

称区间 $(\hat{Y}_0-\delta, \hat{Y}_0+\delta)$ 为 Y_0 的置信度为 $1-\alpha$ 的 **预测区间**, 这就是预测问题.

(9.32) 式等价于

$$P\{|Y_0 - \hat{Y}_0| < \delta\} = 1 - \alpha. \tag{9.33}$$

这样, 为了确定 δ, 需要知道 $Y_0-\hat{Y}_0$ 的分布. 由 (9.3) 式知, $Y_0 \sim N(a+bx_0, \sigma^2)$, 由此可得 $Y_0-\hat{Y}_0$ 的分布.

定理 9.2

$$Y_0 - \hat{Y}_0 \sim N\left(0, \left[1 + \frac{1}{n} + \frac{(x_0-\overline{x})^2}{\sum\limits_{i=1}^{n}(x_i-\overline{x})^2}\right]\sigma^2\right). \tag{9.34}$$

定理的证明从略. 另外, 还可以证明, $Y_0, \hat{Y}_0, S_e$ 之间相互独立.

根据定理 9.2, 有

$$\frac{Y_0 - \hat{Y}_0}{\sqrt{\left[1 + \dfrac{1}{n} + \dfrac{(x_0-\overline{x})^2}{\sum\limits_{i=1}^{n}(x_i-\overline{x})^2}\right]\sigma^2}} \sim N(0,1),$$

于是, 根据 (9.26) 式和 t 分布的定义, 可得

$$\frac{Y_0 - \hat{Y}_0}{\sqrt{\left[1 + \dfrac{1}{n} + \dfrac{(x_0-\overline{x})^2}{\sum\limits_{i=1}^{n}(x_i-\overline{x})^2}\right]\sigma^2}} \bigg/ \sqrt{\frac{S_e}{(n-2)\sigma^2}} \sim t(n-2).$$

化简后得到

$$\frac{Y_0 - \hat{Y}_0}{\sqrt{\dfrac{S_e}{n-2}\left[1 + \dfrac{1}{n} + \dfrac{(x_0-\overline{x})^2}{\sum\limits_{i=1}^{n}(x_i-\overline{x})^2}\right]}} \sim t(n-2),$$

从而

$$P\left\{\hat{Y}_0 - t_{\frac{\alpha}{2}}(n-2)\sqrt{\dfrac{S_e}{n-2}\left[1 + \dfrac{1}{n} + \dfrac{(x_0-\overline{x})^2}{\sum\limits_{i=1}^{n}(x_i-\overline{x})^2}\right]} < Y_0\right.$$

$$< \hat{Y}_0 + t_{\frac{\alpha}{2}}(n-2)\sqrt{\frac{S_e}{n-2}\left[1+\frac{1}{n}+\frac{(x_0-\bar{x})^2}{\sum_{i=1}^{n}(x_i-\bar{x})^2}\right]}\Bigg\}$$

$$=1-\alpha, \tag{9.35}$$

即预测区间中的 δ 为

$$\delta = t_{\frac{\alpha}{2}}(n-2)\sqrt{\frac{S_e}{n-2}\left[1+\frac{1}{n}+\frac{(x_0-\bar{x})^2}{\sum_{i=1}^{n}(x_i-\bar{x})^2}\right]}. \tag{9.36}$$

预测区间以 $\hat{Y}_0$ 为中点,长度为 2δ,它与 α, n, x_0 接近 $\bar{x}$ 的程度有关.当 α, n 固定时,x_0 越接近 $\bar{x}$,δ 越小,在 $x_0 = \bar{x}$ 时,δ 最小,参见图 9.3.

例 4 对例 1,求 25℃时溶解于 100 份水中的硝酸钠份数的置信度为 0.95 的预测区间.

解 首先由线性回归方程 $\hat{y} = 67.5088 + 0.8706x$ 求出当 $x = x_0 = 25$ 时,$\hat{Y}_0$ 的值

$$\hat{y}_0 = 67.5088 + 0.8706 \times 25 = 89.2738.$$

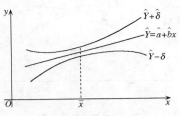

图 9.3 Y_0 的预测区间

$\alpha = 0.05, n = 9, \bar{x} = 26$,在例 3 中算得 $s_e = 6.7281, \sum_{i=1}^{n}(x_i-\bar{x})^2 = 4060, t_{\frac{\alpha}{2}}(n-2) = t_{0.025}(7) = 2.3646$,从而由 (9.36) 式计算 $\delta = 2.4439$,预测区间为 $(86.8299, 91.7177)$.

在实际问题中,当样本容量 n 很大时,对于在 $\bar{x}$ 附近的 x_0,求预测区间的计算可以简化,认为 (9.36) 式中根式里的中括号部分近似等于 1,$t_{\frac{\alpha}{2}}(n-2)$ 近似等于 $u_{\frac{\alpha}{2}}$. 这样 $\delta \approx u_{\frac{\alpha}{2}}\sqrt{\frac{S_e}{n-2}}$,$Y_0$ 的置信度为 $1-\alpha$ 的预测区间近似为

$$\left(\hat{Y}_0 - u_{\frac{\alpha}{2}}\sqrt{\frac{S_e}{n-2}},\ \hat{Y}_0 + u_{\frac{\alpha}{2}}\sqrt{\frac{S_e}{n-2}}\right). \tag{9.37}$$

最后说明一点,称预测区间而不是置信区间的原因是 Y_0 为随机变量.

五、可以化为一元线性回归的问题

在实际问题中,两个变量之间的关系还有不是前面所讨论的线性相关关系,可以称为**非线性相关关系**,相应的是一元非线性回归问题.其中很多场合下,可以通过变量代换把其转化为一元线性回归问题.下面先用一个具体的例子说明.

例 5 炼钢时所用盛钢水的钢包,由于钢水对耐火材料的浸蚀,容积不断增大,试验数据如表 9.3 所示.试找出使用次数与增大容积之间的关系.

表 9.3　例 5 的试验数据

使用次数 x_i	增大容积 y_i	使用次数 x_i	增大容积 y_i	使用次数 x_i	增大容积 y_i
2	6.42	7	10.00	12	10.60
3	8.20	8	9.93	13	10.80
4	9.58	9	9.99	14	10.60
5	9.50	10	10.49	15	10.90
6	9.70	11	10.59	16	10.76

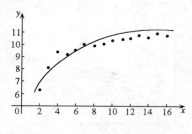

图 9.4　例 5 的散点图

解　将试验数据标在坐标系中,作出散点图,见图 9.4. 这些点与一条曲线很接近,在开始时浸蚀速度快,然后逐渐减弱. 显然钢包容积不会无限增大,于是可以想像有一条平行于 x 轴的曲线的渐近线. 根据这些特点,可以选用模型

$$\begin{cases} \dfrac{1}{Y} = a + \dfrac{b}{x} + \varepsilon, \\ \varepsilon \sim N(0, \sigma^2) \end{cases} \tag{9.38}$$

来描述 x 与 Y 之间的相关关系. 函数 $\dfrac{1}{y} = a + \dfrac{b}{x}$ 的图形是双曲线.

作变量代换,令 $\widetilde{Y} = \dfrac{1}{Y}, \widetilde{x} = \dfrac{1}{x}$,则模型(9.38)成为

$$\begin{cases} \widetilde{Y} = a + b\widetilde{x} + \varepsilon, \\ \varepsilon \sim N(0, \sigma^2), \end{cases} \tag{9.39}$$

化为了一元线性回归问题. 使用一元线性回归的方法,求得 $\hat{a}$ 和 $\hat{b}$,最后得到经验公式为

$$\dfrac{1}{\hat{Y}} = \hat{a} + \dfrac{\hat{b}}{x}. \tag{9.40}$$

在计算 $\hat{a}$ 和 $\hat{b}$ 时,应对试验数据 x_i, y_i 先取倒数,记 $\widetilde{x}_i = \dfrac{1}{x_i}, \widetilde{y}_i = \dfrac{1}{y_i}$ $(i=1,2,\cdots,n)$,则

$$\hat{b} = \dfrac{n\sum\limits_{i=1}^{n}\widetilde{x}_i\widetilde{y}_i - \left(\sum\limits_{i=1}^{n}\widetilde{x}_i\right)\left(\sum\limits_{i=1}^{n}\widetilde{y}_i\right)}{n\sum\limits_{i=1}^{n}\widetilde{x}_i^2 - \left(\sum\limits_{i=1}^{n}\widetilde{x}_i\right)^2}, \quad \hat{a} = \dfrac{1}{n}\sum_{i=1}^{n}\widetilde{y}_i - \hat{b}\dfrac{1}{n}\sum_{i=1}^{n}\widetilde{x}_i.$$

具体计算结果如表 9.4 所示. 把表 9.4 中各有关数据代入上面两式得

$$\hat{b} = \dfrac{15 \times 0.2727 - 2.3807 \times 1.5469}{15 \times 0.5842 - 2.3807^2} = 0.1317,$$

$$\hat{a} = \dfrac{1}{15} \times 1.5469 - 0.1317 \times \dfrac{1}{15} \times 2.3807 = 0.0822,$$

于是

$$\dfrac{1}{\hat{y}} = 0.0822 + \dfrac{0.1317}{x}.$$

表 9.4 例 5 数据表

i	x_i	y_i	$\tilde{x}_i$	$\tilde{y}_i$	$\tilde{x}_i^2$	$\tilde{y}_i^2$	$\tilde{x}_i\tilde{y}_i$
1	2	6.42	0.5000	0.1558	0.2500	0.0243	0.0779
2	3	8.20	0.3333	0.1220	0.1111	0.0149	0.0407
3	4	9.58	0.2500	0.1044	0.0625	0.0109	0.0261
4	5	9.50	0.2000	0.1053	0.0400	0.0111	0.0211
5	6	9.70	0.1667	0.1031	0.0278	0.0106	0.0172
6	7	10.00	0.1429	0.1000	0.0204	0.0100	0.0143
7	8	9.93	0.1250	0.1007	0.0156	0.0101	0.0126
8	9	9.99	0.1111	0.1001	0.0123	0.0100	0.0111
9	10	10.49	0.1000	0.0953	0.0100	0.0091	0.0095
10	11	10.59	0.0909	0.0944	0.0083	0.0089	0.0086
11	12	10.60	0.0833	0.0943	0.0069	0.0089	0.0079
12	13	10.80	0.0769	0.0926	0.0059	0.0086	0.0071
13	14	10.60	0.0714	0.0943	0.0051	0.0089	0.0067
14	15	10.90	0.0667	0.0917	0.0044	0.0084	0.0061
15	16	10.76	0.0625	0.0929	0.0039	0.0086	0.0058
$\sum$			2.3807	1.5469	0.5842	0.1633	0.2727

除了模型(9.38)之外,还有下面几个常用的模型能化为一元线性回归问题:

(1) $$\begin{cases} Y = ax^b\varepsilon \ (a>0), \\ \ln\varepsilon \sim N(0,\sigma^2). \end{cases} \tag{9.41}$$

两边取对数,得到 $\ln Y = \ln a + b\ln x + \ln\varepsilon$. 作变量代换,令 $Z=\ln Y$, $u=\ln x$, 同时令 $A=\ln a$, $\varepsilon'=\ln\varepsilon$, 化为

$$\begin{cases} Z = A + bu + \varepsilon', \\ \varepsilon' \sim N(0,\sigma^2). \end{cases}$$

(2) $$\begin{cases} Y = ae^{bx}\varepsilon \ (a>0), \\ \ln\varepsilon \sim N(0,\sigma). \end{cases} \tag{9.42}$$

两边取对数,得到 $\ln Y = \ln a + bx + \ln\varepsilon$. 令 $Z=\ln Y$, $A=\ln a$, $\varepsilon'=\ln\varepsilon$, 化为

$$\begin{cases} Z = A + bx + \varepsilon', \\ \varepsilon' \sim N(0,\sigma^2). \end{cases}$$

(3) $$\begin{cases} Y = a + b\ln x + \varepsilon, \\ \varepsilon \sim N(0,\sigma^2). \end{cases} \tag{9.43}$$

令 $u=\ln x$, 化为

$$\begin{cases} Y = a + bu + \varepsilon, \\ \varepsilon \sim N(0,\sigma^2). \end{cases}$$

(4) $$\begin{cases} Y = a + b\sin x + \varepsilon, \\ \varepsilon \sim N(0,\sigma^2). \end{cases} \tag{9.44}$$

令 $u=\sin x$, 化为

$$\begin{cases} Y = a + bu + \varepsilon, \\ \varepsilon \sim N(0,\sigma^2). \end{cases}$$

习 题 9.1

一、单项选择题

1. 一元线性回归方程 $\hat{Y}=\hat{a}+\hat{b}x$ 中的 $\hat{a},\hat{b}$ 分别为（　　）.

(A) $\hat{a}=\dfrac{\sum\limits_{i=1}^{n}(x_i-\overline{x})(Y_i-\overline{Y})^2}{\sum\limits_{i=1}^{n}(x_i-\overline{x})^2}$, $\hat{b}=\overline{Y}-\hat{a}\overline{x}$;　　(B) $\hat{a}=\dfrac{\sum\limits_{i=1}^{n}(x_i-\overline{x})(Y_i-\overline{Y})}{\sum\limits_{i=1}^{n}(x_i-\overline{x})^2}$, $\hat{a}+\hat{b}\overline{x}=\overline{Y}$;

(C) $\hat{a}+\hat{b}\overline{x}=\overline{Y}$, $\hat{b}=\dfrac{\sum\limits_{i=1}^{n}(x_i-\overline{x})^2}{\sum\limits_{i=1}^{n}(x_i-\overline{x})(Y_i-\overline{Y})}$;　　(D) $\hat{a}=\overline{Y}-\hat{b}\overline{x}$, $\hat{b}=\dfrac{\sum\limits_{i=1}^{n}(x_i-\overline{x})(Y_i-\overline{Y})}{\sum\limits_{i=1}^{n}(x_i-\overline{x})^2}$.

2. 对于试验数据 $(x_i,y_i)(i=1,2,\cdots,n)$，回归直线 $\hat{y}=\hat{a}+\hat{b}x$（　　）.
(A) 过点 (x_i,y_i) $(i=1,2,\cdots,n)$;　　(B) 不过点 (x_i,y_i) $(i=1,2,\cdots,n)$;
(C) 过点 $(\overline{x},\overline{y})$;　　(D) 不过点 $(\overline{x},\overline{y})$.

3. 在一元线性回归的显著性检验中，当 H_0 成立时，检验统计量
$$\hat{b}\sqrt{\dfrac{(n-2)\sum\limits_{i=1}^{n}(x_i-\overline{x})^2}{S_e}} \sim (\quad).$$
(A) $t(n)$;　　(B) $t(n-1)$;　　(C) $t(n-2)$;　　(D) $t(n-3)$.

二、填空题

1. 在确定一元线性回归方程 $\hat{y}=\hat{a}+\hat{b}x$ 时，由测出的 10 组数据算出
$$\sum_{i=1}^{10}x_i=50,\quad \sum_{i=1}^{10}y_i=77,\quad \sum_{i=1}^{10}x_i^2=334.5,\quad \sum_{i=1}^{10}x_iy_i=514.75,$$
则 $\hat{b}=$ _____，$\hat{a}=$ _____.

2. 在一元线性回归的显著性检验中，若拒绝 H_0，则表明变量 x 与 Y 之间 _____.

三、其他类型题

1. 设变量 x,Y 的试验数据为
x_i: 68, 53, 70, 84, 60, 72, 51, 83, 70, 64;
y_i: 288, 293, 349, 343, 290, 354, 283, 324, 340, 286.
求回归方程 $\hat{y}=\hat{a}+\hat{b}x$，并在水平 $\alpha=0.05$ 下进行显著性检验.

2. 对第 1 题，预测当 $x=65$ 时 Y 的值及置信度为 0.95 的预测区间.

3. 对具有相关关系的变量 x,Y 的取值情况进行 13 次试验，数据如下：

i	x_i	y_i	i	x_i	y_i
1	2	0.9397	8	11	0.9042
2	3	0.9242	9	14	0.9042
3	4	0.9126	10	15	0.9017
4	5	0.9132	11	16	0.9029
5	7	0.9091	12	18	0.9009
6	8	0.9097	13	19	0.8993
7	10	0.9051			

试求出 x, Y 之间的关系. $\left(\text{提示：} \dfrac{1}{\hat{Y}} = \hat{a} + \dfrac{\hat{b}}{x}\right)$

§9.2 单因素试验的方差分析

第八章中介绍了关于两个正态总体期望是否相等的假设检验问题,可以使用 U 检验法或 t 检验法进行检验.可是在实际问题中,还会出现 3 个或更多个总体.例如,在某种产品的生产工艺条件中,考虑温度对该产品某项质量指标的影响.这时让温度变化,取为 70℃、80℃、90℃和 100℃,其他条件保持不变.这样,出现了 4 种温度下的质量指标的试验值,形成 4 个总体.而温度对该质量指标值的影响问题可以转化为检验这 4 个总体的期望是否相等的问题.解决这类问题,就要用到方差分析的方法.

通常,影响一事物的因素往往较多.例如,对产品质量有影响的因素,就有原材料成分、加工工艺、设备条件和操作人员的技术水平等多种,此外,还会有一些随机因素的影响.因素可分为两类,一类是可以控制的,称为**可控因素**;一类是不能控制的,称为**不可控因素**.如上面所说的原材料成分等因素是可控因素,而随机误差(如测量误差)是不可控因素.下面所说的因素都是可控因素.

每个因素的变化都对所考察的事物产生影响,称所考察的事物为**试验指标**.有的因素对试验指标的影响大一些,有的小一些.为了鉴别出各个因素对试验指标影响的大小,就要使用方差分析的方法分析通过试验所得到的数据.方差分析是研究一个或多个因素的变化对试验指标是否具有显著影响的数理统计方法.

如果在一项试验中只有一个因素在变化,称之为**单因素试验**.如果有两个因素在变化,称之为**双因素试验**.如果有两个以上的因素在变化,则称之为**多因素试验**.我们讨论单因素试验的方差分析.

一、基本概念

先看一个例子.

例1 设有 3 台同样型号的机器,用于生产厚度为 2.5 毫米的铝板.现要了解各台机器所生产的铝板的平均厚度是否相同,分别从每台机器的产品中抽取 5 张铝板进行测试,得如下数据(单位:毫米):

机器一:2.36, 2.38, 2.48, 2.45, 2.43;
机器二:2.57, 2.53, 2.55, 2.54, 2.61;
机器三:2.58, 2.64, 2.59, 2.67, 2.62.

分析这 3 台机器生产的铝板的厚度有无显著差异.

在例 1 中,试验指标是铝板的厚度,影响这项指标的因素是机器,原材料规格、操作人员的技术水平等因素认为相同,因此,这是单因素试验.由测试数据能够看出,第一台机器比其他两台机器生产的铝板薄一些.这种差异是由于机器之间存在着差别而产生的,还是由于随机误差产生的,则是要分析考虑的问题.

一般,在单因素试验中,用 A 表示因素.根据因素 A 的变化所分成的等级或组别,称为因素 A 的**水平**.设 A 有 m 个水平,分别用 $A_1, A_2, \cdots, A_m$ 表示.例如在例 1 中,因素 A 是机器,它有 3 个水平 A_1, A_2, A_3,分别表示机器一、机器二和机器三.对因素 A 的每个水平可以独立进行相等次数或不相等次数的重复试验,其中比较简单并且常用的是进行次数相等的重复试验,设次数为 n.例如在例 1 中,$n=5$.关于次数不相等的重复试验问题,这里不做介绍.

设在水平 A_j 下,n 次试验得到的数据为

$$x_{1j}, x_{2j}, \cdots, x_{nj} \quad (j=1,2,\cdots,m),$$

可将这些数据看作是来自水平 A_j 下的总体的容量为 n 的样本的观察值,相应的样本记为

$$X_{1j}, X_{2j}, \cdots, X_{nj} \quad (j=1,2,\cdots,m). \tag{9.45}$$

在例 1 中,$m=3, n=5$,从每台机器的产品中抽取 5 张铝板进行厚度测试所得到的数据,看成从一个总体中抽取的容量为 5 的样本的观察值,共有 3 个总体.将这 3 个总体的期望分别记为 μ_1, μ_2, μ_3,则例 1 的问题可以归为检验假设

$$H_0: \mu_1 = \mu_2 = \mu_3, \quad H_1: \mu_1, \mu_2, \mu_3 \text{ 不全相等}. \tag{9.46}$$

如果设这 3 个总体均为正态总体,且方差相等,则可以使用第八章中关于两个正态总体期望差的 t 检验法分别检验假设

$$H_{01}: \mu_1 = \mu_2, \quad H_{11}: \mu_1 \neq \mu_2;$$
$$H_{02}: \mu_2 = \mu_3, \quad H_{12}: \mu_2 \neq \mu_3;$$
$$H_{03}: \mu_1 = \mu_3, \quad H_{13}: \mu_1 \neq \mu_3$$

来解决问题(9.46).但这种做法过于麻烦,特别当 m 较大时更是如此,因此,必须使用方差分析的方法解决问题.

二、数学模型

对因素 A 的第 j 个水平 A_j,来自 A_j 下的总体的容量为 n 的样本是 $X_{1j}, X_{2j}, \cdots, X_{nj}$ $(j=1,2,\cdots,m)$.现设这 m 个总体均是正态总体,并且具有相同的方差 σ^2(这称为方差齐性,方差齐性的假定是进行方差分析的前提),期望分别为 $\mu_1, \mu_2, \cdots, \mu_m$.此外,设 m 个总体相互独立.于是

$$X_{ij} \sim N(\mu_j, \sigma^2) \quad (i=1,2,\cdots,n; j=1,2,\cdots,m), \tag{9.47}$$

从而得到

$$X_{ij} - \mu_j \sim N(0, \sigma^2) \quad (i=1,2,\cdots,n; j=1,2,\cdots,m).$$

由于随机误差通常服从期望为零的正态分布,这样,$X_{ij}-\mu_j$ 可以看作是随机误差,记为 ε_{ij}:

$$\varepsilon_{ij} = X_{ij} - \mu_j \quad (i=1,2,\cdots,n; j=1,2,\cdots,m). \tag{9.48}$$

综上所述,得到单因素试验方差分析的数学模型:

$$\begin{cases} X_{ij} = \mu_j + \varepsilon_{ij}, \\ \varepsilon_{ij} \sim N(0,\sigma^2), \quad (i=1,2,\cdots,n;\ j=1,2,\cdots,m), \\ \text{各 } \varepsilon_{ij} \text{ 相互独立} \end{cases} \quad (9.49)$$

其中,各 μ_j 和 σ^2 未知.

在上述模型下,所要检验的假设为

$$\begin{aligned} &H_0: \mu_1 = \mu_2 = \cdots = \mu_m, \\ &H_1: \mu_1, \mu_2, \cdots, \mu_m \text{ 不全相等}, \end{aligned} \quad (9.50)$$

同时对未知参数 $\mu_1, \mu_2, \cdots, \mu_m$ 和 σ^2 进行估计.

如果假设检验的结果是接受假设 H_0,则认为因素 A 水平的改变对试验指标没有显著影响;如果拒绝 H_0,则认为因素 A 水平的改变对试验指标有显著影响.

为检验假设(9.50),需构造适当的检验统计量.先介绍平方和分解定理.

三、平方和的分解

记

$$\overline{X}_j = \frac{1}{n} \sum_{i=1}^n X_{ij} \quad (j=1,2,\cdots,m), \quad (9.51)$$

$$\overline{X} = \frac{1}{mn} \sum_{j=1}^m \sum_{i=1}^n X_{ij}, \quad (9.52)$$

称 $\overline{X}_j$ 为**水平 A_j 下的样本平均值**($j=1,2,\cdots,m$),称 $\overline{X}$ 为**总平均值**.

考虑 $\sum_{j=1}^m \sum_{i=1}^n (X_{ij} - \overline{X})^2$,它是所有试验数据的波动程度,称为**总平方和**.当假设 H_0 成立时,总平方和只反映由随机误差所引起的试验数据的波动.而当 H_0 不成立时,总平方和中除了由随机误差所引起的试验数据的波动以外,还包括由因素 A 的各水平 $A_1, A_2, \cdots, A_m$ 所引起的试验数据的波动.因此,如果能够将总平方和中这两种波动分开,然后把它们进行比较,就可以解决因素 A 水平的改变对试验指标有无显著影响的问题.下面对总平方和进行分解.

定理 9.3(平方和分解定理)

$$\sum_{j=1}^m \sum_{i=1}^n (X_{ij} - \overline{X})^2 = \sum_{j=1}^m \sum_{i=1}^n (X_{ij} - \overline{X}_j)^2 + n \sum_{j=1}^m (\overline{X}_j - \overline{X})^2. \quad (9.53)$$

证 $\sum_{j=1}^m \sum_{i=1}^n (X_{ij} - \overline{X})^2 = \sum_{j=1}^m \sum_{i=1}^n [(X_{ij} - \overline{X}_j) + (\overline{X}_j - \overline{X})]^2$

$= \sum_{j=1}^m \sum_{i=1}^n (X_{ij} - \overline{X}_j)^2 + 2 \sum_{j=1}^m \sum_{i=1}^n (X_{ij} - \overline{X}_j)(\overline{X}_j - \overline{X}) + \sum_{j=1}^m \sum_{i=1}^n (\overline{X}_j - \overline{X})^2,$

由于

$$\sum_{j=1}^m \sum_{i=1}^n (X_{ij} - \overline{X}_j)(\overline{X}_j - \overline{X}) = \sum_{j=1}^m \left[(\overline{X}_j - \overline{X}) \sum_{i=1}^n (X_{ij} - \overline{X}_j) \right]$$

$$= \sum_{j=1}^{m} \left[(X_j - \overline{X})\left(\sum_{i=1}^{n} X_{ij} - n\overline{X}_j \right) \right] = 0,$$

$$\sum_{j=1}^{m} \sum_{i=1}^{n} (\overline{X}_j - \overline{X})^2 = n \sum_{j=1}^{m} (\overline{X}_j - \overline{X})^2,$$

因此，(9.53)式成立.

记

$$S_T = \sum_{j=1}^{m} \sum_{i=1}^{n} (X_{ij} - \overline{X})^2, \tag{9.54}$$

$$S_E = \sum_{j=1}^{m} \sum_{i=1}^{n} (X_{ij} - \overline{X}_j)^2, \tag{9.55}$$

$$S_A = n \sum_{j=1}^{m} (\overline{X}_j - \overline{X})^2, \tag{9.56}$$

则(9.53)式可以写为

$$S_T = S_E + S_A. \tag{9.57}$$

S_E 表示每个总体的样本内部的波动之和，是由随机误差引起的，称 S_E 为**误差平方和**. S_A 由因素 A 的各水平 $A_1, A_2, \cdots, A_m$ 及随机误差引起，称 S_A 为因素 A 的**组间平方和**. 如果 S_A 显著大于 S_E，则假设 H_0 可能不成立. 在构造检验假设(9.50)时所用的检验统计量中要用到 S_E 和 S_A.

四、检验统计量和拒绝域

可以证明，$S_E/\sigma^2 \sim \chi^2(m(n-1))$，当假设 H_0 (9.50)成立时，$\dfrac{S_A}{\sigma^2} \sim \chi^2(m-1)$，$\dfrac{S_T}{\sigma^2} \sim \chi^2(mn-1)$，并且 S_E 和 S_A 相互独立.

如前所述，考虑比值 $\dfrac{S_A}{S_E}$ 的大小. 为了数学上处理方便，构造检验统计量

$$F = \frac{S_A/(m-1)}{S_E/[m(n-1)]}, \tag{9.58}$$

由 F 分布的定义可知，H_0 成立时，

$$F \sim F(m-1, m(n-1)). \tag{9.59}$$

拒绝域的形式为 $F \geqslant k$，k 值由下式确定：

$$P\{拒绝 H_0 | H_0 成立\} = P\{F \geqslant k | H_0 成立\} = \alpha,$$

α 为显著性水平. 由 F 分布的上侧分位数的定义，我们可得 $k = F_\alpha(m-1, m(n-1))$，从而拒绝域为

$$F = \frac{S_A/(m-1)}{S_E/[m(n-1)]} \geqslant F_\alpha(m-1, m(n-1)). \tag{9.60}$$

五、方差分析表和 S_A, S_E 的计算公式

记 $\bar{S}_A = \dfrac{S_A}{m-1}$, $\bar{S}_E = \dfrac{S_E}{m(n-1)}$, 称 $\bar{S}_A, \bar{S}_E$ 为**均方**.

可把上述结果形成**单因素试验方差分析表**, 如表 9.5 所示.

表 9.5 单因素试验方差分析表

方差来源	平方和	自由度	均方	F
因素 A	S_A	$m-1$	$\bar{S}_A = \dfrac{S_A}{m-1}$	$F = \dfrac{\bar{S}_A}{\bar{S}_E}$
误 差	S_E	$m(n-1)$	$\bar{S}_E = \dfrac{S_E}{m(n-1)}$	
总 和	S_T	$mn-1$		

S_A, S_E 的定义见 (9.56) 和 (9.55) 式. 具体计算时, 可使用下面的公式:

$$S_A = \frac{1}{n}\sum_{j=1}^{m}\left(\sum_{i=1}^{n}X_{ij}\right)^2 - \frac{1}{mn}\left(\sum_{j=1}^{m}\sum_{i=1}^{n}X_{ij}\right)^2, \tag{9.61}$$

$$S_E = \sum_{j=1}^{m}\sum_{i=1}^{n}X_{ij}^2 - \frac{1}{n}\sum_{j=1}^{m}\left(\sum_{i=1}^{n}X_{ij}\right)^2. \tag{9.62}$$

上述两个公式的推导从略.

例 2 在水平 $\alpha = 0.05$ 下, 对例 1 中 3 台机器生产的铝板厚度有无显著差异进行检验.

解 在水平 $\alpha = 0.05$ 下, 检验假设

$$H_0: \mu_1 = \mu_2 = \mu_3, \quad H_1: \mu_1, \mu_2, \mu_3 \text{ 不全相等}.$$

计算得到, $s_A = 0.1053$, $s_E = 0.0192$, $s_T = 0.1245$, 方差分析表见表 9.6.

表 9.6 例 2 的方差分析表

方差来源	平方和	自由度	均方	F
因素 A	0.1053	2	0.0527	32.9375
误 差	0.0192	12	0.0016	
总 和	0.1245	14		

由附表 5 查到

$$F_\alpha(m-1, m(n-1)) = F_{0.05}(2, 12) = 3.89,$$

由于 $32.9375 > 3.89$, 因此拒绝 H_0, 即 3 台机器生产的铝板厚度有显著差异.

关于对未知参数 $\mu_1, \mu_2, \cdots, \mu_m$ 和 σ^2 的估计问题, 这里不作介绍了.

习 题 9.2

1. 一批同种原料织成的布, 用不同的染整工艺处理, 然后进行缩水率试验, 考察工艺对缩水率的影响.

在其他条件尽可能相同的情况下,测得缩水率的百分数如下:

布样号＼工艺	1	2	3	4	5
1	4.3	6.1	6.5	9.3	9.5
2	7.8	7.3	8.3	8.7	8.8
3	3.2	4.2	8.6	7.2	11.4
4	6.5	4.1	8.2	10.1	7.8

问不同的染整工艺对缩水率的影响是否相同？取 $\alpha=0.05$.

2. 3个工厂生产同一型号的电池,为评比其质量,分别从各厂生产的电池中随机抽取5只作为样品,测得每只电池的寿命如下(单位:小时):

电池号＼工厂	1	2	3
1	40	26	39
2	48	34	40
3	38	30	43
4	42	28	50
5	45	32	50

在显著性水平 $\alpha=0.05$ 下检验各厂生产的电池平均寿命有无显著差异.

习题答案与解法提示

习 题 1.1

一、单项选择题

1. B. **2.** D.

二、其他类型题

1. (1) $\Omega=\{$正正正,正正反,正反正,正反反,反正正,反正反,反反正,反反反$\}$;
(2) $\Omega=\{$出现0次,出现1次,出现2次,出现3次$\}$;
(3) $\Omega=\{$生产10件,生产11件,生产12件,…$\}$; (4) $\Omega=\{x$ 小时$|0\leqslant x\leqslant T\}$.

2. (1) ABC; (2) $\bar{A}\bar{B}\bar{C}$; (3) $AB\bar{C}$; (4) $A\bar{B}\bar{C}$; (5) $A\cup B\cup C$;
(6) $\bar{A}\bar{B}\cup\bar{A}\bar{C}\cup\bar{B}\bar{C}$; (7) $\bar{A}\bar{B}$; (8) $A\cup B$.

3. (1) 成立; (2) 成立; (3) 成立; (4) 不成立; (5) 不成立.

4. (1) 该生是一年级女生,不是运动员; (2) 当计算机系的运动员都是一年级女生时;
(3) 当计算机系的运动员都是一年级学生时;
(4) 当计算机系一年级学生都是男生,而其他年级都是女生时.

习 题 1.2

一、单项选择题

1. C. **2.** C.

二、填空题

1. 0.7;0. **2.** 1;0. **3.** 0.3.

三、其他类型题

1. 提示:将 $A\cup B\cup C$ 中的 $A\cup B$ 视为一个事件,C 视为一个事件,使用(1.22)式.在此基础上,对其中的 $P(A\cup B)$ 和 $P(AC\cup BC)$ 再使用(1.22)式.

2. 解 $P(A\cup B\cup C)=P(A)+P(B)+P(C)-P(AB)-P(AC)-P(BC)+P(ABC)$,由 $P(AB)=0$ 可知 $P(ABC)=0$,从而 $P(A\cup B\cup C)=\frac{1}{4}+\frac{1}{4}+\frac{1}{4}-\frac{1}{8}=\frac{5}{8}$.

3. 提示:这是属于古典概型中的抽球问题,所求概率是3件产品中没有次品与3件产品中只有一件次品这两个事件之和的概率,等于 $\frac{14}{15}$.

4. 解 这是古典概型问题.从10个号码中任取出3个号码有 $\binom{10}{3}=120$ 种不同的取法.将取出的3个号码,按从小到大的顺序排列,中间的号码为5号,则左边的号码比5小,只能从1,2,3,4这4个号码中任取一个,共有4种不同的取法.同理,右边的号码比5大,只能从6,7,8,9,10这5个号码中任取一个,共有5种不同的取法.于是,所求概率为 $\frac{4\times 5}{120}=\frac{1}{6}$.

习 题 1.3

一、单项选择题

1. C. **2.** A. **3.** D. **4.** C. **5.** B.

二、填空题

1. 0.58；0.12. **2.** 0.94.

三、其他类型题

1. $\frac{3}{5}$；$\frac{1}{2}$.

2. 解 设 $A=$"一名学生数学考试及格"，$B=$"一名学生外语考试及格"，则 $P(A)=\frac{48}{50}$，$P(B)=\frac{45}{50}$，$P(AB)=\frac{44}{50}$，所求概率为 $P(A|B)=\frac{P(AB)}{P(B)}=\frac{44}{45}$.

3. 解 $P(A \cup B)=P(A)+P(B)-P(AB)$，$P(AB)=P(A) \cdot P(B|A)=\frac{1}{4} \times \frac{1}{3}=\frac{1}{12}$. 又 $P(AB)=P(B)P(A|B)$，可得 $P(B)=\frac{P(AB)}{P(A|B)}=\frac{1}{6}$. 于是 $P(A \cup B)=\frac{1}{4}+\frac{1}{6}-\frac{1}{12}=\frac{1}{3}$.

4. 解 $P(A \cup B)=P(A)+P(B)-P(A)P(B)=P(A)+P(B)[1-P(A)]$，解出 $P(B)=0.5$. 于是，
$$P(AB)=P(A)P(B)=0.4 \times 0.5=0.2.$$

5. $\frac{3}{5}$. **提示**：设 $A=$"第一人破译密码"，$B=$"第二人破译密码"，$C=$"第三人破译密码"，则所求概率为 $P(A \cup B \cup C)$，其值为 $\frac{3}{5}$.

习 题 1.4

一、填空题

1. 0.36015. **2.** $\frac{3}{8}$.

二、其他类型题

1. (1) 0.008； (2) 0.096； (3) 0.104. **2.** 0.97.

习 题 2.2

一、单项选择题

1. D. **2.** C.

二、其他类型题

1. 解 使用 $\sum_{k=1}^{5}P\{X=k\}=1$，可得 $a(1+2+3+4+5)=1$. 于是 $a=\frac{1}{15}$.

2. 解 使用 $\sum_{k=1}^{\infty}P\{X=k\}=1$，可得 $a\left(\frac{1}{2}+\frac{1}{2^2}+\cdots+\frac{1}{2^k}+\cdots\right)=1$. 利用公式
$$\frac{1}{2}+\frac{1}{2^2}+\cdots+\frac{1}{2^k}+\cdots=\frac{1/2}{1-1/2}=1,$$
于是 $a=1$.

3. $P\{X=3\}=\dfrac{1}{10}, P\{X=4\}=\dfrac{3}{10}, P\{X=5\}=\dfrac{3}{5}$.

解 $X=3,4,5$,求 X 的概率分布属于古典概型中的抽球问题.由 5 只乒乓球中取出 3 只球共有 $\binom{5}{3}=10$ 种不同取法. $X=3$ 意味着取到 $1,2,3$ 号 3 只球,因此 $P\{X=3\}=\dfrac{1}{10}$. $X=4$ 意味着从 $1,2,3$ 号球任意取出 2 只球,共有 $\binom{3}{2}=3$ 种不同取法,因此 $P\{X=4\}=\dfrac{3}{10}$. $X=5$ 意味着从 $1,2,3,4$ 号球任意取出 2 只球,共有 $\binom{4}{2}=6$ 种不同取法,因此 $P\{X=5\}=\dfrac{3}{5}$.

4. $P\{X=k\}=\dfrac{1}{2^k}$ $(k=1,2,3,\cdots)$.

5. $P\{X=0\}=\dfrac{3}{4}, P\{X=1\}=\dfrac{9}{44}, P\{X=2\}=\dfrac{9}{220}, P\{X=3\}=\dfrac{1}{220}$.

解 由于是不放回地抽取,并且有 3 个次品,因此,在取到正品以前已取出的次品数 X 可能为 $0,1,2,3$. $X=0$ 意味着第一次抽取就抽到正品,因此 $P\{X=0\}=\dfrac{9}{12}=\dfrac{3}{4}$. $X=1$ 意味着第一次抽取到次品,第二次抽取到正品,而第一次抽取到次品的概率为 $\dfrac{3}{12}=\dfrac{1}{4}$,第二次抽取到正品(这时从 9 个正品和 2 个次品中任取一个)的概率是 $\dfrac{9}{11}$,因此,$P\{X=1\}=\dfrac{1}{4}\times\dfrac{9}{11}=\dfrac{9}{44}$.类似地可以得到 $P\{X=2\}=\dfrac{1}{4}\times\dfrac{2}{11}\times\dfrac{9}{10}=\dfrac{9}{220}$,$P\{X=3\}=\dfrac{1}{4}\times\dfrac{2}{11}\times\dfrac{1}{10}\times 1=\dfrac{1}{220}$.

6. 0.9983. **提示**:设击中敌舰的炮弹发数为 X,则 $X\sim B(10,0.6)$.所求概率 $P\{X\geqslant 2\}=1-P\{X<2\}=0.9983$.

7. 0.0902. **提示**:利用条件 $P\{X=1\}=P\{X=2\}$ 先求出参数 λ 的值,可得 $P\{X=4\}=0.0902$.

习 题 2.3

一、单项选择题

1. A.　　**2.** D.　　**3.** B.　　**4.** A.

二、填空题

1. 0.　　**2.** $\dfrac{1}{4}$.　　**3.** $x=\mu; \mu; \dfrac{1}{\sqrt{2\pi}\sigma}$.　　**4.** $\dfrac{1}{\sqrt{2\pi}}$; 0.5; 0.

三、其他类型题

1. 解 使用

$$\int_{-\infty}^{\infty} f(x)\mathrm{d}x = \int_{-\infty}^{\infty}\dfrac{A}{1+x^2}\mathrm{d}x = A\cdot\arctan x\Big|_{-\infty}^{\infty} = A\pi = 1,$$

确定 $A=\dfrac{1}{\pi}$,于是

$$P\{-1<X<1\} = \int_{-1}^{1}\dfrac{1}{\pi(1+x^2)}\mathrm{d}x = \dfrac{1}{\pi}\arctan x\Big|_{-1}^{1} = \dfrac{1}{\pi}\times\dfrac{\pi}{2} = \dfrac{1}{2}.$$

2. 解 使用

$$\int_{-\infty}^{\infty} f(x)\mathrm{d}x = \int_{-1}^{1}\dfrac{A}{\sqrt{1-x^2}}\mathrm{d}x = A\cdot\arcsin x\Big|_{-\frac{\sqrt{2}}{2}}^{\frac{\sqrt{2}}{2}} = \dfrac{A\pi}{2} = 1,$$

确定 $A=\dfrac{2}{\pi}$,于是

$$P\left\{-\dfrac{1}{2} < X < \dfrac{1}{2}\right\} = \int_{-\frac{1}{2}}^{\frac{1}{2}} \dfrac{2}{\pi\sqrt{1-x^2}}\mathrm{d}x = \dfrac{2}{\pi}\arcsin x \bigg|_{-\frac{1}{2}}^{\frac{1}{2}} = \dfrac{2}{\pi}\times\dfrac{\pi}{3} = \dfrac{2}{3}.$$

3. 不对. 因为对连续型随机变量 X 和任意实数 a 都有 $P\{X=a\}=0$,但 $X=a$ 不一定是不可能事件.

4. $\dfrac{3}{5}$. 提示：此人在车站的等车时间 X 服从 $[0,15]$ 上的均匀分布. 所求概率为 $\dfrac{3}{5}$.

5. (1) 0.0726; (2) 0.1587; (3) 0.8064.

6. (1) 0.5328; (2) 0.6977; (3) 3.

7. 0.0456.

8. **解** 设年降雨量不超过 1250 毫米的概率为 p,从今年起的连续 10 年内年降雨量不超过 1250 毫米的年数为 Y,则 $Y\sim B(10,p)$,所求概率为

$$P\{Y=9\} = \binom{10}{9} p^9(1-p) = 10p^9(1-p).$$

而

$$p = P\{X\leqslant 1250\} = \Phi\left(\dfrac{1250-1000}{100}\right) = \Phi(2.5) = 0.9938,$$

于是

$$P\{Y=9\} = 10\times 0.9938^9 \times 0.0062 = 0.0586.$$

9. 2.34.   10. (1) 0.368; (2) 0.233.

习　题　2.4

一、填空题

1. $(-\infty,\infty)$；$[0,1]$.

2. $\int_{-\infty}^{x} f(t)\mathrm{d}t$；$F'(x)$.

二、其他类型题

1. $F(x)=\begin{cases} 0, & x<0, \\ 0.04, & 0\leqslant x<1, \\ 0.36, & 1\leqslant x<2, \\ 1, & x\geqslant 2. \end{cases}$

2. **解** (1) 关键点是 0 和 1. 当 $x\leqslant 0$ 时,

$$F(x) = \int_{-\infty}^{x} f(t)\mathrm{d}t = \int_{-\infty}^{x} 0\mathrm{d}t = 0;$$

当 $0<x<1$ 时,$F(x) = \int_{-\infty}^{x} f(t)\mathrm{d}t = \int_{0}^{x} 2(1-t)\mathrm{d}t = 2x-x^2$;

当 $x\geqslant 1$ 时,$F(x) = \int_{-\infty}^{x} f(t)\mathrm{d}t = \int_{0}^{1} 2(1-t)\mathrm{d}t = 1.$

于是

$$F(x) = \begin{cases} 0, & x\leqslant 0, \\ 2x-x^2, & 0<x<1, \\ 1, & x\geqslant 1; \end{cases}$$

(2) $P\left\{\dfrac{1}{3}\leqslant X<2\right\} = P\{X<2\} - P\left\{X<\dfrac{1}{3}\right\} = P\{X\leqslant 2\} - P\left\{X\leqslant\dfrac{1}{3}\right\}$

$= F(2) - F\left(\dfrac{1}{3}\right) = 1 - \left(2\times\dfrac{1}{3} - \dfrac{1}{3^2}\right) = \dfrac{4}{9}.$

$P\{X \geqslant 4\} = 1 - P\{X < 4\} = 1 - P\{X \leqslant 4\} = 1 - F(4) = 1 - 1 = 0.$

3. 解 (1) 使用公式 $f(x) = F'(x)$,可得
$$f(x) = \begin{cases} e^{-x}, & x > 0, \\ 0, & x \leqslant 0; \end{cases}$$

(2) $P\{X < 2\} = P\{X \leqslant 2\} = F(2) = 1 - e^{-2};$
$P\{X > 3\} = 1 - P\{X \leqslant 3\} = 1 - F(3) = 1 - (1 - e^{-3}) = e^{-3}.$

习 题 2.5

一、单项选择题

1. A.   2. C.

二、填空题

1. $N(0,1)$.   2. $N(10,144); \dfrac{1}{12\sqrt{2\pi}} e^{-\frac{(y-10)^2}{288}} (-\infty < y < \infty)$.

三、其他类型题

1.

Y	0	1	4	9
P	$\dfrac{1}{5}$	$\dfrac{7}{30}$	$\dfrac{1}{5}$	$\dfrac{11}{30}$

2. 解 $y = g(x) = e^x, g'(x) = e^x > 0, y = g(x)$ 的反函数 $x = h(y) = \ln y, h'(y) = \dfrac{1}{y}, \alpha = g(-\infty) = 0, \beta = g(\infty) = \infty$,由(2.43)式可得 Y 的概率密度

$$f_Y(y) = \begin{cases} \dfrac{1}{\sqrt{2\pi}\, y} e^{-\frac{1}{2}(\ln y)^2}, & 0 < y < \infty, \\ 0, & \text{其他}, \end{cases} \quad \text{即} \quad f_Y(y) = \begin{cases} \dfrac{1}{\sqrt{2\pi}\, y} e^{-\frac{(\ln y)^2}{2}}, & y > 0, \\ 0, & y \leqslant 0. \end{cases}$$

3. $f_Y(y) = \begin{cases} 1/3, & 1 < y < 4, \\ 0, & \text{其他}. \end{cases}$

4. 解 $y = g(x) = e^{-2x}, g'(x) = -2e^{-2x} < 0, y = g(x)$ 的反函数 $x = h(y) = -\dfrac{1}{2}\ln y, h'(y) = -\dfrac{1}{2y}$. X 的概率密度 $f_X(x) = \begin{cases} 1, & 1 < x < 2, \\ 0, & \text{其他}. \end{cases}$ 于是 $\alpha = g(2) = e^{-4}, \beta = g(1) = e^{-2}$. 由(2.45)式得 Y 的概率密度

$$f_Y(y) = \begin{cases} \dfrac{1}{2y}, & e^{-4} < y < e^{-2}, \\ 0, & \text{其他}. \end{cases}$$

习 题 3.1

一、单项选择题

1. A.   2. B.

二、填空题

1. 1.5.   2. $f(x,y) = \begin{cases} 0.5, & (x,y) \in D, \\ 0, & \text{其他}. \end{cases}$

三、其他类型题

1. $\dfrac{3}{128}$.

2.

X \ Y	1	2	3	4
0	$\dfrac{1}{5}$	0	$\dfrac{1}{5}$	0
1	$\dfrac{1}{5}$	0	0	0
2	0	$\dfrac{1}{5}$	0	0
3	0	0	0	$\dfrac{1}{5}$

3.

X \ Y	1	2
2	0	$\dfrac{3}{5}$
3	$\dfrac{2}{5}$	0

解 X 可能取的值为 2 和 3,Y 可能取的值为 1 和 2,(X,Y) 可能取的值为 $(2,2)$ 和 $(3,1)$.

$$P\{X=2,Y=2\}=\dfrac{\binom{3}{2}}{\binom{5}{4}}=\dfrac{3}{5},\quad P\{X=3,Y=1\}=\dfrac{\binom{2}{1}}{\binom{5}{4}}=\dfrac{2}{5}.$$

4. (1) $\dfrac{1}{9}$; (2) $\dfrac{5}{12}$.

解 (1) 使用 $\int_{-\infty}^{\infty}\int_{-\infty}^{\infty}f(x,y)\mathrm{d}x\mathrm{d}y=1$ 确定常数 A:

$$\int_{-\infty}^{\infty}\int_{-\infty}^{\infty}f(x,y)\mathrm{d}x\mathrm{d}y=\int_{0}^{2}\int_{0}^{1}A(6-x-y)\mathrm{d}x\mathrm{d}y$$

$$=A\int_{0}^{2}\left(\int_{0}^{1}(6-x-y)\mathrm{d}x\right)\mathrm{d}y=A\int_{0}^{2}\left(\dfrac{11}{2}-y\right)\mathrm{d}y=9A=1,$$

于是 $A=1/9$.

(2) $P\{X\leqslant 0.5,Y\leqslant 1.5\}=\int_{0}^{1.5}\int_{0}^{0.5}\dfrac{1}{9}(6-x-y)\mathrm{d}x\mathrm{d}y=\dfrac{5}{12}$.

5. (1) 12; (2) 0.9499.

解 (1) 使用 $\int_{-\infty}^{\infty}\int_{-\infty}^{\infty}f(x,y)\mathrm{d}x\mathrm{d}y=1$ 确定常数 A:

$$\int_{-\infty}^{\infty}\int_{-\infty}^{\infty}f(x,y)\mathrm{d}x\mathrm{d}y=\int_{0}^{\infty}\int_{0}^{\infty}A\mathrm{e}^{-(3x+4y)}\mathrm{d}x\mathrm{d}y$$

$$=A\left(\int_{0}^{\infty}\mathrm{e}^{-3x}\mathrm{d}x\right)\left(\int_{0}^{\infty}\mathrm{e}^{-4y}\mathrm{d}y\right)=A\times\dfrac{1}{3}\times\dfrac{1}{4}=\dfrac{A}{12}=1,$$

于是 $A=12$.

(2) $P\{0\leqslant X\leqslant 1,0\leqslant Y\leqslant 2\}=\int_{0}^{2}\int_{0}^{1}12\mathrm{e}^{-(3x+4y)}\mathrm{d}x\mathrm{d}y$

$$=12\left(\int_{0}^{1}\mathrm{e}^{-3x}\mathrm{d}x\right)\left(\int_{0}^{2}\mathrm{e}^{-4y}\mathrm{d}y\right)=(1-\mathrm{e}^{-3})(1-\mathrm{e}^{-8})=0.9499.$$

习 题 3.2

一、单项选择题

1. D.   **2.** C.

二、其他类型题

1. $P\{X=1\}=0.75, P\{X=3\}=0.25$；
$P\{Y=0\}=0.20, P\{Y=2\}=0.43, P\{Y=5\}=0.37.$

2. 解 使用(3.19)式求 X 的边缘概率密度：

$$f_X(x) = \int_{-\infty}^{\infty} f(x,y)\mathrm{d}y.$$

当 $x \leq 0$ 或 $x \geq 1$ 时，$f(x,y)=0$，于是 $f_X(x)=0$；当 $0<x<1$ 时，

$$f_X(x) = \int_0^2 \left(x^2 + \frac{xy}{3}\right)\mathrm{d}y = 2x^2 + \frac{2}{3}x,$$

从而

$$f_X(x) = \begin{cases} 2x^2 + \dfrac{2}{3}x, & 0<x<1, \\ 0, & \text{其他}. \end{cases}$$

使用(3.20)式，类似地可以求得 Y 的边缘概率密度：

$$f_Y(y) = \begin{cases} \dfrac{y}{6} + \dfrac{1}{3}, & 0<y<2, \\ 0, & \text{其他}. \end{cases}$$

习 题 3.3

一、单项选择题

1. B.   **2.** B.

二、填空题

1. 0.   **2.** $\dfrac{1}{2\pi}e^{-\frac{x^2+y^2}{2}}\ (-\infty<x<\infty, -\infty<y<\infty).$

三、其他类型题

1. X 与 Y 不相互独立.

2. §3.2 的例 4 中的随机变量 X 与 Y 相互独立，习题 3.2 的其他类型题 2 中的随机变量 X 与 Y 不相互独立.

3. $f(x,y) = \begin{cases} \dfrac{1}{2}e^{-\frac{y}{2}}, & 0<x<1, y>0, \\ 0, & \text{其他}. \end{cases}$

习 题 3.4

一、单项选择题

1. A.   **2.** C.   **3.** D.

二、其他类型题

1. $F_{\max}(z) = F^2(z)$； $F_{\min}(z) = 1 - [1 - F(z)]^2.$

2. $F_{\max}(z) = \begin{cases} (1-e^{-\lambda z})^2, & z>0, \\ 0, & z\leqslant 0, \end{cases}$ $\quad f_{\max}(z) = \begin{cases} 2\lambda e^{-\lambda z}(1-e^{-\lambda z}), & z>0, \\ 0, & z\leqslant 0, \end{cases}$

$F_{\min}(z) = \begin{cases} 1-e^{-2\lambda z}, & z>0, \\ 0, & z\leqslant 0, \end{cases}$ $\quad f_{\min}(z) = \begin{cases} 2\lambda e^{-2\lambda z}, & z>0, \\ 0, & z\leqslant 0. \end{cases}$

习　题　3.5

1. X_1, X_2, X_3 相互独立，并且同分布：

$$f_{X_1}(x_1) = \begin{cases} e^{-x_1}, & x_1>0, \\ 0, & x_1\leqslant 0, \end{cases} \quad f_{X_2}(x_2) = \begin{cases} e^{-x_2}, & x_2>0, \\ 0, & x_2\leqslant 0, \end{cases}$$

$$f_{X_3}(x_3) = \begin{cases} e^{-x_3}, & x_3>0, \\ 0, & x_3\leqslant 0. \end{cases}$$

解 当 $x_1\leqslant 0$ 时，$f(x_1,x_2,x_3)=0$，于是

$$f_{X_1}(x_1) = \int_{-\infty}^{\infty}\int_{-\infty}^{\infty} f(x_1,x_2,x_3)dx_2 dx_3 = 0.$$

当 $x_1>0$ 时，

$$f_{X_1}(x_1) = \int_{-\infty}^{\infty}\int_{-\infty}^{\infty} f(x_1,x_2,x_3)dx_2 dx_3 = \int_0^{\infty}\int_0^{\infty} e^{-(x_1+x_2+x_3)}dx_2 dx_3$$

$$= e^{-x_1}\int_0^{\infty}\int_0^{\infty} e^{-(x_2+x_3)}dx_2 dx_3 = e^{-x_1}\left(\int_0^{\infty} e^{-x_2}dx_2\right)\left(\int_0^{\infty} e^{-x_3}dx_3\right) = e^{-x_1}.$$

从而

$$f_{X_1}(x_1) = \begin{cases} e^{-x_1}, & x_1>0, \\ 0, & x_1\leqslant 0. \end{cases}$$

由于在 $f(x_1,x_2,x_3)$ 中，x_1,x_2,x_3 的地位平等，因此

$$f_{X_2}(x_2) = \begin{cases} e^{-x_2}, & x_2>0, \\ 0, & x_2\leqslant 0, \end{cases} \quad f_{X_3}(x_3) = \begin{cases} e^{-x_3}, & x_3>0, \\ 0, & x_3\leqslant 0. \end{cases}$$

由于对任意 x_1,x_2,x_3 都有

$$f(x_1,x_2,x_3) = f_{X_1}(x_1)f_{X_2}(x_2)f_{X_3}(x_3),$$

从而 X_1,X_2,X_3 相互独立.

2. $f(x_1,x_2,\cdots,x_n) = \dfrac{1}{(2\pi)^{\frac{n}{2}}\sigma^n} e^{-\frac{1}{2\sigma^2}\sum\limits_{i=1}^n (x_i-\mu)^2} (-\infty<x_i<\infty, i=1,2,\cdots,n).$

解 $f_{X_i}(x_i) = \dfrac{1}{\sqrt{2\pi}\sigma} e^{-\frac{(x_i-\mu)^2}{2\sigma^2}} (-\infty<x_i<\infty, i=1,2,\cdots,n)$，$X_1,X_2,\cdots,X_n$ 相互独立，于是 $(X_1,X_2,\cdots,X_n)$ 的概率密度

$$f(x_1,x_2,\cdots,x_n) = f_{X_1}(x_1)f_{X_2}(x_2)\cdots f_{X_n}(x_n) = \left(\frac{1}{\sqrt{2\pi}\sigma}\right)^n e^{-\sum\limits_{i=1}^n \frac{(x_i-\mu)^2}{2\sigma^2}} = \frac{1}{(2\pi)^{\frac{n}{2}}\sigma^n} e^{-\frac{1}{2\sigma^2}\sum\limits_{i=1}^n (x_i-\mu)^2}$$

$(-\infty<x_i<\infty, i=1,2,\cdots,n).$

习　题　4.1

一、单项选择题

1. B.　　　　　　　　　　　　　　　　**2.** A.

二、填空题

1. 2. **2.** 3. **3.** 0. **4.** 11.

三、其他类型题

1. 乙机床. **2.** 4.5. **3.** 0. **4.** $-0.2; 2.8; 13.4$. **5.** (1) 2; (2) $\frac{1}{3}$.

提示: (1) 使用随机变量函数的期望公式(4.12)式,并使用分部积分法,可得 $E(Y)=2$; (2) 直接积分可得 $E(Y)=\frac{1}{3}$.

6. $\frac{\pi}{12}(a^2+ab+b^2)$.

提示: 设直径为 D,则圆面积 $S=\frac{1}{4}\pi D^2$. 使用(4.12)式可得 $E(S)=\frac{\pi}{12}(a^2+ab+b^2)$.

7. 提示: $E(XY)=E(X)E(Y), E(X)=\int_{-\infty}^{\infty}xf_X(x)\mathrm{d}x, E(Y)=\int_{-\infty}^{\infty}yf_Y(y)\mathrm{d}y$,最后得到 $E(XY)=4$.

习 题 4.2

一、单项选择题

1. C. **2.** C. **3.** D. **4.** B.

二、填空题

1. 0.9; 0.49; 1.96. **2.** $\frac{4}{3}; \frac{2}{9}$. **3.** 35.

三、其他类型题

1. (1) 1; 0.49; (2) 2.76. **2.** 1/6.

习 题 5.1

1. $\geqslant 0.8889$.

2. 证 $X\sim P(\lambda), \mu=E(X)=\lambda, \sigma^2=D(X)=\lambda$,取 $\varepsilon=\lambda$,则由切比雪夫不等式(5.2)式可得
$$P\{|X-\lambda|<\lambda\}\geqslant 1-\frac{\lambda}{\lambda^2},$$
去掉绝对值:$-\lambda<X-\lambda<\lambda$,于是
$$P\{0<X<2\lambda\}\geqslant \frac{\lambda-1}{\lambda}.$$

习 题 5.2

1. 0.975. **提示:** 使用定理5.3的结论,所求概率为0.975.

2. 0.349. **提示:** 使用定理5.3的结论,所求概率为0.349.

3. 解 设
$$X_i=\begin{cases}1, & \text{第}i\text{人到银行领取本息},\\ 0, & \text{第}i\text{人不到银行领取本息}\end{cases}(i=1,2,\cdots,500),$$
则 $X_1, X_2, \cdots, X_{500}$ 相互独立,并且均服从参数 $p=0.4$ 的两点分布. $1000\sum_{i=1}^{500}X_i$ 元是债券到期之日银行应支付的现金. 设银行准备的现金为 a 元,依题意,a 应满足

$$P\left\{1000\sum_{i=1}^{500} X_i \leqslant a\right\} = 0.999.$$

使用定理 5.4 的结论,可得

$$P\left\{1000\sum_{i=1}^{500} X_i \leqslant a\right\} = P\left\{\frac{1000\sum_{i=1}^{500} X_i - 1000\times 500\times 0.4}{1000\sqrt{500\times 0.4\times 0.6}} \leqslant \frac{a - 1000\times 500\times 0.4}{1000\sqrt{500\times 0.4\times 0.6}}\right\}$$

$$\approx \Phi\left(\frac{a - 1000\times 500\times 0.4}{1000\sqrt{500\times 0.4\times 0.6}}\right) = \Phi\left(\frac{a - 200000}{1000\sqrt{120}}\right) = 0.999.$$

查表得到 $\frac{a-200000}{1000\sqrt{120}} = 3.1$,于是 $a = 234000$ 元. 银行应至少准备 234000 元.

习 题 6.2

一、单项选择题

1. C.   **2.** D.   **3.** B.   **4.** B.

二、填空题

1. $\mu; \frac{\sigma^2}{n}$.   **2.** $N\left(\mu, \frac{\sigma^2}{n}\right); \chi^2(n-1)$.   **3.** $\frac{1}{\sqrt{8\pi}} e^{-\frac{(x-4)^2}{8}}(-\infty < x < \infty)$.   **4.** $N(0,1); t(n-1)$.

三、其他类型题

1. 33.6; 8.04.   **2.** $\lambda; \frac{\lambda}{n}$.

3. 0.8293.   **提示**: $\overline{X} \sim N\left(52, \frac{6.3^2}{36}\right)$,所求概率为 0.8293.

习 题 7.1

1. 解 $X \sim P(\lambda)$,X 的概率分布为 $P\{X=x\} = \frac{\lambda^x}{x!} e^{-\lambda}$ $(x=0,1,2,\cdots)$. 于是似然函数

$$L(\lambda) = \prod_{i=1}^n P\{X_i = x_i\} = \prod_{i=1}^n \frac{\lambda^{x_i}}{x_i!} e^{-\lambda} = \frac{\lambda^{\sum_{i=1}^n x_i}}{\prod_{i=1}^n x_i!} e^{-n\lambda},$$

取对数

$$\ln L(\lambda) = \left(\sum_{i=1}^n x_i\right)\ln\lambda - n\lambda - \ln\prod_{i=1}^n x_i!.$$

对 λ 求导数,并令导数等于零,

$$\frac{d\ln L(\lambda)}{d\lambda} = \frac{\sum_{i=1}^n x_i}{\lambda} - n = 0,$$

其解即为 λ 的极大似然估计值: $\hat{\lambda} = \frac{1}{n}\sum_{i=1}^n x_i = \bar{x}$,极大似然估计量为 $\hat{\lambda} = \frac{1}{n}\sum_{i=1}^n X_i = \overline{X}$. 矩估计量也是 $\overline{X}$.

2. 解 X 的概率密度为

$$f(x,\lambda) = \begin{cases} \lambda e^{-\lambda x}, & x > 0, \\ 0, & x \leqslant 0, \end{cases}$$

其中 $\lambda > 0$. 于是似然函数

$$L(\lambda) = \prod_{i=1}^n f(x_i, \lambda) = \prod_{i=1}^n \lambda e^{-\lambda x_i} = \lambda^n e^{-\lambda \sum_{i=1}^n x_i},$$

取对数
$$\ln L(\lambda) = n\ln\lambda - \lambda \sum_{i=1}^{n} x_i.$$

对 λ 求导数,并令导数等于零,
$$\frac{\mathrm{d}\ln L(\lambda)}{\mathrm{d}\lambda} = \frac{n}{\lambda} - \sum_{i=1}^{n} x_i = 0.$$

其解即为 λ 的极大似然估计值: $\hat{\lambda} = \dfrac{n}{\sum\limits_{i=1}^{n} x_i} = \dfrac{1}{\bar{x}}$, 极大似然估计量为

$$\hat{\lambda} = \frac{n}{\sum\limits_{i=1}^{n} X_i} = \frac{1}{\bar{X}}.$$

3. $\hat{\lambda} = 0.0033$. **提示**：使用第 2 题的结论,可得 $\hat{\lambda} = 0.0033$.

4. $\hat{\sigma}^2 = \dfrac{1}{n} \sum\limits_{i=1}^{n} X_i^2$.

解 $X \sim N(0, \sigma^2)$,概率密度
$$f(x) = \frac{1}{\sqrt{2\pi}\sigma} \mathrm{e}^{-\frac{x^2}{2\sigma^2}} \quad (-\infty < x < \infty),$$

似然函数
$$L(\sigma^2) = \prod_{i=1}^{n} f(x_i) = \prod_{i=1}^{n} \frac{1}{\sqrt{2\pi}\sigma} \mathrm{e}^{-\frac{x_i^2}{2\sigma^2}} = (2\pi)^{-\frac{n}{2}} (\sigma^2)^{-\frac{n}{2}} \mathrm{e}^{-\frac{1}{2\sigma^2} \sum\limits_{i=1}^{n} x_i^2}.$$

取对数
$$\ln L(\sigma^2) = \ln(2\pi)^{-\frac{n}{2}} + \ln(\sigma^2)^{-\frac{n}{2}} - \frac{1}{2\sigma^2} \sum_{i=1}^{n} x_i^2$$
$$= -\frac{n}{2}\ln 2\pi - \frac{n}{2}\ln\sigma^2 - \frac{1}{2\sigma^2} \sum_{i=1}^{n} x_i^2,$$

以 σ^2 为变量,对 $\ln L(\sigma^2)$ 求导数,并令导数等于 0,得到方程
$$\frac{\mathrm{d}\ln L(\sigma^2)}{\mathrm{d}\sigma^2} = -\frac{n}{2} \frac{1}{\sigma^2} + \frac{1}{2\sigma^4} \sum_{i=1}^{n} x_i^2 = 0.$$

解上述方程得到 $\sigma^2 = \dfrac{1}{n} \sum\limits_{i=1}^{n} x_i^2$, 从而 σ^2 的极大似然估计量为 $\hat{\sigma}^2 = \dfrac{1}{n} \sum\limits_{i=1}^{n} X_i^2$.

习 题 7.2

一、单项选择题

1. B.　　**2.** B.　　**3.** C.

二、其他类型题

1. 证 $X \sim P(\lambda)$. 由于 $E(X) = \lambda, D(X) = \lambda$,再注意到 $E(\bar{X}) = E(X) = \lambda, E(S^2) = D(X) = \lambda$. 因此
$$E[\alpha\bar{X} + (1-\alpha)S^2] = E(\alpha\bar{X}) + E[(1-\alpha)S^2]$$
$$= \alpha E(\bar{X}) + (1-\alpha)E(S^2) = \alpha\lambda + (1-\alpha)\lambda = \lambda,$$

即 $\alpha\bar{X} + (1-\alpha)S^2$ 是 λ 的无偏估计量.

2. $\hat{\mu}_3$.

习 题 7.3

一、单项选择题

1. B.   2. B.

二、其他类型题

1. (1) $(2.121, 2.129)$;   (2) $(2.118, 2.132)$.
2. $(-0.002, 0.006)$.   3. $(1.396, 5.298)$.   4. $(0.45, 2.79)$.

习 题 8.2

一、填空题

1. $\mu = 10$; $\mu \neq 10$; t.   2. $\mu_1 - \mu_2 = 0$; $\mu_1 - \mu_2 \neq 0$; t; $\sigma_1^2 = \sigma_2^2$; $\sigma_1^2 \neq \sigma_2^2$; F.

二、其他类型题

1. 可以认为平均重量仍为 15.   2. 可以认为这批产品质量正常.
3. 认为中毒者和正常人的脉搏有显著差异.
4. 认为两种育苗方案对平均苗高的影响不相同.
5. 可以认为两个总体的期望无显著差异.
6. 拒绝假设 H_0.   7. 不能认为两个总体的方差相等.
8. (1) 接受假设 H_0;   (2) 接受假设 H_0'.

习 题 8.3

1. 接受 H_0.

解 本题是连续型随机变量的情况,假设 H_0 中 $f(t)$ 里没有未知参数,$m = 4$. 设灯泡寿命为 T. 先计算理论值 p_1, p_2, p_3, p_4:

$$p_1 = P\{T < 100\} = \int_{-\infty}^{100} f(t)dt = \int_{0}^{100} 0.005e^{-0.005t}dt = 1 - e^{-0.5} = 0.3935,$$

$$p_2 = P\{100 \leqslant T < 200\} = \int_{100}^{200} 0.005e^{-0.005t}dt = e^{-0.5} - e^{-1} = 0.2387,$$

$$p_3 = P\{200 \leqslant T < 300\} = \int_{200}^{300} 0.005e^{-0.005t}dt = e^{-1} - e^{-1.5} = 0.1447,$$

$$p_4 = P\{T \geqslant 300\} = \int_{300}^{\infty} 0.005e^{-0.005t}dt = e^{-1.5} = 0.2231.$$

计算检验统计量 χ^2 的值,如下表所示.

A_i	f_i	p_i	np_i	$f_i - np_i$	$\dfrac{(f_i - np_i)^2}{np_i}$
A_1	121	0.3935	118.05	2.95	0.0737
A_2	78	0.2387	71.61	6.39	0.5702
A_3	43	0.1447	43.41	-0.41	0.0039
A_4	58	0.2231	66.93	-8.93	1.1915
χ^2					1.8393

查表得到 $\chi_\alpha^2(m-1)=\chi_{0.05}^2(3)=7.815, 7.815>1.8393$，接受 H_0.

2. 可以认为该 20 面体匀称.

解 如果该正 20 面体是匀称的，那么每个数字朝正上方的可能性应该一样. 用 X 表示朝正上方的数字，则 X 是离散型随机变量. 本题是在水平 $\alpha=0.05$ 下，检验假设

$$H_0: P\{X=i\}=\frac{1}{10} \quad (i=0,1,2,\cdots,9).$$

这样，$m=10$，没有未知参数，理论值 $p_i=\frac{1}{10}(i=0,1,2,\cdots,9)$.

计算检验统计量 χ^2 的值，如下表所示.

A_i	f_i	p_i	np_i	f_i-np_i	$\dfrac{(f_i-np_i)^2}{np_i}$
A_0	74	0.1	80	-6	0.45
A_1	92	0.1	80	12	1.8
A_2	83	0.1	80	3	0.1125
A_3	79	0.1	80	-1	0.0125
A_4	80	0.1	80	0	0
A_5	73	0.1	80	-7	0.6125
A_6	77	0.1	80	-3	0.1125
A_7	75	0.1	80	-5	0.3125
A_8	76	0.1	80	-4	0.2
A_9	91	0.1	80	11	1.5125
χ^2					5.125

查表得到 $\chi_\alpha^2(m-1)=\chi_{0.05}^2(9)=16.919, 16.919>5.125$，接受 H_0，即可以认为该 20 面体匀称.

习 题 9.1

一、单项选择题

1. D. **2.** C. **3.** C.

二、填空题

1. 1.536；0.02.   **2.** 存在线性相关关系.

三、其他类型题

1. 解 首先列表计算：

i	x_i	y_i	x_i^2	y_i^2	$x_i y_i$
1	68	288	4624	82944	19584
2	53	293	2809	85849	15529
3	70	349	4900	121801	24430
4	84	343	7056	117649	28812
5	60	290	3600	84100	17400
6	72	354	5184	125316	25488
7	51	283	2601	80089	14433
8	83	324	6889	104976	26892
9	70	340	4900	115600	23800
10	64	286	4096	81796	18304
$\sum$	675	3150	46659	1000120	214672

于是 $\hat{b} = 1.867, \hat{a} = 188.978$,回归方程

$$\hat{y} = 188.978 + 1.867x.$$

显著性检验:$s_e = 4047.9420, \hat{b}\sqrt{\dfrac{(n-2)\sum\limits_{i=1}^{n}(x_i-\bar{x})^2}{s_e}} = 2.7484$.查表得到 $t_{\frac{\alpha}{2}}(n-2) = t_{0.025}(8) = 2.3060$, $2.3060 < 2.7484$,拒绝 H_0,认为回归效果显著.

2. 310.333;(255.7887,364.8773).

3. $\dfrac{1}{\hat{y}} = 1.1149 - \dfrac{0.0983}{x}$.

解 令 $\widetilde{Y} = \dfrac{1}{Y}, \widetilde{x} = \dfrac{1}{x}$,化为一元线性回归问题.首先列表计算

i	x_i	y_i	$\widetilde{x}_i = \dfrac{1}{x_i}$	$\widetilde{y}_i = \dfrac{1}{y_i}$	$\widetilde{x}_i^2$	$\widetilde{y}_i^2$	$\widetilde{x}_i\widetilde{y}_i$
1	2	0.9397	0.5000	1.0642	0.2500	1.1325	0.5321
2	3	0.9242	0.3333	1.0820	0.1111	1.1707	0.3606
3	4	0.9126	0.2500	1.0958	0.0625	1.2008	0.2740
4	5	0.9132	0.2000	1.0951	0.0400	1.1992	0.2190
5	7	0.9091	0.1429	1.1000	0.0204	1.2100	0.1572
6	8	0.9097	0.1250	1.0993	0.0156	1.2085	0.1374
7	10	0.9051	0.1000	1.1049	0.0100	1.2208	0.1105
8	11	0.9042	0.0909	1.1060	0.0083	1.2232	0.1005
9	14	0.9042	0.0714	1.1060	0.0051	1.2232	0.0790
10	15	0.9017	0.0667	1.1090	0.0044	1.2299	0.0740
11	16	0.9029	0.0625	1.1075	0.0039	1.2266	0.0692
12	18	0.9009	0.0556	1.1100	0.0031	1.2321	0.0617
13	19	0.8993	0.0526	1.1120	0.0028	1.2365	0.0585
$\sum$			2.0509	14.2918	0.5372	15.7140	2.2337

计算得到 $\hat{b} = -0.0983, \hat{a} = 1.1149$,于是

$$\dfrac{1}{\hat{y}} = 1.1149 - \dfrac{0.0983}{x}.$$

习 题 9.2

1. 认为不同的染整工艺对缩水率的影响不同.
2. 认为3个工厂生产的电池平均寿命有显著差异.

附 表

附表 1 函数 $\dfrac{\lambda^k}{k!}e^{-\lambda}$ 数值表

k \ λ	0.1	0.2	0.3	0.4	0.5	0.6	0.7	0.8	0.9	1	2	3
0	0.90484	0.81873	0.74082	0.67032	0.60653	0.54881	0.49659	0.44933	0.40657	0.36788	0.13534	0.04978
1	0.09048	0.16375	0.22225	0.26813	0.30327	0.32929	0.34761	0.35946	0.36591	0.36788	0.27067	0.14936
2	0.00452	0.01637	0.03334	0.05362	0.07581	0.09878	0.12166	0.14379	0.16466	0.18394	0.27067	0.22404
3	0.00015	0.00109	0.00333	0.00715	0.01263	0.01976	0.02838	0.03834	0.04939	0.06131	0.18045	0.22044
4	—	0.00005	0.00025	0.00071	0.00158	0.00296	0.00496	0.00766	0.01111	0.01532	0.09022	0.16803
5	—	—	0.00001	0.00005	0.00016	0.00036	0.00069	0.00123	0.00200	0.00306	0.03609	0.10082
6	—	—	—	—	0.00001	0.00004	0.00008	0.00016	0.00030	0.00051	0.01203	0.05040
7	—	—	—	—	—	—	0.00001	0.00001	0.00003	0.00007	0.00343	0.02160
8	—	—	—	—	—	—	—	—	—	—	0.00085	0.00810
9	—	—	—	—	—	—	—	—	—	—	0.00019	0.00270
10	—	—	—	—	—	—	—	—	—	—	0.00003	0.00081
11	—	—	—	—	—	—	—	—	—	—	—	0.00022
12	—	—	—	—	—	—	—	—	—	—	—	0.00005
13	—	—	—	—	—	—	—	—	—	—	—	0.00001

k \ λ	4	5	6	7	8	9	10	11	12	13	14	15
0	0.01831	0.00673	0.00247	0.00091	0.00033	0.00012	0.00004	0.00001	—	—	—	—
1	0.07326	0.03369	0.01487	0.00638	0.00268	0.00111	0.00045	0.00018	0.00007	0.00002	0.00001	—
2	0.14653	0.08422	0.04461	0.02234	0.01073	0.00499	0.00227	0.00101	0.00044	0.00019	0.00008	0.00003
3	0.19537	0.14037	0.08923	0.05212	0.02862	0.01499	0.00756	0.00370	0.00177	0.00082	0.00038	0.00017
4	0.19537	0.17547	0.13385	0.09122	0.05725	0.03373	0.01891	0.01018	0.00530	0.00269	0.00133	0.00064
5	0.15629	0.17547	0.16062	0.12772	0.09160	0.06072	0.03783	0.02241	0.01274	0.00699	0.00373	0.00193
6	0.10420	0.14622	0.16062	0.14900	0.12214	0.09109	0.06305	0.04109	0.02548	0.01515	0.00869	0.00483
7	0.05954	0.10444	0.13768	0.14900	0.13959	0.11712	0.09007	0.06457	0.04368	0.02814	0.01739	0.01037
8	0.02977	0.06527	0.10320	0.13038	0.13959	0.13170	0.11260	0.08879	0.06552	0.04573	0.03043	0.01944
9	0.01323	0.03626	0.06883	0.10140	0.12408	0.13170	0.12511	0.10853	0.08730	0.06605	0.04734	0.03240
10	0.00529	0.01813	0.04130	0.07098	0.09926	0.11858	0.12511	0.11938	0.10484	0.08587	0.06628	0.04861
11	0.00192	0.00824	0.02252	0.04517	0.07219	0.09702	0.11374	0.11938	0.11437	0.10148	0.08435	0.06628
12	0.00064	0.00343	0.01126	0.02635	0.04812	0.07276	0.09478	0.10943	0.11437	0.10994	0.09841	0.08285
13	0.00019	0.00132	0.00519	0.01418	0.02961	0.05037	0.07290	0.09259	0.10557	0.10994	0.10599	0.09560
14	0.00055	0.00047	0.00222	0.00709	0.01692	0.03238	0.05207	0.07275	0.09048	0.10209	0.10599	0.10244
15	0.00001	0.00015	0.00089	0.00331	0.00902	0.01943	0.03471	0.05335	0.07239	0.08847	0.09892	0.10244
16	—	0.00004	0.00033	0.00144	0.00451	0.01093	0.02169	0.03668	0.05429	0.07188	0.08655	0.09603
17	—	0.00001	0.00011	0.00059	0.00212	0.00578	0.01276	0.02373	0.03832	0.05497	0.07128	0.08473
18	—	—	0.00003	0.00023	0.00094	0.00289	0.00709	0.01450	0.02555	0.03970	0.05544	0.07061
19	—	—	0.00001	0.00008	0.00039	0.00137	0.00373	0.00839	0.01613	0.02716	0.04085	0.05574
20	—	—	—	0.00003	0.00015	0.00061	0.00186	0.00461	0.00968	0.01765	0.02859	0.04181
21	—	—	—	—	0.00006	0.00026	0.00088	0.00241	0.00553	0.01093	0.01906	0.02986
22	—	—	—	—	0.00002	0.00010	0.00040	0.00121	0.00301	0.00645	0.01213	0.02036
23	—	—	—	—	—	0.00004	0.00017	0.00057	0.00157	0.00365	0.00738	0.01328
24	—	—	—	—	—	0.00001	0.00007	0.00026	0.00078	0.00197	0.00430	0.00830
25	—	—	—	—	—	—	0.00002	0.00011	0.00037	0.00102	0.00241	0.00498
26	—	—	—	—	—	—	0.00001	0.00004	0.00017	0.00051	0.00129	0.00287
27	—	—	—	—	—	—	—	0.00002	0.00007	0.00024	0.00067	0.00159
28	—	—	—	—	—	—	—	—	0.00003	0.00010	0.00033	0.00085
29	—	—	—	—	—	—	—	—	0.00001	0.00005	0.00016	0.00044
30	—	—	—	—	—	—	—	—	—	0.00002	0.00007	0.00022
31	—	—	—	—	—	—	—	—	—	—	0.00003	0.00010
32	—	—	—	—	—	—	—	—	—	—	0.00001	0.00005
33	—	—	—	—	—	—	—	—	—	—	—	0.00002
34	—	—	—	—	—	—	—	—	—	—	—	0.00001

附表 2 函数 $\Phi(x) = \dfrac{1}{\sqrt{2\pi}} \displaystyle\int_{-\infty}^{x} e^{-\frac{t^2}{2}} dt$ 数值表

x	$\Phi(x)$	x	$\Phi(x)$	x	$\Phi(x)$	x	$\Phi(x)$	x	$\Phi(x)$	x	$\Phi(x)$	x	$\Phi(x)$	x	$\Phi(x)$
0.00	0.5000	0.33	0.6293	0.66	0.7454	0.98	0.8365	1.30	0.9032	1.62	0.9474	1.94	0.9738	2.52	0.9941
0.01	0.5040	0.34	0.6331	0.67	0.7486	0.99	0.8389	1.31	0.9049	1.63	0.9484	1.95	0.9744	2.54	0.9945
0.02	0.5080	0.35	0.6368	0.68	0.7517	1.00	0.8413	1.32	0.9066	1.64	0.9495	1.96	0.9750	2.56	0.9948
0.03	0.5120	0.36	0.6406	0.69	0.7549	1.01	0.8438	1.33	0.9082	1.65	0.9505	1.97	0.9756	2.58	0.9951
0.04	0.5160	0.37	0.6443	0.70	0.7580	1.02	0.8461	1.34	0.9099	1.66	0.9515	1.98	0.9761	2.60	0.9953
0.05	0.5199	0.38	0.6480	0.71	0.7611	1.03	0.8485	1.35	0.9115	1.67	0.9525	1.99	0.9767	2.62	0.9956
0.06	0.5239	0.39	0.6517	0.72	0.7642	1.04	0.8508	1.36	0.9131	1.68	0.9535	2.00	0.9772	2.64	0.9959
0.07	0.5279	0.40	0.6554	0.73	0.7673	1.05	0.8531	1.37	0.9147	1.69	0.9545	2.02	0.9783	2.66	0.9961
0.08	0.5319	0.41	0.6591	0.74	0.7703	1.06	0.8554	1.38	0.9162	1.70	0.9554	2.04	0.9793	2.68	0.9963
0.09	0.5359	0.42	0.6628	0.75	0.7734	1.07	0.8577	1.39	0.9177	1.71	0.9564	2.06	0.9803	2.70	0.9965
0.10	0.5398	0.43	0.6664	0.76	0.7764	1.08	0.8599	1.40	0.9192	1.72	0.9573	2.08	0.9812	2.72	0.9967
0.11	0.5438	0.44	0.6700	0.77	0.7794	1.09	0.8621	1.41	0.9207	1.73	0.9582	2.10	0.9821	2.74	0.9969
0.12	0.5478	0.45	0.6736	0.78	0.7823	1.10	0.8643	1.42	0.9222	1.74	0.9591	2.12	0.9830	2.76	0.9971
0.13	0.5517	0.46	0.6772	0.79	0.7852	1.11	0.8665	1.43	0.9236	1.75	0.9599	2.14	0.9838	2.78	0.9973
0.14	0.5557	0.47	0.6808	0.80	0.7881	1.12	0.8686	1.44	0.9251	1.76	0.9608	2.16	0.9846	2.80	0.9974
0.15	0.5596	0.48	0.6844	0.81	0.7910	1.13	0.8708	1.45	0.9265	1.77	0.9616	2.18	0.9854	2.82	0.9976
0.16	0.5636	0.49	0.6879	0.82	0.7939	1.14	0.8729	1.46	0.9279	1.78	0.9625	2.20	0.9861	2.84	0.9977
0.17	0.5675	0.50	0.6915	0.83	0.7967	1.15	0.8749	1.47	0.9292	1.79	0.9633	2.22	0.9868	2.86	0.9979
0.18	0.5714	0.51	0.6950	0.84	0.7995	1.16	0.8770	1.48	0.9306	1.80	0.9641	2.24	0.9875	2.88	0.9980
0.19	0.5763	0.52	0.6985	0.85	0.8023	1.17	0.8790	1.49	0.9319	1.81	0.9649	2.26	0.9881	2.90	0.9981
0.20	0.5793	0.53	0.7019	0.86	0.8051	1.18	0.8810	1.50	0.9332	1.82	0.9656	2.28	0.9887	2.92	0.9982
0.21	0.5832	0.54	0.7054	0.87	0.8078	1.19	0.8830	1.51	0.9345	1.83	0.9664	2.30	0.9893	2.94	0.9984
0.22	0.5871	0.55	0.7088	0.88	0.8106	1.20	0.8849	1.52	0.9357	1.84	0.9671	2.32	0.9898	2.96	0.9985
0.23	0.5910	0.56	0.7123	0.89	0.8133	1.21	0.8869	1.53	0.9370	1.85	0.9678	2.34	0.9904	2.98	0.9986
0.24	0.5948	0.57	0.7157	0.90	0.8159	1.22	0.8888	1.54	0.9382	1.86	0.9686	2.36	0.9909	3.00	0.99865
0.25	0.5987	0.58	0.7190	0.91	0.8186	1.23	0.8907	1.55	0.9394	1.87	0.9693	2.38	0.9913	3.20	0.99931
0.26	0.6026	0.59	0.7224	0.92	0.8212	1.24	0.8925	1.56	0.9406	1.88	0.9699	2.40	0.9918	3.40	0.99966
0.27	0.6064	0.60	0.7257	0.93	0.8238	1.25	0.8944	1.57	0.9418	1.89	0.9706	2.42	0.9922	3.60	0.989841
0.28	0.6103	0.61	0.7291	0.94	0.8264	1.26	0.8962	1.58	0.9429	1.90	0.9713	2.44	0.9927	3.80	0.999928
0.29	0.6141	0.62	0.7324	0.95	0.8289	1.27	0.8980	1.59	0.9441	1.91	0.9719	2.46	0.9931	4.00	0.999968
0.30	0.6179	0.63	0.7357	0.96	0.8315	1.28	0.8997	1.60	0.9452	1.92	0.9726	2.48	0.9934	4.50	0.999997
0.31	0.6217	0.64	0.7389	0.97	0.8340	1.29	0.9015	1.61	0.9463	1.93	0.9732	2.50	0.9938	5.00	0.99999997
0.32	0.6255	0.65	0.7422												

附表3 t 分布表 $P\{t(n) > t_\alpha(n)\} = \alpha$

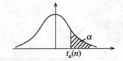

n	$\alpha=0.25$	0.10	0.05	0.025	0.01	0.005	n	$\alpha=0.25$	0.10	0.05	0.025	0.01	0.005
1	1.0000	3.0777	6.3138	12.7062	31.8207	63.6574	26	0.6840	1.3150	1.7056	2.0555	2.4786	2.7787
2	0.8165	1.8856	2.9200	4.3027	6.9646	9.9248	27	0.6837	1.3137	1.7033	2.0518	2.4727	2.7707
3	0.7649	1.6377	2.3534	3.1824	4.5407	5.8409	28	0.6834	1.3125	1.7011	2.0484	2.4671	2.7633
4	0.7407	1.5332	2.1318	2.7764	3.7469	4.6041	29	0.6830	1.3114	1.6991	2.0452	2.4620	2.7564
5	0.7267	1.4759	2.0150	2.5706	3.3649	4.0322	30	0.6828	1.3104	1.6973	2.0423	2.4573	2.7500
6	0.7176	1.4398	1.9432	2.4469	3.1427	3.7074	31	0.6825	1.3095	1.6955	2.0395	2.4528	2.7440
7	0.7111	1.4149	1.8946	2.3646	2.9980	3.4995	32	0.6822	1.3086	1.6939	2.0369	2.4487	2.7385
8	0.7064	1.3968	1.8595	2.3060	2.8965	3.3554	33	0.6820	1.3077	1.6924	2.0345	2.4448	2.7333
9	0.7027	1.3830	1.8331	2.2622	2.8214	3.2498	34	0.6818	1.3070	1.6909	2.0322	2.4411	2.7284
10	0.6998	1.3722	1.8125	2.2281	2.7638	3.1693	35	0.6816	1.3062	1.6896	2.0301	2.4377	2.7238
11	0.6974	1.3634	1.7959	2.2010	2.7181	3.1058	36	0.6814	1.3055	1.6883	2.0281	2.4345	2.7195
12	0.6955	1.3562	1.7823	2.1788	2.6810	3.0545	37	0.6812	1.3049	1.6871	2.0262	2.4314	2.7154
13	0.6938	1.3502	1.7709	2.1604	2.6503	3.0123	38	0.6810	1.3042	1.6860	2.0244	2.4286	2.7116
14	0.6924	1.3450	1.7613	2.1448	2.6245	2.9768	39	0.6808	1.3036	1.6849	2.0227	2.4258	2.7079
15	0.6912	1.3406	1.7531	2.1315	2.6025	2.9467	40	0.6807	1.3031	1.6839	2.0211	2.4233	2.7045
16	0.6901	1.3368	1.7459	2.1199	2.5835	2.9208	41	0.6805	1.3025	1.6829	2.0195	2.4208	2.7012
17	0.6892	1.3334	1.7396	2.1098	2.5669	2.8982	42	0.6804	1.3020	1.6820	2.0181	2.4185	2.6981
18	0.6884	1.3304	1.7341	2.1009	2.5524	2.8784	43	0.6802	1.3016	1.6811	2.0167	2.4163	2.6951
19	0.6876	1.3277	1.7291	2.0930	2.5395	2.8609	44	0.6801	1.3011	1.6802	2.0154	2.4141	2.6923
20	0.6870	1.3253	1.7247	2.0860	2.5280	2.8453	45	0.6800	1.3006	1.6794	2.0141	2.4121	2.6896
21	0.6864	1.3232	1.7207	2.0796	2.5177	2.8314							
22	0.6858	1.3212	1.7171	2.0739	2.5083	2.8188							
23	0.6853	1.3195	1.7139	2.0687	2.4999	2.8073							
24	0.6848	1.3178	1.7109	2.0639	2.4922	2.7969							
25	0.6844	1.3163	1.7081	2.0595	2.4851	2.7874							

附表 4 χ^2 分布表 $P\{\chi^2(n) > \chi^2_\alpha(n)\} = \alpha$

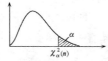

n	$\alpha=$ 0.995	0.99	0.975	0.95	0.90	0.75	0.25	0.10	0.05	0.025	0.01	0.005
1	—	—	0.001	0.004	0.016	0.102	1.323	2.706	3.841	5.024	6.635	7.879
2	0.010	0.020	0.051	0.103	0.211	0.575	2.773	4.605	5.991	7.378	9.210	10.597
3	0.072	0.115	0.216	0.352	0.584	1.213	4.108	6.251	7.815	9.348	11.345	12.838
4	0.207	0.297	0.484	0.711	1.064	1.923	5.385	7.779	9.488	11.143	13.277	14.860
5	0.412	0.554	0.831	1.145	1.610	2.675	6.626	9.236	11.071	12.833	15.086	16.750
6	0.676	0.872	1.237	1.635	2.204	3.455	7.841	10.645	12.592	14.449	16.812	18.548
7	0.989	1.239	1.690	2.167	2.833	4.255	9.037	12.017	14.067	16.013	18.475	20.278
8	1.344	1.646	2.180	2.733	3.490	5.071	10.219	13.362	15.507	17.535	20.090	21.955
9	1.735	2.088	2.700	3.325	4.168	5.899	11.389	14.684	16.919	19.023	21.666	23.589
10	2.156	2.558	3.247	3.940	4.865	6.737	12.549	15.987	18.307	20.483	23.209	25.188
11	2.603	3.053	3.816	4.575	5.578	7.584	13.701	17.275	19.675	21.920	24.725	26.757
12	3.074	3.571	4.404	5.226	6.304	8.438	14.845	18.549	21.026	23.337	26.217	28.299
13	3.565	4.107	5.009	5.892	7.042	9.299	15.984	19.812	22.362	24.736	27.688	29.819
14	4.075	4.660	5.629	6.571	7.790	10.165	17.117	21.064	23.685	26.119	29.141	31.319
15	4.601	5.229	6.262	7.261	8.547	11.037	18.245	22.307	24.996	27.488	30.578	32.801
16	5.142	5.812	6.908	7.962	9.312	11.912	19.369	23.542	26.296	28.845	32.000	34.267
17	5.697	6.408	7.564	8.672	10.085	12.792	20.489	24.769	27.587	30.191	33.409	35.718
18	6.265	7.015	8.231	9.390	10.865	13.675	21.605	25.989	28.869	31.526	34.805	37.156
19	6.844	7.633	8.907	10.117	11.651	14.562	22.718	27.204	30.144	32.852	36.191	38.582
20	7.434	8.260	9.591	10.851	12.443	15.452	23.828	28.412	31.410	34.170	37.566	39.997
21	8.034	8.897	10.283	11.591	13.240	16.344	24.935	29.615	32.671	35.479	38.932	41.401
22	8.643	9.542	10.982	12.338	14.042	17.240	26.039	30.813	33.924	36.781	40.289	42.796
23	9.260	10.196	11.689	13.091	14.848	18.137	27.141	32.007	35.172	38.076	41.638	44.181
24	9.886	10.856	12.401	13.848	15.659	19.037	28.241	33.196	36.415	39.364	42.980	45.559
25	10.520	11.524	13.120	14.611	16.473	19.939	39.339	34.382	37.652	40.646	44.314	46.928
26	11.160	12.198	13.844	15.379	17.292	20.843	30.435	35.563	38.885	41.923	45.642	48.290
27	11.808	12.879	14.573	16.151	18.114	21.749	31.528	36.741	40.113	43.194	46.963	49.645
28	12.461	13.565	15.308	16.928	18.939	22.657	32.620	37.916	41.337	44.461	48.278	50.993
29	13.121	14.257	16.047	17.708	19.768	23.567	33.711	39.087	42.557	45.722	49.588	52.336
30	13.787	14.954	16.791	18.493	20.599	24.478	34.800	40.256	43.773	46.979	50.892	53.672
31	14.458	15.655	17.539	19.281	21.434	25.390	35.887	41.422	44.985	48.232	52.191	55.003
32	15.134	16.362	18.291	20.072	22.271	26.304	36.973	42.585	46.194	49.480	53.486	56.328
33	15.815	17.074	19.047	20.867	23.110	27.219	38.058	43.745	47.400	50.725	54.776	57.648
34	16.501	17.789	19.806	21.664	23.952	28.136	39.141	44.903	48.602	51.966	56.061	58.964
35	17.192	18.509	20.569	22.465	24.797	29.054	40.223	46.059	49.802	53.203	57.342	60.275
36	17.887	19.233	21.336	23.269	25.643	29.973	41.304	47.212	50.998	54.437	58.619	61.581
37	18.586	19.960	22.106	24.075	26.492	30.893	42.383	48.363	52.192	55.668	59.892	62.883
38	19.289	20.691	22.878	24.884	27.343	31.815	43.462	49.513	53.384	56.896	61.162	64.181
39	19.996	21.426	23.654	25.695	28.196	32.737	44.539	50.660	54.572	58.120	62.428	65.476
40	20.707	22.164	24.433	26.509	29.051	33.660	45.616	51.805	55.758	59.342	63.691	66.766
41	21.421	22.906	25.215	27.326	29.907	34.585	46.692	52.949	56.942	60.561	64.950	68.053
42	22.138	23.650	25.999	28.144	30.765	35.510	47.766	54.090	58.124	61.777	66.206	69.336
43	22.859	24.398	26.785	28.965	31.625	36.436	48.840	55.230	59.304	62.990	67.459	70.616
44	23.584	25.148	27.575	29.787	32.487	37.363	49.913	56.369	60.481	64.201	68.710	71.893
45	24.311	25.901	28.366	30.612	33.350	38.291	50.985	57.505	61.656	65.410	69.957	73.166

附表 5　F 分布表 $P\{F(n_1,n_2)>F_a(n_1,n_2)\}=\alpha$

$\alpha=0.10$

n_2 \ n_1	1	2	3	4	5	6	7	8	9	10	12	15	20	24	30	40	60	120	∞
1	39.86	49.50	53.59	55.83	57.24	58.20	58.91	59.44	59.86	60.19	60.71	61.22	61.74	62.00	62.26	62.53	62.79	63.00	63.33
2	8.53	9.00	9.16	9.24	9.29	9.33	9.35	9.37	9.38	9.39	9.41	9.42	9.44	9.45	9.46	9.47	9.47	9.48	9.49
3	5.54	5.46	5.39	5.34	5.31	5.28	5.27	5.25	5.24	5.23	5.22	5.20	5.18	5.18	5.17	5.16	5.15	5.14	5.13
4	4.54	4.32	4.19	4.11	4.05	4.01	3.98	3.95	3.94	3.92	3.90	3.87	3.84	3.83	3.82	3.80	3.79	3.78	3.76
5	4.06	3.78	3.62	3.52	3.45	3.40	3.37	3.34	3.32	3.30	3.27	3.24	3.21	3.19	3.17	3.16	3.14	3.12	3.10
6	3.78	3.46	3.29	3.18	3.11	3.05	3.01	2.98	2.96	2.94	2.90	2.87	2.84	2.82	2.80	2.78	2.76	2.74	2.72
7	3.59	3.26	3.07	2.96	2.88	2.83	2.78	2.75	2.72	2.70	2.67	2.63	2.59	2.58	2.56	2.54	2.51	2.49	2.47
8	3.46	3.11	2.92	2.81	2.73	2.67	2.62	2.59	2.56	2.54	2.50	2.46	2.42	2.40	2.38	2.36	2.34	2.32	2.29
9	3.36	3.01	2.81	2.69	2.61	2.55	2.51	2.47	2.44	2.42	2.38	2.34	2.30	2.28	2.25	2.23	2.21	2.18	2.16
10	3.29	2.92	2.73	2.61	2.52	2.46	2.41	2.38	2.35	2.32	2.28	2.24	2.20	2.18	2.16	2.13	2.11	2.08	2.06
11	3.23	2.86	2.66	2.54	2.45	2.39	2.34	2.30	2.27	2.25	2.21	2.17	2.12	2.10	2.08	2.05	2.03	2.00	1.97
12	3.18	2.81	2.61	2.48	2.39	2.33	2.28	2.24	2.21	2.19	2.15	2.10	2.06	2.04	2.01	1.99	1.96	1.93	1.90
13	3.14	2.76	2.56	2.43	2.35	2.28	2.23	2.20	2.16	2.14	2.10	2.05	2.01	1.98	1.96	1.93	1.90	1.88	1.85
14	3.10	2.73	2.52	2.39	2.31	2.24	2.19	2.15	2.12	2.10	2.05	2.01	1.96	1.94	1.91	1.89	1.86	1.83	1.80
15	3.07	2.70	2.49	2.36	2.27	2.21	2.16	2.12	2.09	2.06	2.02	1.97	1.92	1.90	1.87	1.85	1.82	1.79	1.76
16	3.05	2.67	2.46	2.33	2.24	2.18	2.13	2.09	2.06	2.03	1.99	1.94	1.89	1.87	1.84	1.81	1.78	1.75	1.72
17	3.03	2.64	2.44	2.31	2.22	2.15	2.10	2.06	2.03	2.00	1.96	1.91	1.86	1.84	1.81	1.78	1.75	1.72	1.69
18	3.01	2.62	2.42	2.29	2.20	2.13	2.08	2.04	2.00	1.98	1.93	1.89	1.84	1.81	1.78	1.75	1.72	1.69	1.66
19	2.99	2.61	2.40	2.27	2.18	2.11	2.06	2.02	1.98	1.96	1.91	1.86	1.81	1.79	1.76	1.73	1.70	1.67	1.63
20	2.97	2.59	2.38	2.25	2.16	2.09	2.04	2.00	1.96	1.94	1.89	1.84	1.79	1.77	1.74	1.71	1.68	1.64	1.61
21	2.96	2.57	2.36	2.23	2.14	2.08	2.02	1.98	1.95	1.92	1.87	1.83	1.78	1.75	1.72	1.69	1.66	1.62	1.59
22	2.95	2.56	2.35	2.22	2.13	2.06	2.01	1.97	1.93	1.90	1.86	1.81	1.76	1.73	1.70	1.67	1.64	1.60	1.57
23	2.94	2.55	2.34	2.21	2.11	2.05	1.99	1.95	1.92	1.89	1.84	1.80	1.74	1.72	1.69	1.66	1.62	1.59	1.55
24	2.93	2.54	2.33	2.19	2.10	2.04	1.98	1.94	1.91	1.88	1.83	1.78	1.73	1.70	1.67	1.64	1.61	1.57	1.53
25	2.92	2.53	2.32	2.18	2.09	2.02	1.97	1.93	1.89	1.87	1.82	1.77	1.72	1.69	1.66	1.63	1.59	1.56	1.52
26	2.91	2.52	2.31	2.17	2.08	2.01	1.96	1.92	1.88	1.86	1.81	1.76	1.71	1.68	1.65	1.61	1.58	1.54	1.50
27	2.90	2.51	2.30	2.17	2.07	2.00	1.95	1.91	1.87	1.85	1.80	1.75	1.70	1.67	1.64	1.60	1.57	1.53	1.49
28	2.89	2.50	2.29	2.16	2.06	2.00	1.94	1.90	1.87	1.84	1.79	1.74	1.69	1.66	1.63	1.59	1.56	1.52	1.48
29	2.89	2.50	2.28	2.15	2.06	1.99	1.93	1.89	1.86	1.83	1.78	1.73	1.68	1.65	1.62	1.58	1.55	1.51	1.47
30	2.88	2.49	2.28	2.14	2.05	1.98	1.93	1.88	1.85	1.82	1.77	1.72	1.67	1.64	1.61	1.57	1.54	1.50	1.46
40	2.84	2.44	2.23	2.09	2.00	1.93	1.87	1.83	1.79	1.76	1.71	1.66	1.61	1.57	1.54	1.51	1.47	1.42	1.38
60	2.79	2.39	2.18	2.04	1.95	1.87	1.82	1.77	1.74	1.71	1.66	1.60	1.54	1.51	1.48	1.44	1.40	1.35	1.29
120	2.75	2.35	2.13	1.99	1.90	1.82	1.77	1.72	1.68	1.65	1.60	1.55	1.48	1.45	1.41	1.37	1.32	1.26	1.19
∞	2.71	2.30	2.08	1.94	1.85	1.77	1.72	1.67	1.63	1.60	1.55	1.49	1.42	1.38	1.34	1.30	1.24	1.17	1.00

$\alpha = 0.05$

续附表 5

n_2 \ n_1	1	2	3	4	5	6	7	8	9	10	12	15	20	24	30	40	60	120	∞
1	161.4	199.5	215.7	224.6	230.2	234.0	236.8	238.9	240.5	241.9	243.9	245.9	248.0	249.1	250.1	251.1	252.2	253.3	254.3
2	18.51	19.00	19.16	19.25	19.30	19.33	19.35	19.37	19.38	19.40	19.41	19.43	19.45	19.45	19.46	19.47	19.48	19.49	19.50
3	10.13	9.55	9.28	9.12	9.01	8.94	8.89	8.85	8.81	8.79	8.74	8.70	8.66	8.64	8.62	8.59	8.57	8.55	8.53
4	7.71	6.94	6.59	6.39	6.26	6.16	6.09	6.04	6.00	5.96	5.91	5.86	5.80	5.77	5.75	5.72	5.69	5.66	5.63
5	6.61	5.79	5.41	5.19	5.05	4.95	4.88	4.82	4.77	4.74	4.68	4.62	4.56	4.53	4.50	4.46	4.43	4.40	4.36
6	5.99	5.14	4.76	4.53	4.39	4.28	4.21	4.15	4.10	4.06	4.00	3.94	3.87	3.84	3.81	3.77	3.74	3.70	3.67
7	5.59	4.74	4.35	4.12	3.97	3.87	3.79	3.73	3.68	3.64	3.57	3.51	3.44	3.41	3.38	3.34	3.30	3.27	3.23
8	5.32	4.46	4.07	3.84	3.69	3.58	3.50	3.44	3.39	3.35	3.28	3.22	3.15	3.12	3.08	3.04	3.01	2.97	2.93
9	5.12	4.26	3.86	3.63	3.48	3.37	3.29	3.23	3.18	3.14	3.07	3.01	2.94	2.90	2.86	2.83	2.79	2.75	2.71
10	4.96	4.10	3.71	3.48	3.33	3.22	3.14	3.07	3.02	2.98	2.91	2.85	2.77	2.74	2.70	2.66	2.62	2.58	2.54
11	4.84	3.98	3.59	3.36	3.20	3.09	3.01	2.95	2.90	2.85	2.79	2.72	2.65	2.61	2.57	2.53	2.49	2.45	2.40
12	4.75	3.89	3.49	3.26	3.11	3.00	2.91	2.85	2.80	2.75	2.69	2.62	2.54	2.51	2.47	2.43	2.38	2.34	2.30
13	4.67	3.81	3.41	3.18	3.03	2.92	2.83	2.77	2.71	2.67	2.60	2.53	2.46	2.42	2.38	2.34	2.30	2.25	2.21
14	4.60	3.74	3.34	3.11	2.96	2.85	2.76	2.70	2.65	2.60	2.53	2.46	2.39	2.35	2.31	2.27	2.22	2.18	2.13
15	4.54	3.68	3.29	3.06	2.90	2.79	2.71	2.64	2.59	2.54	2.48	2.40	2.33	2.29	2.25	2.20	2.16	2.11	2.07
16	4.49	3.63	3.24	3.01	2.85	2.74	2.66	2.59	2.54	2.49	2.42	2.35	2.28	2.24	2.19	2.15	2.11	2.06	2.01
17	4.45	3.59	3.20	2.96	2.81	2.70	2.61	2.55	2.49	2.45	2.38	2.31	2.23	2.19	2.15	2.10	2.06	2.01	1.96
18	4.41	3.55	3.16	2.93	2.77	2.66	2.58	2.51	2.46	2.41	2.34	2.27	2.19	2.15	2.11	2.06	2.02	1.97	1.92
19	4.38	3.52	3.13	2.90	2.74	2.63	2.54	2.48	2.42	2.38	2.31	2.23	2.16	2.11	2.07	2.03	1.98	1.93	1.88
20	4.35	3.49	3.10	2.87	2.71	2.60	2.51	2.45	2.39	2.35	2.28	2.20	2.12	2.08	2.04	1.99	1.95	1.90	1.84
21	4.32	3.47	3.07	2.84	2.68	2.57	2.49	2.42	2.37	2.32	2.25	2.18	2.10	2.05	2.01	1.96	1.92	1.87	1.81
22	4.30	3.44	3.05	2.82	2.66	2.55	2.46	2.40	2.34	2.30	2.23	2.15	2.07	2.03	1.98	1.94	1.89	1.84	1.78
23	4.28	3.42	3.03	2.80	2.64	2.53	2.44	2.37	2.32	2.27	2.20	2.13	2.05	2.01	1.96	1.91	1.86	1.81	1.76
24	4.26	3.40	3.01	2.78	2.62	2.51	2.42	2.36	2.30	2.25	2.18	2.11	2.03	1.98	1.94	1.89	1.84	1.79	1.73
25	4.24	3.39	2.99	2.76	2.60	2.49	2.40	2.34	2.28	2.24	2.16	2.09	2.01	1.96	1.92	1.87	1.82	1.77	1.71
26	4.23	3.37	2.98	2.74	2.59	2.47	2.39	2.32	2.27	2.22	2.15	2.07	1.99	1.95	1.90	1.85	1.80	1.75	1.69
27	4.21	3.35	2.96	2.73	2.57	2.46	2.37	2.31	2.25	2.20	2.13	2.06	1.97	1.93	1.88	1.84	1.79	1.73	1.67
28	4.20	3.34	2.95	2.71	2.56	2.45	2.36	2.29	2.24	2.19	2.12	2.04	1.96	1.91	1.87	1.82	1.77	1.71	1.65
29	4.18	3.33	2.93	2.70	2.55	2.43	2.35	2.28	2.22	2.18	2.10	2.03	1.94	1.90	1.85	1.81	1.75	1.70	1.64
30	4.17	3.32	2.92	2.69	2.53	2.42	2.33	2.27	2.21	2.16	2.09	2.01	1.93	1.89	1.84	1.79	1.74	1.68	1.62
40	4.08	3.23	2.84	2.61	2.45	2.34	2.25	2.18	2.12	2.08	2.00	1.92	1.84	1.79	1.74	1.69	1.64	1.58	1.51
60	4.00	3.15	2.76	2.53	2.37	2.25	2.17	2.10	2.04	1.99	1.92	1.84	1.75	1.70	1.65	1.59	1.53	1.47	1.39
120	3.92	3.07	2.68	2.45	2.29	2.17	2.09	2.02	1.96	1.91	1.83	1.75	1.66	1.61	1.55	1.50	1.43	1.35	1.25
∞	3.84	3.00	2.60	2.37	2.21	2.10	2.01	1.94	1.88	1.83	1.75	1.67	1.57	1.52	1.46	1.39	1.32	1.22	1.00

$\alpha = 0.025$ 续附表 5

n_2\n_1	1	2	3	4	5	6	7	8	9	10	12	15	20	24	30	40	60	120	∞
1	647.8	799.5	864.2	899.6	921.8	937.1	948.2	956.7	963.3	968.6	976.7	984.9	993.1	997.2	1001	1006	1010	1014	1018
2	38.51	39.00	39.17	39.25	39.30	39.33	39.36	39.37	39.39	39.40	39.41	39.43	39.45	39.46	39.46	39.47	39.48	39.49	39.50
3	17.44	16.04	15.44	15.10	14.88	14.73	14.62	14.54	14.47	14.42	14.34	14.25	14.17	14.12	14.08	14.04	13.99	13.95	13.90
4	12.22	10.65	9.98	9.60	9.36	9.20	9.07	8.98	8.90	8.84	8.75	8.66	8.56	8.51	8.46	8.41	8.36	8.31	8.26
5	10.01	8.43	7.76	7.39	7.15	6.98	6.85	6.76	6.68	6.62	6.52	6.43	6.33	6.28	6.23	6.18	6.12	6.07	6.02
6	8.81	7.26	6.60	6.23	5.99	5.82	5.70	5.60	5.52	5.46	5.37	5.27	5.17	5.12	5.07	5.01	4.96	4.90	4.85
7	8.07	6.54	5.89	5.52	5.29	5.12	4.99	4.90	4.82	4.76	4.67	4.57	4.47	4.42	4.36	4.31	4.25	4.20	4.14
8	7.57	6.06	5.42	5.05	4.82	4.65	4.53	4.43	4.36	4.30	4.20	4.10	4.00	3.95	3.89	3.84	3.78	3.73	3.67
9	7.21	5.71	5.08	4.72	4.48	4.32	4.20	4.10	4.03	3.96	3.87	3.77	3.67	3.61	3.56	3.51	3.45	3.39	3.33
10	6.94	5.46	4.83	4.47	4.24	4.07	3.95	3.85	3.78	3.72	3.62	3.52	3.42	3.37	3.31	3.26	3.20	3.14	3.08
11	6.72	5.26	4.63	4.28	4.04	3.88	3.76	3.66	3.59	3.53	3.43	3.33	3.23	3.17	3.12	3.06	3.00	2.94	2.88
12	6.55	5.10	4.47	4.12	3.89	3.73	3.61	3.51	3.44	3.37	3.28	3.18	3.07	3.02	2.96	2.91	2.85	2.79	2.72
13	6.41	4.97	4.35	4.00	3.77	3.60	3.48	3.39	3.31	3.25	3.15	3.05	2.95	2.89	2.84	2.78	2.72	2.66	2.60
14	6.30	4.86	4.24	3.89	3.66	3.50	3.38	3.29	3.21	3.15	3.05	2.95	2.84	2.79	2.73	2.67	2.61	2.55	2.49
15	6.20	4.77	4.15	3.80	3.58	3.41	3.29	3.20	3.12	3.06	2.96	2.86	2.76	2.70	2.64	2.59	2.52	2.46	2.40
16	6.12	4.69	4.08	3.73	3.50	3.34	3.22	3.12	3.05	2.99	2.89	2.79	2.68	2.63	2.57	2.51	2.45	2.38	2.32
17	6.04	4.62	4.01	3.66	3.44	3.28	3.16	3.06	2.98	2.92	2.82	2.72	2.62	2.56	2.50	2.44	2.38	2.32	2.25
18	5.98	4.56	3.95	3.61	3.38	3.22	3.10	3.01	2.93	2.87	2.77	2.67	2.56	2.50	2.44	2.38	2.32	2.26	2.19
19	5.92	4.51	3.90	3.56	3.33	3.17	3.05	2.96	2.88	2.82	2.72	2.62	2.51	2.45	2.39	2.33	2.27	2.20	2.13
20	5.87	4.46	3.86	3.51	3.29	3.13	3.01	2.91	2.84	2.77	2.68	2.57	2.46	2.41	2.35	2.29	2.22	2.16	2.09
21	5.83	4.42	3.82	3.48	3.25	3.09	2.97	2.87	2.80	2.73	2.64	2.53	2.42	2.37	2.31	2.25	2.18	2.11	2.04
22	5.79	4.38	3.78	3.44	3.22	3.05	2.93	2.84	2.76	2.70	2.60	2.50	2.39	2.33	2.27	2.21	2.14	2.08	2.00
23	5.75	4.35	3.75	3.41	3.18	3.02	2.90	2.81	2.73	2.67	2.57	2.47	2.36	2.30	2.24	2.18	2.11	2.04	1.97
24	5.72	4.32	3.72	3.38	3.15	2.99	2.87	2.78	2.70	2.64	2.54	2.44	2.33	2.27	2.21	2.15	2.08	2.01	1.94
25	5.69	4.29	3.69	3.35	3.13	2.97	2.85	2.75	2.68	2.61	2.51	2.41	2.30	2.24	2.18	2.12	2.05	1.98	1.91
26	5.66	4.27	3.67	3.33	3.10	2.94	2.82	2.73	2.65	2.59	2.49	2.39	2.28	2.22	2.16	2.09	2.03	1.95	1.88
27	5.63	4.24	3.65	3.31	3.08	2.92	2.80	2.71	2.63	2.57	2.47	2.36	2.25	2.19	2.13	2.07	2.00	1.93	1.85
28	5.61	4.22	3.63	3.29	3.06	2.90	2.78	2.69	2.61	2.55	2.45	2.34	2.23	2.17	2.11	2.05	1.98	1.91	1.83
29	5.59	4.20	3.61	3.27	3.04	2.88	2.76	2.67	2.59	2.53	2.43	2.32	2.21	2.15	2.09	2.03	1.96	1.89	1.81
30	5.57	4.18	3.59	3.25	3.03	2.87	2.75	2.65	2.57	2.51	2.41	2.31	2.20	2.14	2.07	2.01	1.94	1.87	1.79
40	5.42	4.05	3.46	3.13	2.90	2.74	2.62	2.53	2.45	2.39	2.29	2.18	2.07	2.01	1.94	1.88	1.80	1.72	1.64
60	5.29	3.93	3.34	3.01	2.79	2.63	2.51	2.41	2.33	2.27	2.17	2.06	1.94	1.88	1.82	1.74	1.67	1.58	1.48
120	5.15	3.80	3.23	2.89	2.67	2.52	2.39	2.30	2.22	2.16	2.05	1.94	1.82	1.76	1.69	1.61	1.53	1.43	1.31
∞	5.02	3.69	3.12	2.79	2.57	2.41	2.29	2.19	2.11	2.05	1.94	1.83	1.71	1.64	1.57	1.48	1.39	1.27	1.00

$\alpha = 0.01$

续附表 5

n_2 \ n_1	1	2	3	4	5	6	7	8	9	10	12	15	20	24	30	40	60	120	∞
1	4052	4999.5	5403	5625	5764	5859	5928	5982	6022	6056	6106	6157	6209	6235	6261	6287	6313	6339	6366
2	98.50	99.00	99.17	99.25	99.30	99.33	99.36	99.37	99.39	99.40	99.42	99.43	99.45	99.46	99.47	99.47	99.48	99.49	99.50
3	34.12	30.82	29.46	28.71	28.24	27.91	27.67	27.49	27.35	27.23	27.05	26.87	26.69	26.60	26.50	26.41	26.32	26.22	26.13
4	21.20	18.00	16.69	15.98	15.52	15.21	14.98	14.80	14.66	14.55	14.37	14.20	14.02	13.93	13.84	13.75	13.65	13.56	13.46
5	16.26	13.27	12.06	11.39	10.97	10.67	10.46	10.29	10.16	10.05	9.89	9.72	9.55	9.47	9.38	9.29	9.20	9.11	9.02
6	13.75	10.92	9.78	9.15	8.75	8.47	8.26	8.10	7.98	7.87	7.72	7.56	7.40	7.31	7.23	7.14	7.06	6.97	6.88
7	12.25	9.55	8.45	7.85	7.46	7.19	6.99	6.84	6.72	6.62	6.47	6.31	6.16	6.07	5.99	5.91	5.82	5.74	5.65
8	11.26	8.65	7.59	7.01	6.63	6.37	6.18	6.03	5.91	5.81	5.67	5.52	5.36	5.28	5.20	5.12	5.03	4.95	4.86
9	10.56	8.02	6.99	6.42	6.06	5.80	5.61	5.47	5.35	5.26	5.11	4.96	4.81	4.73	4.65	4.57	4.48	4.40	4.31
10	10.04	7.56	6.55	5.99	5.64	5.39	5.20	5.06	4.94	4.85	4.71	4.56	4.41	4.33	4.25	4.17	4.08	4.00	3.91
11	9.65	7.21	6.22	5.67	5.32	5.07	4.89	4.74	4.63	4.54	4.40	4.25	4.10	4.02	3.94	3.86	3.78	3.69	3.60
12	9.33	6.93	5.95	5.41	5.06	4.82	4.64	4.50	4.39	4.30	4.16	4.01	3.86	3.78	3.70	3.62	3.54	3.45	3.36
13	9.07	6.70	5.74	5.21	4.86	4.62	4.44	4.30	4.19	4.10	3.96	3.82	3.66	3.59	3.51	3.43	3.34	3.25	3.17
14	8.86	6.51	5.56	5.04	4.69	4.46	4.28	4.14	4.03	3.94	3.80	3.66	3.51	3.43	3.35	3.27	3.18	3.09	3.00
15	8.68	6.36	5.42	4.89	4.56	4.32	4.14	4.00	3.89	3.80	3.67	3.52	3.37	3.29	3.21	3.13	3.05	2.96	2.87
16	8.53	6.23	5.29	4.77	4.44	4.20	4.03	3.89	3.78	3.69	3.55	3.41	3.26	3.18	3.10	3.02	2.93	2.84	2.75
17	8.40	6.11	5.18	4.67	4.34	4.10	3.93	3.79	3.68	3.59	3.46	3.31	3.16	3.08	3.00	2.92	2.83	2.75	2.65
18	8.29	6.01	5.09	4.58	4.25	4.01	3.84	3.71	3.60	3.51	3.37	3.23	3.08	3.00	2.92	2.84	2.75	2.66	2.57
19	8.18	5.93	5.01	4.50	4.17	3.94	3.77	3.63	3.52	3.43	3.30	3.15	3.00	2.92	2.84	2.76	2.67	2.58	2.49
20	8.10	5.85	4.94	4.43	4.10	3.87	3.70	3.56	3.46	3.37	3.23	3.09	2.94	2.86	2.78	2.69	2.61	2.52	2.42
21	8.02	5.78	4.87	4.37	4.04	3.81	3.64	3.51	3.40	3.31	3.17	3.03	2.88	2.80	2.72	2.64	2.55	2.46	2.36
22	7.95	5.72	4.82	4.31	3.99	3.76	3.59	3.45	3.35	3.26	3.12	2.98	2.83	2.75	2.67	2.58	2.50	2.40	2.31
23	7.88	5.66	4.76	4.26	3.94	3.71	3.54	3.41	3.30	3.21	3.07	2.93	2.78	2.70	2.62	2.54	2.45	2.35	2.26
24	7.82	5.61	4.72	4.22	3.90	3.67	3.50	3.36	3.26	3.17	3.03	2.89	2.74	2.66	2.58	2.49	2.40	2.31	2.21
25	7.77	5.57	4.68	4.18	3.85	3.63	3.46	3.32	3.22	3.13	2.99	2.85	2.70	2.62	2.54	2.45	2.36	2.27	2.17
26	7.72	5.53	4.64	4.14	3.82	3.59	3.42	3.29	3.18	3.09	2.96	2.81	2.66	2.58	2.50	2.42	2.33	2.23	2.13
27	7.68	5.49	4.60	4.11	3.78	3.56	3.39	3.26	3.15	3.06	2.93	2.78	2.63	2.55	2.47	2.38	2.29	2.20	2.10
28	7.64	5.45	4.57	4.07	3.75	3.53	3.36	3.23	3.12	3.03	2.90	2.75	2.60	2.52	2.44	2.35	2.26	2.17	2.06
29	7.60	5.42	4.54	4.04	3.73	3.50	3.33	3.20	3.09	3.00	2.87	2.73	2.57	2.49	2.41	2.33	2.23	2.14	2.03
30	7.56	5.39	4.51	4.02	3.70	3.47	3.30	3.17	3.07	2.98	2.84	2.70	2.55	2.47	2.39	2.30	2.21	2.11	2.01
40	7.31	5.18	4.31	3.83	3.51	3.29	3.12	2.99	2.89	2.80	2.66	2.52	2.37	2.29	2.20	2.11	2.02	1.92	1.80
60	7.08	4.98	4.13	3.65	3.34	3.12	2.95	2.82	2.72	2.63	2.50	2.35	2.20	2.12	2.03	1.94	1.84	1.73	1.60
120	6.85	4.79	3.95	3.48	3.17	2.96	2.79	2.66	2.56	2.47	2.34	2.19	2.03	1.95	1.86	1.76	1.66	1.53	1.38
∞	6.63	4.61	3.78	3.32	3.02	2.80	2.64	2.51	2.41	2.32	2.18	2.04	1.88	1.79	1.70	1.59	1.47	1.32	1.00

续附表 5

$\alpha = 0.005$

n_2 \ n_1	1	2	3	4	5	6	7	8	9	10	12	15	20	24	30	40	60	120	∞
1	16211	20000	21615	22500	23056	23437	23715	23925	24091	24224	24426	24630	24836	24940	25044	25148	25253	25359	25465
2	198.5	199.0	199.2	199.2	199.3	199.3	199.4	199.4	199.4	199.4	199.4	199.4	199.4	199.5	199.5	199.5	199.5	199.5	199.5
3	55.55	49.80	47.47	46.19	45.39	44.84	44.43	44.13	43.88	43.69	43.39	43.08	42.78	42.62	42.47	42.31	42.15	41.99	41.83
4	31.33	26.28	24.26	23.15	22.46	21.97	21.62	21.35	21.14	20.97	20.70	20.44	20.17	20.03	19.89	19.75	19.61	19.47	19.32
5	22.78	18.31	16.53	15.56	14.94	14.51	14.20	13.96	13.77	13.62	13.38	13.15	12.90	12.78	12.66	12.53	12.40	12.27	12.14
6	18.63	14.54	12.92	12.03	11.46	11.07	10.79	10.57	10.39	10.25	10.03	9.81	9.59	9.47	9.36	9.24	9.12	9.00	8.88
7	16.24	12.40	10.88	10.05	9.52	9.16	8.89	8.68	8.51	8.38	8.18	7.97	7.75	7.65	7.53	7.42	7.31	7.19	7.08
8	14.69	11.04	9.60	8.81	8.30	7.95	7.69	7.50	7.34	7.21	7.01	6.81	6.61	6.50	6.40	6.29	6.18	6.06	5.95
9	13.61	10.11	8.72	7.96	7.47	7.13	6.88	6.69	6.54	6.42	6.23	6.03	5.83	5.73	5.62	5.52	5.41	5.30	5.19
10	12.83	9.43	8.08	7.34	6.87	6.54	6.30	6.12	5.97	5.85	5.66	5.47	5.27	5.17	5.07	4.97	4.86	4.75	4.64
11	12.23	8.91	7.60	6.88	6.42	6.10	5.86	5.68	5.54	5.42	5.24	5.05	4.86	4.76	4.65	4.55	4.44	4.34	4.23
12	11.75	8.51	7.23	6.52	6.07	5.76	5.52	5.35	5.20	5.09	4.91	4.72	4.53	4.43	4.33	4.23	4.12	4.01	3.90
13	11.37	8.19	6.93	6.23	5.79	5.48	5.25	5.08	4.94	4.82	4.64	4.46	4.27	4.17	4.07	3.97	3.87	3.76	3.65
14	11.06	7.92	6.68	6.00	5.56	5.26	5.03	4.86	4.72	4.60	4.43	4.25	4.06	3.96	3.86	3.76	3.66	3.55	3.44
15	10.80	7.70	6.48	5.80	5.37	5.07	4.85	4.67	4.54	4.42	4.25	4.07	3.88	3.79	3.69	3.58	3.48	3.37	3.26
16	10.58	7.51	6.30	5.64	5.21	4.91	4.69	4.52	4.38	4.27	4.10	3.92	3.73	3.64	3.54	3.44	3.33	3.22	3.11
17	10.38	7.35	6.16	5.50	5.07	4.78	4.56	4.39	4.25	4.14	3.97	3.79	3.61	3.51	3.41	3.31	3.21	3.10	2.98
18	10.22	7.21	6.03	5.37	4.96	4.66	4.44	4.28	4.14	4.03	3.86	3.68	3.50	3.40	3.30	3.20	3.10	2.99	2.87
19	10.07	7.09	5.92	5.27	4.85	4.56	4.34	4.18	4.04	3.93	3.76	3.59	3.40	3.31	3.21	3.11	3.00	2.89	2.78
20	9.94	6.99	5.82	5.17	4.76	4.47	4.26	4.09	3.96	3.85	3.68	3.50	3.32	3.22	3.12	3.02	2.92	2.81	2.69
21	9.83	6.89	5.73	5.09	4.68	4.39	4.18	4.01	3.88	3.77	3.60	3.43	3.24	3.15	3.05	2.95	2.84	2.73	2.61
22	9.73	6.81	5.65	5.02	4.61	4.32	4.11	3.94	3.81	3.70	3.54	3.36	3.18	3.08	2.98	2.88	2.77	2.66	2.55
23	9.63	6.73	5.58	4.95	4.54	4.26	4.05	3.88	3.75	3.64	3.47	3.30	3.12	3.02	2.92	2.82	2.71	2.60	2.48
24	9.55	6.66	5.52	4.89	4.49	4.20	3.99	3.83	3.69	3.59	3.42	3.25	3.06	2.97	2.87	2.77	2.66	2.55	2.43
25	9.48	6.60	5.46	4.84	4.43	4.15	3.94	3.78	3.64	3.54	3.37	3.20	3.01	2.92	2.82	2.72	2.61	2.50	2.38
26	9.41	6.54	5.41	4.79	4.38	4.10	3.89	3.73	3.60	3.49	3.33	3.15	2.97	2.87	2.77	2.67	2.56	2.45	2.33
27	9.34	6.49	5.36	4.74	4.34	4.06	3.85	3.69	3.56	3.45	3.28	3.11	2.93	2.83	2.73	2.63	2.52	2.41	2.29
28	9.28	6.44	5.32	4.70	4.30	4.02	3.81	3.65	3.52	3.41	3.25	3.07	2.89	2.79	2.69	2.59	2.48	2.37	2.25
29	9.23	6.40	5.28	4.66	4.26	3.98	3.77	3.61	3.48	3.38	3.21	3.04	2.86	2.76	2.66	2.56	2.45	2.33	2.21
30	9.18	6.35	5.24	4.62	4.23	3.95	3.74	3.58	3.45	3.34	3.18	3.01	2.82	2.73	2.63	2.52	2.42	2.30	2.18
40	8.83	6.07	4.98	4.37	3.99	3.71	3.51	3.35	3.22	3.12	2.95	2.78	2.60	2.50	2.40	2.30	2.18	2.06	1.93
60	8.49	5.79	4.73	4.14	3.76	3.49	3.29	3.13	3.01	2.90	2.74	2.57	2.39	2.29	2.19	2.08	1.96	1.83	1.69
120	8.18	5.54	4.50	3.92	3.55	3.28	3.09	2.93	2.81	2.71	2.54	2.37	2.19	2.09	1.98	1.87	1.75	1.61	1.43
∞	7.88	5.30	4.28	3.72	3.35	3.09	2.90	2.74	2.62	2.52	2.36	2.19	2.00	1.90	1.79	1.67	1.53	1.36	1.00

$\alpha = 0.001$

n_2 \ n_1	1	2	3	4	5	6	7	8	9	10	12	15	20	24	30	40	60	120	∞
1	4053†	5000†	5404†	5625†	5764†	5859†	5929†	5981†	6023†	6056†	6107†	6158†	6209†	6235†	6261†	6287†	6313†	6340†	6366†
2	998.5	999.0	999.2	999.2	999.3	999.3	999.4	999.4	999.4	999.4	999.4	999.4	999.4	999.5	999.5	999.5	999.5	999.5	999.5
3	167.0	148.5	141.1	137.1	134.6	132.8	131.6	130.6	129.9	129.2	128.3	127.4	126.4	125.9	125.4	125.0	124.5	124.0	123.5
4	74.14	61.25	56.18	53.44	51.71	50.53	49.66	49.00	48.47	48.05	47.41	46.76	46.10	45.77	45.43	45.09	44.75	44.40	44.05
5	47.18	37.12	33.20	31.09	29.75	28.84	28.16	27.64	27.24	26.92	26.42	25.91	25.39	25.14	24.87	24.60	24.33	24.06	23.79
6	35.51	27.00	23.70	21.92	20.81	20.03	19.46	19.03	18.69	18.41	17.99	17.56	17.12	16.89	16.67	16.44	16.21	15.99	15.75
7	29.25	21.69	18.77	17.19	16.21	15.52	15.02	14.63	14.33	14.08	13.71	13.32	12.93	12.73	12.53	12.33	12.12	11.91	11.70
8	25.42	18.49	15.83	14.39	13.49	12.86	12.40	12.04	11.77	11.54	11.19	10.84	10.48	10.30	10.11	9.92	9.73	9.53	9.33
9	22.86	16.39	13.90	12.56	11.71	11.13	10.70	10.37	10.11	9.89	9.57	9.24	8.90	8.72	8.55	8.37	8.19	8.00	7.81
10	21.04	14.91	12.55	11.28	10.48	9.92	9.52	9.20	8.96	8.75	8.45	8.13	7.80	7.64	7.47	7.30	7.12	6.94	6.76
11	19.69	13.81	11.56	10.35	9.58	9.05	8.66	8.35	8.12	7.92	7.63	7.32	7.01	6.85	6.68	6.52	6.35	6.17	6.00
12	18.64	12.97	10.80	9.63	8.89	8.38	8.00	7.71	7.48	7.29	7.00	6.71	6.40	6.25	6.09	5.93	5.76	5.59	5.42
13	17.81	12.31	10.21	9.07	8.35	7.86	7.49	7.21	6.98	6.80	6.52	6.23	5.93	5.78	5.63	5.47	5.30	5.14	4.97
14	17.14	11.78	9.73	8.62	7.92	7.43	7.08	6.80	6.58	6.40	6.13	5.85	5.56	5.41	5.25	5.10	4.94	4.77	4.60
15	16.59	11.34	9.34	8.25	7.57	7.09	6.74	6.47	6.26	6.08	5.81	5.54	5.25	5.10	4.95	4.80	4.64	4.47	4.31
16	16.12	10.97	9.00	7.94	7.27	6.81	6.46	6.19	5.98	5.81	5.55	5.27	4.99	4.85	4.70	4.54	4.39	4.23	4.06
17	15.72	10.66	8.73	7.68	7.02	6.56	6.22	5.96	5.75	5.58	5.32	5.05	4.78	4.63	4.48	4.33	4.18	4.02	3.85
18	15.38	10.39	8.49	7.46	6.81	6.35	6.02	5.76	5.56	5.39	5.13	4.87	4.59	4.45	4.30	4.15	4.00	3.84	3.67
19	15.08	10.16	8.28	7.26	6.62	6.18	5.85	5.59	5.39	5.22	4.97	4.70	4.43	4.29	4.14	3.99	3.84	3.68	3.51
20	14.82	9.95	8.10	7.10	6.46	6.02	5.69	5.44	5.24	5.08	4.82	4.56	4.29	4.15	4.00	3.86	3.70	3.54	3.38
21	14.59	9.77	7.94	6.95	6.32	5.88	5.56	5.31	5.11	4.95	4.70	4.44	4.17	4.03	3.88	3.74	3.58	3.42	3.26
22	14.38	9.61	7.80	6.81	6.19	5.76	5.44	5.19	4.99	4.83	4.58	4.33	4.06	3.92	3.78	3.63	3.48	3.32	3.15
23	14.19	9.47	7.67	6.69	6.08	5.65	5.33	5.09	4.89	4.73	4.48	4.23	3.96	3.82	3.68	3.53	3.38	3.22	3.05
24	14.03	9.34	7.55	6.59	5.98	5.55	5.23	4.99	4.80	4.64	4.39	4.14	3.87	3.74	3.59	3.45	3.29	3.14	2.97
25	13.88	9.22	7.45	6.49	5.88	5.46	5.15	4.91	4.71	4.56	4.31	4.06	3.79	3.66	3.52	3.37	3.22	3.06	2.89
26	13.74	9.12	7.36	6.41	5.80	5.38	5.07	4.83	4.64	4.48	4.24	3.99	3.72	3.59	3.44	3.30	3.15	2.99	2.82
27	13.61	9.02	7.27	6.33	5.73	5.31	5.00	4.76	4.57	4.41	4.17	3.92	3.66	3.52	3.38	3.23	3.08	2.92	2.75
28	13.50	8.93	7.19	6.25	5.66	5.24	4.93	4.69	4.50	4.35	4.11	3.86	3.60	3.46	3.32	3.18	3.02	2.86	2.69
29	13.39	8.85	7.12	6.19	5.59	5.18	4.87	4.64	4.45	4.29	4.05	3.80	3.54	3.41	3.27	3.12	2.97	2.81	2.64
30	13.29	8.77	7.05	6.12	5.53	5.12	4.82	4.58	4.39	4.24	4.00	3.75	3.49	3.36	3.22	3.07	2.92	2.76	2.59
40	12.61	8.25	6.60	5.70	5.13	4.73	4.44	4.21	4.02	3.87	3.64	3.40	3.15	3.01	2.87	2.73	2.57	2.41	2.23
60	11.97	7.76	6.17	5.31	4.76	4.37	4.09	3.87	3.69	3.54	3.31	3.08	2.83	2.69	2.55	2.41	2.25	2.08	1.89
120	11.38	7.32	5.79	4.95	4.42	4.04	3.77	3.55	3.38	3.24	3.02	2.78	2.53	2.40	2.26	2.11	1.95	1.76	1.54
∞	10.83	6.91	5.42	4.62	4.10	3.74	3.47	3.27	3.10	2.96	2.74	2.51	2.27	2.13	1.99	1.84	1.66	1.45	1.00

† 表示要将所列数乘以 100